KB107134

침실 창밖으로 너도밤나무가 보이는 언덕 위의 집.
친구 게저와 함께 지은 이 집에는 우리 둘과 '버섯 맷'이 살고 있다.

채취 강습을 하며 딴 맛있는 버섯들

그물버섯(포르치니)

꾀꼬리버섯

팽나무버섯

8월에 난 버섯과 이파리들. 이맘때엔 대부분의 잎이 섬유질이 많거나
쓴맛이 나기 때문에 부드러운 야채가 더욱 반갑다!

바닷가에서 자라는 강렬한 향의 산토닌쑥

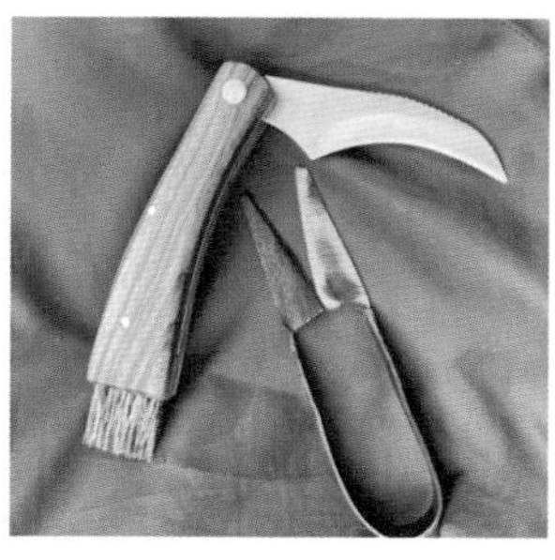

위 살갈퀴
가운데 앵초(프림로즈)
아래 채취 도구들

갯근대, 삼각부추, 사과를 더한 잎새버섯 볶음

꾀꼬리버섯 소스를 얹은 바다스파게티

구운 엉겅퀴와 민들레 뿌리, 찐 엉겅퀴 잎과
분홍바늘꽃 싹, 밤버섯을 곁들인 사슴고기

직접 훈제한 고등어에 야생 루콜라와 그물버섯.
정말 맛있다!

집 근처에서 채취한 야생초와
이 지역에서 잡은 연어로 만든 샐러드

느타리와 갯능쟁이 프리타타.
친구들을 위해 요리할 때는 데이지 꽃으로 장식해서 낸다.

사랑스러운 양들이 아무래도 나를 따라오는 것 같다.

산책 길에 만난 큰갈대버섯아재비와 함께.

야생의 식탁

지은이 모 와일드 Mo Wilde

동식물과 사랑에 빠진 채취인이자 약초 연구자. 4개 대륙을 돌아다니며 보낸 어린 시절, 특히 케냐의 자연 속에서 지내던 때부터 식물과 허브에 매료되었다. 한 곳에 뿌리내리지 못하는 삶은 어른이 된 후로도 한동안 이어졌고, 다양한 직업을 섭렵하며 홀로 세 아이를 키우다 쉰 살에 대학에 들어가 약초학 석사 학위를 받았다. 지금은 스코틀랜드 시골에 집을 짓고 버섯을 좋아하는 두 하우스메이트와 함께 마음껏 '와일드'한 삶을 살고 있다.
"채취만으로 정말 먹고살 수 있을까요?" 채취 강습을 하며 가장 많이 듣는 이 질문에 대한 답으로 일 년간 야생식만 먹는 실험을 했다. 마치 고대 인류처럼, 지금 이곳의 자연에서 직접 구한 것들로만 스스로를 먹여 살린 사계절 동안의 삶을 이 책에 담았다.

자연이 허락한 사계절의 기쁨을
채집하는 삶

야생의 식탁

모 와일드 지음 | 신소희 옮김

The
Wilderness Cure

부·키

옮긴이 신소희

서울대학교 국어국문과를 졸업하고 출판 편집자로 일해 왔다. 현재는 다양한 분야의 책을 번역하고 있다. 옮긴 책으로《몸이 아프다고 생각했습니다》《에피쿠로스의 네 가지 처방》《엉망인 채 완전한 축제》《야생의 위로》《내가 왜 계속 살아야 합니까》《유년기를 극복하는 법》 등이 있다.

야생의 식탁

초판 1쇄 발행 2023년 10월 25일 | 초판 2쇄 발행 2023년 12월 26일

글·사진 모 와일드
옮긴이 신소희
발행인 박윤우
편집 김송은, 김유진, 성한경, 장미숙
마케팅 박서연, 이건희, 이영섭, 정미진
디자인 서혜진, 이세연
저작권 백은영, 유은지
경영지원 이지영, 주진호
발행처 부키(주)
출판신고 2012년 9월 27일
주소 서울 서대문구 신촌로3길 15 산성빌딩 5-6층
전화 02-325-0846 팩스 02-3141-4066
이메일 webmaster@bookie.co.kr
ISBN 978-89-6051-993-0 03470

만든 사람들
편집 김유진 | 디자인 이세연

내가 사랑하는 행성 지구의 영혼 가이아에게 이 책을 바칩니다.

나는 평생 당신을 알았고 또 사랑해 왔습니다.

당신이 없었더라면 단 한 단어도 쓰지 못했을 테고

호흡할 산소조차 없었을 것입니다.

죽음이 우리를 갈라놓을 때까지, 키스를 보내며.

추천의 글

나는 평생 열대 정글을 누빈 열대생물학자다. 열대 숲을 거닐면 하루 종일 주전부리한다. 앞서 걷는 현지인 조수들이 연신 무언가를 꺾어 건넨다. 숲 곳곳에 먹을거리가 흐드러져 있다. 역설적이게도 농경을 시작하며 우리 인간의 식단은 양적으로는 풍족해졌으나 질적으로는 빈약해졌다. 한 달 동안 먹는 음식의 종류를 적어 보라. 단조로운 식단의 반복임을 금방 알아챌 것이다. 그 옛날 수렵·채집 시대의 조상들은 비록 종종 배를 곯을지언정 지금보다 훨씬 풍성한 식단을 즐겼다. 한 해에 100~350종의 식물을 섭취하던 인간은 오늘날 일일 칼로리 섭취량의 절반 이상을 밀, 옥수수, 쌀이라는 단 세 종류의 곡물에서 얻는다. 현대인이 겪는 문화병들은 상당 부분 빈곤한 식단으로 인한 영양실조에 기인한다.

코로나19로 인해 세상이 봉쇄된 시절, 저자는 어느 날 불현듯 야생식으로만 살아 보겠다고 다짐했다. 열대 정글도 아닌 스코틀랜드 중부의 숲과 들에서 채취할 수 있는 음식만으로 일 년을 버티기로 결심한 것이다. 결론부터 말하면, 그는 멋지게 성공했고 "자연에 온전히 몰입하는 것이야말로 인간과 지구의 단절을 치유할 방법"임을 깨달았다. 아울러 제철 야생식을 섭취하며 채취의 역사와 요리의 진화를 추적할 수 있었다.

식생활은 현대인의 최대 관심사 중 하나다. 저지방, 저탄수화물, 비건, 신석기 팔레오 식단 등이 거센 유행의 바람을 타고 우리 삶을 뒤흔든다. 저자는 어느 건강 식단 하나에 집착하는 것이 불가능함을 몸소 경험했다. 과거 인류는 겨울에는 싱싱한 채소를 구할 수 없었고, 탄수화물도 가을과 겨울에나 많이 먹을 수 있었을 뿐이다. 단백질이 풍부한 생선을 주로 먹는 이누이트족도 수시로 온갖 베리를 따러 다닌다. 궁핍과 고난을 각오하고 시작했으나 풍요로움으로 가득한 한 해를 보내며, 저자는 인류가 잡식동물로 진화할 수밖에 없었던 이유를 발견했다.

《야생의 식탁》은 단순히 야생에서 구할 수 있는 건강 식단을 소개하는 책이 아니다. 저자는 음식을 통해 훨씬 거대한 기후변화의 문제를 이끌어 낸다. 나는 팬데믹의 시대를 살아 내며 우리 인류에게 가장 시급하고 중요한 삶의 전환은 자연과 인간의 관계를 새롭게 정립하는 '생태적 전환'이라고 생각했다. 야생식 실험은 매우 손쉽고 바람직한 생태적 전환의 첫걸음이다. 인간과 자연의 몸과 마음이 한데 건강해지는 길이 이 책에 담겨 있다. 늘 곁에 두고 실천해 보길 권한다.

최재천(이화여자대학교 에코과학부 석좌교수, 생명다양성재단 이사장)

식당에서 식사를 마친 후 많은 양의 반찬이 남았을 때, 금세 꽉 찬 쓰레기봉투를 버리러 갈 때, 급변하는 날씨를 경험할 때… 나는 생각한다. 문명이 발달할수록 지구가 오염되는 상황에서, 인류의 삶이 원시적인 형태로 돌아간다면 지구는 조금 더 건강해지지 않을까? 하고.

이 책의 저자는 이런 상상을 밀고 나아가 우리가 채취와 수렵만으로 야생에서 살아가는 것이 정말 가능한지, 그것이 우리 자신과 지구를 변화시킬 수 있는지 일 년간 직접 실험한다. 나는 이 도전을 가리켜 미래 세대를 위한 가장 건강한 실험이라 말하고 싶다.

책을 펼치기 전에는 혹시 저자의 실험이 숲속 동물의 먹이를 빼앗는 행위가 아닐까 걱정되었다. 그러나 괜한 걱정이었다는 걸 얼마 안 가 깨달았다. 모두가 꺼리는 서양민들레를 가장 좋아한다고 말하는 약초 연구자라니! 저자는 야생에서 살아가는 생물의 번식과 생장을 가장 중요하게 여기며, 땅의 훼손은 곧 인간의 빈곤임을 충분히 이해하고 있다.

이 책의 매력은 무엇보다 야생의 풍경을 직접적인 경험을 통해 전한다는 점이다. 생물의 분류학적 특징, 생태, 기원과 같은 정보는 자연에 찾아가지 않고도 문헌 조사를 통해서 충분히 전할 수 있지만, 생물의 향과 맛, 요리 과정, 야생에서의 고군분투와 같은 이야기는 직접 움직이지 않고는 얻을 수 없는 기록이다.

온라인 콘텐츠를 통한 간접 경험이 난무하는 시대, 이토록 생생한 야생에서의 경험은 독자들에게 지금 당장 '야생의 자아'를 찾고자 하는 욕구를 불러일으킬 것이다.

이 책은 도시인에게는 생경한 형태의 기쁨도 알려 준다. 하루 종일 쓰레기를 만들지 않는 기쁨, 죽은 나무 아래 버섯을 발견하는 기쁨, 식물과 마주 보고 서로 의지하며 살아가는 기쁨.

저자가 야생에서 경험한 수많은 기쁨을 더 많은 독자와 나누고 싶다.

이소영(식물세밀화가, 원예학 연구자)

"이렇게까지 한다고? 혼자 이런다고 환경파괴를 막을 수 있겠어?"

이 불편한 질문을 계속 떠올리는 것만으로도 이 책을 읽은 보람으로는 충분하다.

이름도 기억하지 못할 낯선 식물들과 나로서는 따라할 엄두가 나지 않는 레시피들을 빠짐없이 천천히 시간을 들여 읽었다. 그 안에서 내가 눈여겨본 것은 '실험으로서의 삶'이다. 실험에는 언제나 조건과 통제가 따른다. 어쩔 수 없이 받아들여야 하는 환경의 제약도 있고, 나 스스로 만들어 낸 규칙도 있다. 의식적으로 관찰하고 선택하는 이 과정에서, 내가 그저 당연하게 스쳐 지나갔던 삶의 구석구석이 새로운 의미와 독특성으로 살아난다.

그리고 결과를 기다린다. 이 기다림이 중요하다. 저자가 어디서 어떤 식물을 얼마만큼 채취하게 될지 정확히 알 수 없는 불확실성을 수용하는 기다림. 그 결과에는 실패가 있을 수 없다. 실험이니까. 정확하게 말하면 실패조차도 다음 실험을 위한 데이터가 된다. 그뿐만 아니라 예상한 결과보다 더 풍부한 것들을 만난다. 저자는 그것을 '궁핍'과 '고난'을 예상하고 나서 얻은 '풍요'라고 했다.

박혜윤(《숲속의 자본주의자》《도시인의 월든》 저자)

차례

4부 여름

5부 가을

6부 마지막 나날

프롤로그

야생의 길을 따라가면 가장 깊은 곳으로 들어가게 된다.

-클레어 패터슨 콘래드Claire Paterson Conrad

일 년 동안 야생식만 먹겠다고 하면 그야말로 정신 나간 소리처럼 들릴지도 모른다. 하지만 우리는 지금 유례없이 중요한 시대를 살아가고 있다.

나는 호기심 많은 채취인이자 약초 연구자로서 수년간 야생식에 관심을 가져 왔다. 이론뿐 아니라 실제 적용에도 항상 흥미를 느꼈던 만큼 직접 제철 야생식을 먹으며 채취의 역사와 요리의 진화를 추적해 보고 싶었다. 자연은 내게 매혹과 영감을 선사하는 존재다. 코로나바이러스로 인한 봉쇄를 겪으며 우리 모두가 스스로의 지구 파괴 행각을 돌아보게 되길 바랐지만, 블랙 프라이데이 주간을 맞아 염가 쇼핑에 탐닉하는 수많은 소비자를 보니 좌절감이 든다. 이 세상은 전혀 달라지지 않은 것 같다. 내게는 저항으로서의 단식투쟁에 가까운 최후의 수단이 필요하다.

자연에 온전히 몰입하는 것이야말로 인간과 지구의 단절을 치유할 방법이라고 직감한다. 하지만 그게 가능한 일인지, 정말로 우리를(혹은 나를) 변화시킬 수 있을지 잘 모르겠다. 그래서 내가 직접 실험 대상이 되어 보기로 했다. 작년에 나는 너무 오래 책상 앞에서 고단하고 피곤한 시간을 보냈다. 그래서 오늘, 즉 11월 27일 블랙프라이데이부터 이곳 스코틀랜드 중부에서 직접 채취할 수 있는 음식만 먹기로 다짐했다.

마치 코로나바이러스로만으로는 우리의 시련이 부족하다는 듯, 기후변화 또한 생태계를 지속적으로 급격히 변화시키고 있다. 이상 기온, 농작물에 가루받이를 해 줄 벌들의 실종, 홍수와 가뭄이 연달아 닥쳐오는 날씨, 토양 황폐화, 화학물질과 미세플라스틱… 낙관론자인 내가 떠올려 봐도 이 정도다! 게다가 영국은 브렉시트의 여파로 식량 부족이 나타나리라는 경고를 받은 터다. 영국에서 유통되는 식량은 대부분 외국산이며, 특히 겨울에는 방울양배추를 제외하고 거의 모든 과일과 채소가 해외에서 수입된다. 방울양배추(영어로 브뤼셀 스프라우트Brussels sprouts라고 한다. 브뤼셀은 벨기에의 수도다—옮긴이)라니, 현재 상황에서 매우 아이러니하게 들리는 이름이다.

음식과 그것을 나누는 행위는 인간다움의 핵심이다. 과거 부족문화에서는 여행자에게 늘 무료로 식사와 환대를 베풀었다. 기후 위기, 부의 양극화, 자원 부족에 직면한 현대의 아수라장에서 돈 없이도 구할 수 있는 야생식과 그에 대한 접근 가능성은 우리가 사랑하는 이 지구에서 하나의 종으로 생존하는 데 있어 한층 더 심오한 주제들을 반영한다. 야생식을 먹는 것은 요리인 동시에 치유이고, 사회적이자 정치적인 행위이며, 우리 후손들이 자연과 더 깊은 관계를 맺고 지구 중심적 해결책을 모색하도록 영감을 줄 것이다.

채취는 새로운 행위가 아니다. 중산층의 요리 체험도 아니고 억만장자의 유희도 아니다. 내가 아는 세계 곳곳의 채취인들은 인류의 완벽한 다양성을 보여 준다. 자연은 우리 모두의 어머니다. 자연은 우리가 가난하든 부자든, 유색인종이든 백인이든, 여성이든 남성이든 논바이너리든 상관하지 않는다. 자연은 궁극적으로 다양성을 선호한다. 심지어 성별이 3만 6000가지 이상인 버섯 종도 있다. 인간이 두 가지 이상의 성별을 가질 수 있다는 사실은 최근에 와서야 받아들여졌고 그조차도 부정하는 이들이 아직 많은데 말이다! 진부한 표현이지만, 자연에는 그야말로 무지개의 모든 색이 존재한다. 인간 이외의 생물종은 너무나도 다양하기에 우리는 여전히 매년 새로운 종을 발견하고 있지만, 동시에 그보다 더 빠른 속도로 멸종시키는 중이다.

채취 행위는 우리 모두가 공유하는 인간 유전자에 후생유전학적으로 추가된 특성이다. 우리는 채취를 통해 단순히 '인간'으로 존재하게 된다. 도심 공원에서 봄맞이냉이를 한 줌 따서 샐러드에 넣든 혹은 가을 숲에서 풍성한 야생 버섯 잔치를 벌이든, 채취는 콘크리트 세상에 대한 최후의 야생적 저항이며 인간과 로봇을 구분 짓는 행위다. 갈라진 댐 틈새로 들어오는 한 줄기 빛처럼, 야생식은 우리의 영혼을 살찌운다.

팬데믹으로 인한 봉쇄가 시골뿐만 아니라 도시의 깨진 보도블록 사이에서도 만날 수 있는 자연을 새롭게 인식하는 계기가 되었기를 간절히 바란다. 특히 젊은 층에서 더 단순하고 진정성 있는 삶과 생활 방식을 갈망하는 이들이 나타나고 있는 듯하다. 이 책은 바로 그런 사람들을 위한 것이다.

일러두기

1. 식물 이름은 국가표준식물목록(http://www.nature.go.kr/kpni/index.do) 웹사이트를, 버섯 이름은 국립생물자원관 한반도의 생물다양성(https://species.nibr.go.kr/index.do) 웹사이트를 참고하여 번역했다.

2. 스코틀랜드 게일어는 한국어 표기 규정이 없으므로, 이 책에 나오는 지명은 다음 웹사이트들을 참고하여 표기했다.

   https://en.wiktionary.org
   https://learngaelic.scot/sounds
   https://forvo.com

1부

겨울

The Wilderness Cure

1장

시작에 앞선 몇 가지

나는 자유롭게 살고 싶어서 숲으로 갔다. 인생의 본질적 사실만을
직면하려고, 삶이 가르치는 것을 내가 배울 수 있는지 알아보려고,
그리고 임종의 순간에 내가 살았으나 산 것이 아니었음을
깨닫게 될까 봐 숲으로 갔다.

—헨리 데이비드 소로, 《월든》

나는 싱크대에서 묵묵히 비트 뿌리를 문질러 씻고 있다. 누군가 지금 내 모습을 본다면 '애처롭게'라는 표현을 쓸지도 모른다. 그렇게 보일 수 있다는 건 인정하지만, 나로서는 '경건하게'라 말하고 싶다. 원래 비트 뿌리를 그렇게 좋아하진 않는다. 어릴 때는 학교 급식에 나오던 비트 피클을 끔찍이 싫어한 나머지 먹지 않고 팬티 속에 숨긴 채 식당을 나섰다가 엄청난 곤경에 빠진 적도 있다. 얇은 청록색 여름 교복 치마 위로 새빨간 비트 즙이 스며 나왔고, 그걸 본 나는 겁에 질려 황급히 학교 보건실로 달려갔다. 그때 난 겨우 일곱 살

이었으니까! 그로부터 반세기가 지난 지금은 비트 뿌리와 화해했다. 아니, 사실은 썩 좋아하는 편이다. 가장자리가 달큼하고 쫄깃해질 때까지 구워 먹거나, 민트와 크림을 섞은 소스에 찍어 먹는 비트는 그리울 것 같다고 말해도 될 정도다. 갑자기 이 커다란 뿌리에 감사하는 마음이 솟는다. 작은 거라도 두세 개만 있으면 한 끼 식사가 되는 채소라니.

비트가 그리울 거라고 한 이유는 내일부터 일 년 내내 야생식만 먹을 계획이기 때문이다. 그러니까 이 비트 뿌리가 내 '최후의 만찬'인 셈이다.

비가 오는 11월 아침, 문득 이 비트 뿌리만큼의 열량을 섭취하려면 얼마나 많은 야생식물을 채취해야 하는지 새삼 돌아보게 된다. 옛날 영국에서는 야생 비트를 흔히 볼 수 있었지만 당시에는 비트 뿌리가 지금처럼 튼실하지 않았다는 아이러니도. 비트 뿌리를 튼실하게 만든 것은 이 식물을 최음제로 높이 평가했던 고대 로마인들이다. 폼페이에 남아 있는 루파나레(로마의 공식 성매매 업소)의 프레스코 벽화에도 섹스를 하는 커플 사이에 큼직한 비트 뿌리가 그려져 있어 당시 비트의 인기를 증명한다고 한다. 최초로 비트를 교배하여 오늘날 우리가 즐겨 먹는 커다란 개량종을 만들어 낸 건 로마인들이었다는 얘기다.

나 역시 석기시대의 조상들처럼 야생 비트 잎을 좋아한다. 비트 잎을 쪄서 녹인 버터를 조금 곁들이면…. 그러고 보니 이 점도 생각해 볼 문제다. 야생식의 기준을 찾아 어느 시대까지 거슬러 올라가야 할까? 음식에 버터를 넣어 먹어도 될까? 버터는 야생식이 아니지만, 인간은 적어도 1만 2000년 전부터 염소와 양을 길러 왔다. 몇 가지 기본 규칙을 확실히 정해 두어야 할 것 같다.

조건

《콜린스 영어 사전》에 따르면 채취forage의 정의는 "사냥, 낚시, 식물 채집으로 식량을 획득하는 것"이다. 나는 여기에 버섯과 해조류도 추가하려고 한다. 내가 사람들에게 채취 요령을 가르쳐 온 지 15년쯤 되었는데, 가장 많이 듣는 질문은 항상 똑같다. "선생님은 정말 채취만으로 한 해 동안 먹고살 수 있으세요?"

나는 이 문제를 오랫동안 숙고해 왔고, 다음의 네 가지 조건만 충족된다면 가능하다는 결론을 내렸다.

① 나는 텔레비전 프로그램 출연자가 아닌 만큼, 자연 탐험가인 베어 그릴스처럼 전혀 모르는 지역을 찾아가진 않을 것이다. 오히려 내가 한 해의 식생을 잘 아는 지역에서 시작해야 한다. 인간 이외의 다른 생물종들도 서식할 곳을 까다롭게 고르는 걸 보면 알 수 있듯이, 서식지에 관한 지식은 생존에 필수적이다.

② 해변, 울타리, 숲 등 다양한 지형에 자유롭게 접근할 수 있어야 한다. 또한 계절이 바뀌면 자연 식재료의 위치도 바뀌는 만큼, 발견한 음식을 마음대로 수확할 수 있어야 한다. 다행히 스코틀랜드에서는 누구에게나 배회할 권리(공유지와 사유지를 포함하여 자연 속을 자유롭게 돌아다니며 원하는 활동을 할 권리—옮긴이)가 있다.

③ 나는 평소에 주로 식물과 해조류, 버섯을 먹지만 겨울에 굶주리지 않으려면 야생동물과 생선을 먹어야 할 수도 있다. 지금까지는 90 퍼센트 정도 채식주의자로 살아왔지만 이제는 무엇이든 먹을 각오를 해야 한다. 스코틀랜드에서는 바나나가 자라지 않으니까.

④ 겨울에 대비할 시간을 충분히 갖기 위해 춘분 직후에 실험을 시작해야 한다. (하지만 이 부분은 이미 틀린 것 같다!)

물론 조상들과 달리 내게는 현대인으로서 누릴 수 있는 세 가지 이점이 있다.

① 전기: 건조기, 냉장고, 냉동고 덕분에 겨울에 먹을 음식을 저장할 수 있다.

② 연료: 오븐과 자동차를 사용할 수 있다. 자동차가 없었다면 식량을 구할 수 있는 지역으로 이동하고, 구한 식량을 집으로 운반하는 일이 지극히 어려웠으리라.

③ 은신처: 지붕이 있고 단열이 잘되는 집이 없었다면 얼어 죽지 않고 따뜻하게 겨울을 나는 데 훨씬 더 많은 칼로리가 필요했을 것이다.

규칙

① 오로지 야생식만 먹는다. 여기에는 야생화된 재래종이나 귀화종도 포함된다. 예를 들어 봄맞이냉이는 재래종인 반면 산미나리, 야생사과, 후크시아는 원래 외래종이었지만 이제 이곳의 야생에서도 자

란다.

② 일 년 동안 다양한 서식지를 돌아다니며 현지 식량을 구한다. 그러니 바나나는 먹을 수 없으리라. 올해는 채소도 키우지 않을 것이다.

③ 돈은 쓰지 않는다. 아무것도 사서는 안 된다. 모든 식량은 채취, 사냥, 선물, 물물교환으로 얻거나 내 기술과 교환한 대가여야 한다. 선물 받는 음식도 돈으로 사거나 상업적으로 생산된 것이 아니라 선물한 사람이 자연에서 직접 얻은 식재료로 만든 것이어야 한다.

④ 조상들은 야생 조류의 알을 먹었겠지만, 이제 그런 방식은 불법이며 지속 가능하지도 않다. 그래서 야생 조류의 알 대신 내가 직접 유기농으로 풀어 키운 암탉의 달걀을 섭취할 것이다.

⑤ 봄에 새끼 염소가 태어나면 소규모 농사를 짓는 농부들과의 물물교환으로 염소젖을 구할 수 있다. 이는 목축 유목민이었던 조상들의 생활양식을 반영한다.

⑥ 이상적으로는 제철 음식을 먹되, 특히 겨울철에는 미리 채취하여 냉동, 건조 또는 보존 처리한 야생식도 섭취한다.

예외 사항

돌이켜보면 채취할 수 있는 식량이 부족한 겨울에 적절한 계획과 준비도 없이 야생식을 시작한다는 건 힘든 도전이었지만, 나는 성격이 급한 편이다. 자연이 위협받고 있다는 뉴스가 날마다 몇 번씩 쏟아지는 상황에서 내년까지 기다릴 수는 없다는 긴박감을 느끼기도 했다.

① 견과류 수확기였던 9월에는 이 프로젝트를 시작하게 될 줄 미처 몰랐던 터라, 이미 겨울이 다가온 상황에서 부족한 분량을 보충하기 위해 국내 과수원에서 헤이즐넛을 구입해야 했다. 내년 여름과 가을에는 야생에서도 충분한 헤이즐넛을 구할 수 있음을 증명하기 위해 동일한 무게의 헤이즐넛을 직접 채취할 계획이다. 4월 중순까지 하루에 20알씩 섭취할 수 있는 분량이다. 견과류 가루도 3킬로그램 구입해야 했는데, 방앗간에 가져가 빻으려고 승합차 짐칸에 실어 둔 열매가 너무 오래 방치되어 싹이 나 버렸기 때문이다. 이에 해당하는 분량도 내년에 추가로 채취할 작정이다. 사전에 구입한 식량과 채취한 식량을 전부 목록으로 만들어 두었다가 한 해가 지난 뒤 결산하기로 한다.

② 단 하나 예외로 할 품목이 있으니 바로 올리브기름이다. 나는 매년 음식을 저장하는데, 대부분 피클로 만들어 기름에 담가 둔다. 예를 들어 어수리 싹이나 각종 야생 버섯은 집에서 만든 식초와 소금물 혼합액에 살짝 데쳐 물기를 빼고 유리병에 넣은 다음 올리브기름을 채워서 보관한다. 기름은 음식을 보존해 줄 뿐만 아니라 식초의 강한 맛을 덜어 준다. 유리병에 남은 올리브기름은 버리기 아까우니 요리에 재활용할 것이다. 켈트인은 적어도 2500년 이상 유럽과 교역을 해 왔으니, 고대 켈트인이 수메르인 도공에게서 전달받은 에트루리아 항아리 중에는 올리브기름이 담긴 것도 있었으리라!

③ 마지막으로, 지난 몇 년 동안 정성스럽게 채취하고 보존한 식량을 낭비하고 싶진 않다. 예를 들어 야생 빌베리에 설탕을 약간 넣어 만든 빌베리 잼이 있다. 설탕을 쓰거나 새로 구입하진 않겠지만, 이미

만들어 놓았고 일 년 넘게 보관할 수 없는 잼은 버리지 않고 쓰려 한다. 일 년 이상 보관 가능한 잼은 모두 상자에 넣어서 다락방에 올려다 놓았다.

과학적 요소

탄자니아에서 여전히 수렵 · 채취 식단을 고수하며 살아가는 하자족 같은 원시 부족은 일반 서구인과 장내 미생물 군집이 다르다는 글을 많이 읽었기에,[1] 내 야생식 생활도 흥미로운 과학 실험이 될 거라고 생각했다. 그래서 장내 세균을 분석하기 위해 첫날의 대변 샘플을 실험실로 보냈다. 계절이 바뀔 때마다 이렇게 하면서 장내 미생물 군집이 어떻게 변화하는지 지켜볼 예정이다.

체중, 지방과 근육 비율, 혈압과 혈중 산소 수치도 계속 체크하고 있다. 체중이 몇 킬로그램 줄어들더라도 별문제는 없을 것이다. 나의 여정은 체중 감량이 아니라 삶이 줄 수 있는 가르침을 얻기 위한 것이지만, 한편으로는 내 평생 가장 과감한 식이요법이 될 수도 있다.

인류의 식단에 대한 개인적 견해

음식. 이 단순한 단어가 금세기만큼 열띤 논쟁을 불러일으킨 적도 없었다. 공기와 물만큼이나 생존에 필수적인 음식은 오늘날 복잡한 문제가 되었다. 저지방 혹은 저탄수화물, 비건, 팔레오 등 음식과 식이요법은 항상 화제에 오른다.

어쩌다 한번씩 현대적 슈퍼마켓에 가면 언뜻 보기엔 선택의 폭이 무한한 것 같다. 화사한 빛깔로 포장된 식품들이 끝도 없이 진열되어 있지만, 사실상 선택할 수 있는 것은 제한적이다. 인류는 역사를 통틀어 7000여 종에 이르는 식물을 먹어 온 것으로 밝혀졌다. 민족식물학 연구에 따르면 많은 수렵 · 채취 공동체가 한 해 동안 100종에서 350종에 이르는 식물을 섭취한다고 한다. 하지만 오늘날 전 세계 일일 칼로리 섭취량의 50퍼센트 이상은 밀, 옥수수, 쌀이라는 단 세 가지 곡물에서 나온다. 여기에 대두로 만드는 콩 가공품을 더하면 60퍼센트가 되며, 감자도 크게 뒤처지진 않을 것이다. 전 세계 일일 칼로리 섭취량의 80퍼센트가 **단** 12종의 식물에서 나오니 말이다. 하지만 이 모두가 겨울 탄수화물, 즉 과거에는 겨울철에만 먹었던 탄수화물이다.

비만은 심장병, 당뇨병, 대사성 질환, 암 등의 발병률 증가로 이어졌으며, 식품 자원에 대한 요구가 급증하면서 생태 발자국도 늘어나고 있다. 그런 한편, 새로이 정신질환에 포함된 건강음식집착증Orthorexia Nervosa도 대두하고 있다.[2] 건강식 혹은 '생식'이나 '깨끗한' 음식만 먹어야 한다는 강박관념으로 인한 일종의 단식 행위인데, 이 증상이 생기면 심각한 영양 결핍에 빠질 위험이 있다. 우리는 여전히 수많은 아이들과 어른들이 기아와 영양실조로 사망하는 한편, 수백만 명이 비만으로 고통받는(슬프게도 아이들도 포함된다) 세상에 살고 있다. 비만과 다이어트 열풍은 영양실조를 은폐하고 전염병에 필적하는 사회적 건강 악화로 이어질 수 있다. 불안이나 근심 없이 음식을 즐기며 신체에 영양을 공급한다는 인간의 가장 소박하고 근본적이며 본능적인 욕구가 길을 잃은 듯하다.

대체 무슨 일이 있었던 걸까? 우리가 어쩌다 사계절에 따른 식생활 주기를 벗어났는지 이해하려면 인류의 진화를 되짚어 과거 생활 방식을 돌아보아야 한다.

초기 인류는 이미 150~200만 년 전에 불을 다루고 요리하는 법을 익혔다. 호모 사피엔스가 다른 화석인류들과 별개의 종으로 진화하기도 전이었다. 고기를 날로 먹든 요리하든 간에[3] 인간은 다른 동물 종과 달리 다양한 음식을 섭취할 수 있어서 하루에 몇 시간씩 풀을 뜯지 않아도 되었다. 또한 원숭이와 달리 과일과 섬유질을 소화하기 위한 긴 창자가 필요 없었고, 그런 음식이 뱃속을 통과하는 동안 몇 시간씩 앉아 있을 필요도 없었다. 그렇다 보니 놀고 발명하고 탐험할 뿐만 아니라 아프리카 대륙을 벗어나 북쪽으로 이주할 시간이 생겼다. 네안데르탈인조차도 일요일이면 화톳불 주위에 모여 직접 만든 부싯돌 꼬치에 꿴 고기를 구워 먹었다. 네안데르탈인은 지중해 연안에서 현생 인류와 만난 지 1만 년 만에 멸종했고, 유럽인과 아시아인의 DNA에 2~3퍼센트 정도 기여한 것 외에는 거의 자취를 남기지 못했다. 눈이 쌓여 초목을 뒤덮은 북녘의 겨울에도 인류는 낚시와 사냥을 해 가며 살아남았다. 우리는 거의 모든 것을 먹는 법을 배웠고, 그리하여 우리의 숫자는 늘어났다.

화석을 토대로 추정하자면, 늑대 중 인간에게 우호적인 부류가 가축화된 개로 진화한 것은 3만 3000년 전(시베리아)[4]에서 1만 1000년 전(이스라엘) 사이이다. 인류는 개를 이용해 사냥감을 몰았고,

약 1만 400년 전에는 언제든 식량을 구할 수 있도록 양과 염소를 키우고 있었음이 분명하다.[5] 그리고 약 8000년 전에는 땅을 경작하게 되어 구석기시대를 뒤로하고 신석기시대의 농경 생활을 시작했다.[6] 이는 하루아침에 일어난 일이 아니다. 수렵 · 채취 집단과 농경 집단이 적어도 2000년 동안 공존했음을 고고학 유물을 통해 알 수 있다.[7] 수렵 · 채취인들이 한동안 버틸 수 있었던 것은 수렵 · 채취보다 농사에 훨씬 더 많은 시간이 들었기 때문이지만, 농부들이 땅을 차지하고 방어하면서 수렵 · 채취인들의 활동 범위는 줄어들었다. 인체도 조금씩 새로운 생활에 적응해 갔다. 우유 단백질에 내성을 가진 집단이 점점 늘어난 것이 그런 사례다. 하지만 인류는 결국 생물학적으로 크게 변하지 않았다. 이후로 수천 년 동안 우리는 농사를 통해 겨울을 날 칼로리를 얻었지만, 한편으로 **여전히** 식단에 풍미와 영양분을 더해 주는 다양한 과일과 채소와 허브를 먹었다.

농사 전문가가 된 인류는 이동을 멈췄다. '겨울철 칼로리'를 섭취하는 기간이 길어지면서 가족 규모도 커졌다. 인구가 급격히 증가하고 토지 이용이 한 곳에 집중되었으며 채취인, 유목민, 사냥꾼은 점차 사회 주변부로 밀려났다.

영국에서는 약 5500년 전부터 최초의 도시가 성장하기 시작했다.[8] 소유권 개념이 확고히 자리 잡았고, 인간은 비교적 평등한 씨족의 구성원이 아니라 우연에 따라 왕이나 노예로 태어나게 되었다. 토지 소유권을 주장하는 이들이 계속 나타나면서 민족국가 개념이 등장했다. 중세 사람들은 자유롭게 유목 생활을 하지 못하고 토지에 묶인 신세가 되었다. 남성은 대부분 영주 치하에서 농노로 살았고 여성은 동물과 크게 다르지 않은 대우를 받았다. 7세기의 인클로저 법령[9] 이후 공유지 제도가 폐지되어 자급자족이 불가능해지자, 땅 없는 빈민들 다수가 도시로 몰려들었다. 그러나 식량 저장과 물류의 한계로 인해 부유층을 제외한 시민들의 식량은 여전히 계절의 제한에서 자유롭지 못했다. 이러한 어려움에도 불구하고 도시는 계속 성장했다.

18세기에는 인구 과밀, 양질의 신선 식품 부족, 열악한 위생과 빈곤으로 인해 전염병이 창궐했다. 다양한 채소를 먹을 수 있는 것은 시골 사람 아니면 부자뿐이었는데, 부자들은 육류를 통해 자신의 지위를 과시하려 했다. 사슴고기, 소고기, 양고기, 돼지고기가 만찬 식탁을 장식했고 채소는 흔히 뒷전으로 밀렸다.

산업혁명이 일어나면서 사회는 다시 빠르게 변해 갔다. 식물 기반 유기농 경제가 화석연료 경제로 전환되었다.[10] 19세기에는 위생 관념의 발달로[11] 전염병이 급격히 줄어들고 면역력도 획기적으로 개선되었다. 20세기가 시작될 무렵에는 다양한 신약이 개발되었고, 1940년대에는 항생제가 출시되면서 머지않아 인류의 '모든 질병이 종식될' 새로운 시대가 올 것으로 기대되었다. 소아마비, 나병, 천연두, 결핵은 거의 퇴치되었지만, 아직도 1960년 이후 태어난 사람 2명 중 1명은 암에 걸린다.[12] 2차 세계대전이 끝난 1950년대 이후 식품의 산업화는 식생활에 큰 변화를 가져왔다.[13]

언제든 잡지를 펼치거나 텔레비전 채널을 돌리다 보면 무엇을 어떻게 요리할지 알려 주는 레시피나 특집 기사, 프로그램이 곧바로 나타난다. 셰프가 새로운 슈퍼스타로 떠오르고 모든 이들의 입맛을 충족시키는 다양한 레스토랑이 생겨났다. 게다가 선택의 폭을 더욱 넓혀 주기 위해 날마다 비행기가 전 세계로 먹을거리를 실어 나른다. 현대인의 삶은 온갖 식이요법으로 넘쳐난다. 말도 안 되는 식이요법이 있는가 하면 나름대로 효과 있는 식이요법도 있다. 처음에는 이처럼 극단적인 식이요법으로 효과를 보는 사람도 있겠지만, 장기적으로는 균형 잡힌 식생활이 중요하다. 소위 건강 전문가들이 넘쳐나고, 현대인은 건강한 식사에 집착하지만 그럼에도 상당수는 과체중이 되고 만다. 칼로리 계산, 라이프포인트LifePoints(1990년대 영국에서 잠시 유행한 다이어트로, 음식마다 건강에 이롭거나 해로운 정도에 따라 포인트를 부여하여 하루 최소 100라이프포인트를 섭취하고 최대 100리스크포인트를 넘기지 않는 방식이다—옮긴이) 앳킨스 다이어트, 양배추 수프 다이어트, 과식주의fruitarianism, 채식주의, 팔레오 다이어트, 숨쉬기 운동, 웨이트 워처스Weight Watchers(체중 관리 프로그램—옮긴이), 비건, 디톡스 등 그야말로 별별 식이요법이 넘쳐나지만, 우리는 여전히 지역과 계절에 상관없이 먹고 싶은 것을 먹으려는 욕망으로 더 살찌고 슬퍼지고 병들고 환경을 파괴한다.

그렇다면 무엇이 잘못된 걸까?

인류는 칼로리는커녕 비타민에 관해서도 전혀 모른 채 수천 년을 생존해 왔다. 과거 인류에게는 무엇을 먹을지보다도 **언제 어디서** 물고기를 잡고 사슴을 사냥하고 연한 푸성귀를 따고 견과류와 열매를 수확해서 혹독한 겨울을 넘길 만큼 비축할 수 있을지가 더 큰 관심사였다. 하지만 인류가 유목 생활을 포기하면서 큰 변화가 생겨났고, 한 해 동안 접할 수 있는 식용 생물종의 수가 줄었다. 현재 우리가 구할 수 있는 식용 생물종은 제철과 상관없이 일 년 내내 판매된다.

미국의 인류학자이자 이누이트 영양학 전문가인 하워드 드레이퍼Howard Draper는 1977년에 이미 이렇게 경고한 바 있다.[14]

> 산업화된 사회에서는 (적어도 한동안은) 대부분의 원시사회를 끊임없이 위협해 온 기아의 위험이 사라졌다. 과학기술로 식품 생산과 보존의 효율성이 크게 향상되었고 영양가 있는 식재료 종류가 늘어났다. 하지만 한편으론 영양가 없는 식품 생산도 눈에 띄게 증가했다. 게다가 이처럼 먹음직스럽고 입맛 당기게 만들어진 식품 소비가 증가하면서 양질의 식품은 줄어들었다.

드레이퍼는 구미를 당기는 저질 식품이 생산되면서 소비자들이 올바른 식품을 선택하기가 어려워졌다고 지적했다.

동물은 대부분 알아서 다양한 식품을 섭취하며, 건강을 유지하려면 얼마나 많이 또는 적게 먹어야 하는지 본능적으로 인지한다.[15] 인간 또한 동물이지만, 가공식품이 늘어나면서 영양소를 선택하는 타고난 능력에 문제가 생겼다. 그리하여 '균형 잡힌 식생활'을 하려면 어떤 식품군을 선택해야 하는지 알려 주는 식사 규범이 등장했다. '본능'을 따르기보다 머리로 생각해야 균형을 잡을 수 있게 된 것이다. 이에 따라 혼란에 빠진 소비자들을 인도하기 위해 식품에 신호등 표시(몸에 해로울 수 있는 지방, 포화지방, 당류, 나트륨 등의 성분 함유량을 신호등 색인 빨강, 노랑, 초록으로 표시하는 것—옮긴이)와 영양 정보 라벨을 부착해야 한다. 인공 향이 첨가된 인스턴트 라면, 칠면조 고기가 원료의 절반도 안 되는 칠면조 소시지Turkey Twizzlers(영국 학교 급식의 대표적인 질 낮은 메뉴로 논란이 되었다—옮긴이), 설탕 범벅인 스파게티 통조림(이쯤 되면 음식처럼 보이지도 않는다) 같은 초가공식품으로 인해 상황은 더욱 복잡해진다. '건강한 식생활'이 지뢰밭 통과만큼 어려워진 것도 당연한 일이다!

음식은 복잡할 필요가 없다. 하지만 내가 보기엔 제철seasonality이라는 개념조차 제대로 이해되고 있는지 의문이다. 다들 잘 안다고 생각하겠지만, 막상 그 말이 무슨 뜻인지 물어보면 사람들은 항상 과일이나 채소의 원산지와 연관 지어 대답한다. 아스파라거스가 노퍽에서 재배한 것이 아니라 페루에서 비행기로 수입되었다면, 혹은 라즈베리가 스코틀랜드의 글렌 라이언에서 수확한 것이 아니라 스페인 산지에서 트럭으로 실려 왔다면 제철이 아니라는 식이다. 하지만 제철 개념은 그렇게 단순하지 않다. 사실은 식품군 **전체가** 제철이거나 제철이 아닌 것이다.

지금이 4월이고 내가 관목 숲에서 먹거리를 찾는 중이라고 해보자. 봄을 맞아 새로 돋아난 식용 식물이 가득할 것이다. 매콤한 꽃냉이와 봄맞이냉이 잎, 철분과 단백질이 풍부한 쐐기풀, 쌉싸름한 민들레 잎, 야생초 샐러드의 기본 재료라고 할 수 있는 연한 별꽃 등 싱싱한 푸성귀 새싹이 사방에 넘쳐난다. 하지만 내가 궁금한 것은 다른 문제다. '지금 당장 탄수화물을 섭취하고 싶다면 어디서 구할 수 있을까?'

4월에는, 정확히 말해서 1월부터 7월 말까지는 탄수화물을 섭취하기 어려울 것이다. 탄수화물은 주로 7월 말부터 수확 가능한 곡물(밀, 보리, 귀리, 옥수수)로 섭취할 수 있다. 견과류나 그 밖의 탄수화물이 풍부한 씨앗은 늦여름에 익기 시작하여 가을에 수확된다. 뿌리와 덩이줄기도 탄수화물로 간주되는데, 심고 난 첫해에만 수확할 수 있다. 일 년이 지나면 나무처럼 섬유질이 많아져 먹기에 너무 질기다. 첫해 봄에는 아직 너무 작고, 가을쯤 되어야 적당히 연하면서도 수확할 만한 크기로 자란다. 감자는 이제 어디서나 볼 수 있지만 사실은 16세기 후반에야 영국에 들어온 작물이다.

따라서 과거 인류는 가을과 겨울에만 탄수화물을 많이 섭취했을 것이다. 농경 사회 이전에는 봄철이 되면 탄수화물이 바닥났을 테니까. 이런 맥락에서 보면 제철이 아닌 탄수화물을 섭취하는 데 따르는 결과를 예상할 수 있다. 아침에는 시리얼, 저녁에는 파스타를 먹고 일 년 365일 빵을 먹을 수 있다는 사실을 감안하면, 우리가 뚱뚱해지고 글루텐 민감성이 중요한 문제로 대두되는 것도 무리가 아니지 않을까?

반대로 겨울에는 싱싱한 생채소를 거의 찾을 수 없었다. 인류는 고기를 먹고 팔레오 식단에서 기피하는 뿌리와 덩이줄기, 곡물에 든 탄수화물로 에너지를 얻어야 겨울을 넘길 수 있었다. 탄수화물을 무조건 포기하는 것은 정답이 아니다. 그렇다면 무엇이 정답일까?

우리는 잡식동물이다. 인류는 수천 년 동안 전 세계에서 온갖 종류의 식단을 시도해 왔으며, 대부분의 전통 식단은 우리 몸에 잘 맞는 것 같다.[16] 하나의 식단이 궁극적 해결책으로 권장될 때마다 또 다른 식단이 그와 비슷하게 바람직한 결과를 보여 주며 우리를 혼란스럽게 한다. 그렇다면 전통 식단들이 공유하는 특징은 무엇일까?

과연 그런 게 있기는 할까?

인류는 (몇 가지 유독성 생물종을 제외하면) 거의 무엇이든 먹을 수 있고, 찾아낸 것을 양껏 먹은 후 이동하여 해당 생물종 서식지가 재생될 시간을 주었다는 점이 밝혀졌다. 여기에 또 한 가지 중요한 조건을 추가해야 하는데, 바로 계절에 따른 식단의 변화다. 단백질이 풍부한 생선을 주로 먹은 이누이트도 베리를 따러 다녔고, 동물 피와 우유로 고단백 식단을 유지한 마사이족도 다양한 야채를 먹었다. 북반구 거주자들은 식물 외에도 육류, 유제품, 곡물, 지방, 탄수화물, 당분을 골고루 섭취했지만 신석기시대 이전의 식습관 덕분에 비만이 되지 않았다. 신석기시대 이전에는 계절 변화에 따라 식단도 바뀌었기 때문이다. 자연의 질서에는 변동성과 다양성이 내재되어 있었기에 한 가지 식품군만 과잉 섭취하려고 해도 그러기가 어려웠다. 게다가 식량을 구하는 일 자체가 많은 칼로리를 소모했다.

내가 채취인인 만큼 팔레오 식단을 따르리라고 예상하는 이들이 많지만, 내게 팔레오 식단은 겨울 식단 또는 고지대 여름 식단의 일례일 뿐이다. 팔레오 식단은 남아프리카의 고고학 발굴물(주로 동물 뼈)에서 착안되었다. 많은 사람이 이 발굴물을 인류 전체가 고기를 주식으로 삼았다는 증거로 여겼다. 하지만 이 증거를 과거의 모든 인류에게 적용하기는 어렵다. 남아프리카 해안은 기후가 온화하여 네안데르탈인과 크로마뇽인이 겪었던 혹독한 겨울이 없다는 점, 이동 중에 먹은 음식은 야영지에 남아 있지 않다는 점, 고대 식용 식물의 물리적 기록은 습지와 이탄지에만 보존된 것으로 보인다는 점 때문이다. 따라서 고고학 기록들은 서로 크게 엇갈린다. 현대의 토착 부족 연구 또한 허점이 있을 수 있다. 이런 부족들은 수세기에 걸친 토지 소유권 강탈, 식민화, 착취로 인해 가장 풍요로운 땅에서 쫓겨나 변두리 생활에 적응할 수밖에 없었던 경우가 많아서다.

'식단'에 관해 반드시 유념해야 할 점이 있다. 과거 인류가 먹었던 다양한 음식은 현대의 어느 한 가지 식단으로는 충족할 수 없으며, 연중 내내 같을 수도 없었다는 점이다. 팔레오 식단은 육류와 생선이 풍부한 여름철에 적합하다. 여름은 식물이 꽃을 피우는 계절이라 잎채소가 거의 없고 견과류, 씨앗, 곡물도 아직 수확할 수 없기 때문이다. 비건은 지방과 칼로리는 부족하지만 신선한 푸성귀가 넘쳐 나는 봄의 짧은 기간에 적합한 식단이었으리라. 견과류, 베리, 곡물 및 뿌리로 이루어진 식단은 가을에는 좋지만 겨울에는 불가능했다. 스코틀랜드에서 비건으로 살려면 전 세계 다른 지역의 제철 음식을 수입해야 한다. 빵, 파스타, 감자 등 묵직한 음식 위주의 고전적인 정부 권장 식품 피라미드는 겨울철 농경 사회에서나 가능하다. 대부분의 식단은 그것 한 가지만 고수하지 않는다면 나름대로 장점이 있다. 역사를 돌아보면 다양성이야말로 번영의 열쇠임을 확인하게 된다.

어떻게 먹어야 하는지 제대로 이해하려면, 내가 사는 곳의 고유한 지형에서 나타나는 일 년간의 먹을거리를 재발견해야 한다. (스코틀랜드의) 진정한 전통 식단이 무엇인지 알아보는 방법은 야외에 직접 나가서 계절마다 무엇을 먹을 수 있을지 찾아보는 것뿐이다. 결국에는 식량 대부분을 가게에서 사 오는 결말을 맞는다고 해도, 적어도 내가 무엇을 본보기로 삼아야 할지는 알 수 있으리라.

생각은 이 정도로 마치도록 하자. 내일은 내가 구체적으로 무엇을 먹을 수 있는지, 그리고 살아남으려면 무슨 일을 해야 하는지 알아볼 참이다.

야식으로 치즈와 비스킷을 양껏 우겨 넣는다. 야식을 매일 거르지 않고 챙겨 먹은 탓에 체중이 몇 킬로나 늘어났다. 솔직히 말하면 허전할 때마다 홀짝거린 와인 한두 잔도 그만큼 기여했겠지만. 내가 무엇을 간절히 그리워하게 될지 궁금하다. 커피, 초콜릿, 치즈 없이 살면 대체 어떤 기분일까? 살짝 두렵다는 건 인정해야겠지만, 이제 와서 물러서기엔 너무 늦었다!

나는 이 지구를 사랑한다. 입에 발린 말이 아니라 진심이다. 나는 무수한 유기체, 생물, 균류, 그리고 특히 식물이 우리와 공유하는 보금자리인 지구를 연인처럼 깊이 열정적으로 사랑한다. 그래서 소비주의와 자본주의가 생명을 파괴하는 광경을 지켜보는 게 너무나 슬프다. 블랙 프라이데이만큼 그런 소비주의가 적나라하게 드러나는 날도 없으리라. 따라서 나는 바로 오늘 이 모든 것을 내려놓기로 한다.

2장

첫날

이야기에는 시작도 끝도 없다.
우리는 경험의 순간을 임의로 선택하여
거기서 뒤돌아보거나 그 앞을 내다본다.

—그레이엄 그린, 《사랑의 종말》

블랙 프라이데이

11월 27일, 데이질리아

오늘 아침도 평소처럼 포근한 이불에 감싸인 채 잠에서 깼다. 커튼 없는 창문 쪽을 바라보니, 10년 전 이 집을 지으면서 고른 다듬지 않은 참나무 창틀이 액자처럼 풍경을 담아낸다. 겨울 아침의 어스름 위로 이제야 동녘에서 떠오를까 말까 하는 태양이 은은한 주황빛과 붉은빛 줄무늬를 그린다. 어느새 맵싸해진 겨울 공기를 들이마시며 저 아래 들판을 내려다보면, 이웃 농부 랍이 건초를 다 베어 낸 후 풀을 뜯도록 내놓은 양 떼가 점점이 흩어져 있다. 내 방 창문과 저

좁고 구릉진 초원 사이에는 잎을 전부 떨군 우아한 너도밤나무 두 그루가 서 있다. 집이나 도로 하나 끼어들지 않은 채 안개 자욱한 계곡 아래로 펼쳐지는 전망은 스코틀랜드 중부의 신석기시대 유적지인 케언패플 힐Cairnpapple Hill까지 이어진다. 외로운 산비둘기 한 마리가 부드럽게 지저귄다. 자연 속에 모두가 평화롭다.

이처럼 고요한 광경에도 불구하고 나는 긴장감을 느낀다. 안절부절못할 만큼 초조하다. 눈을 뜨자마자 두려움, 호기심, 불안, 설렘 등 갖가지 감정이 한꺼번에 밀려왔다! 오늘을 그토록 기다려 왔는데, 지금은 내가 도대체 뭘 하려는지도 잘 모르겠다. 블랙 프라이데이 행사 소식이 밀려드는 스마트폰을 흘끗 쳐다보기만 해도 광적인 소비의 세계에서 돌아서게 되어 정말 기쁘다고 확신할 수 있다. 내가 지금 기꺼이 따르려는 이 길을 언젠가는 다른 사람들도 따라오게 될지 모른다. 결코 수월한 시도는 아니겠지만, 내게는 이 실험을 완수할 만한 지식이 있다. 물론 더 철저히 준비했어야 한다는 생각은 든다. 일 년 전부터 식량을 축적하며 겨울에 대비했어야 했지만, 누구나 가끔은 과감하게 일부터 저지르고 보기 마련이다.

오늘은 평일이고, 동지까지 4주가 남았다. 해가 늦게 뜨는 철이라 아침 산책을 나가기는 어려우니 주중 오후에 채취해 둔 식물로 끼니를 때워야겠다.

아침에는 흥미로운 메뉴를 시도해 본다. 원래 아침 식사로는 지역 유기농 도매상에서 매주 대량 구입하는 유기농 채소와 견과류, 하루 이틀 전에 딴 버섯을 잔뜩 볶아 먹는다. 하지만 오늘 아침은 여름에 테이강에서 잡아다 냉동해 둔 두툼한 연어를 먹기로 한다. 연어에 곁들일 아삭하고 흰 석잠풀 덩이뿌리를 몇 개 캐서 웨스트로디언 땅의 질척한 점토를 문질러 닦아 내고, 싱싱한 어수리 잎도 몇 장 따 왔다.

첫 번째 맞닥뜨린 문제는 요리할 때 버터나 기름을 조금만 써야 한다는 것. 그래서 연어가 프라이팬에 달라붙지 않도록 싱싱한 서양톱풀 잎을 깔고 굽기로 했다. 양치류를 닮은 자잘한 서양톱풀 잎은 매콤하고 약간 씁쓸한 야생 로즈메리 맛이 난다. 연어 위에도 알루미늄 호일 대신 서양톱풀 잎을 겹겹이 덮어 준다. 연어는 완벽하게 구워졌고 석잠풀 덩이뿌리 찜도 훌륭하다. 9점짜리 요리다. (10점 만점이 되려면 버터를 조금 더 넣어야 하니까!)

오늘은 근무일이라서 바쁘다. 이번 주에 약초원에서 진료한 모든 환자의 의뢰서와 처방전을 작성해야 한다. 유감스럽게도 지금은 줌이나 왓츠앱을 통한 비대면 진료지만 말이다. 내 전문 분야인 라임병이 워낙 복잡해서 모든 환자와 한 시간씩은 면담해야 한다.

점심에는 아침에 남은 음식을 데우지 않고 그대로 먹는다. 지난 주말에는 작고 새콤하고 딱딱한 야생 사과를 직접 발효시킨 식초에 야생 흑겨자 씨앗을 한 줌 넣어 맛좋은 겨자를 만들었다. 생선의 풍미를 돋워 주는 성공적인 조합이다. 점심을 먹고 나서 우체통까지 내려가 장내 미생물 검사를 위한 대변 샘플을 부친다. 먹는 음식이 바뀌는 2~3개월마다 샘플을 보내서 식생활이 박테리아에 미치는 영향을 확인할 것이다.

오후 내내 여름에 따서 말려 둔 꽃과 향기로운 허브로 우린 차를 충분히 마신다. 스코틀랜드는 건조하고 화창한 날이 드문 만큼,

내게 없어서는 안 될 부엌세간을 꼽으라면 십중팔구 건조기도 포함된다. 건조된 식물은 종류별로 갈색 종이봉투에 넣는다. 매일 마시는 허브 차는 커다란 병에 담아 부엌 선반에 보관한다. 차 한 병을 비우면 작은 병과 봉투를 전부 꺼내서 이것저것 한 줌씩 사발에 넣고 잘 섞은 다음, 이 향기로운 허브와 꽃잎 모둠으로 다시 빈 병을 채운다. 그러다 보니 허브 차를 만들 때마다 조금씩 다른 맛이 난다. 스트레스를 많이 받는다 싶으면 장미를 듬뿍 넣고, 면역력이 떨어졌다 싶으면 비타민 C가 풍부한 제비꽃 잎을 추가한다.

튼튼한 부엌 선반은 건축가이자 사과주, 맥주, 와인 양조의 달인인(나에게는 행운이다) 게저가 오래된 비계 판자를 재활용해 만들었다. 게저는 22년 전 헝가리를 떠나 스코틀랜드에 정착한 이후로 쭉 내 절친한 친구였다. 이 바람 부는 언덕 위의 목조 주택을 직접 지은 사람이자 내 하우스메이트이기도 하다. 이 집에는 온화하고 친절한 채취인 동료인 맷도 함께 산다. 25년이나 버섯을 길러 와서 '버섯 맷'이라는 별명이 붙었다. 내가 보기엔 맷 자신도 반쯤은 버섯이 아닌가 싶다. 우리 셋은 모두 독신이지만 소규모 공동체를 이루어 서로 기술과 자원을 공유함으로써 한층 더 풍요로운 생활을 누린다. 맷도 나처럼 채취협회 회원이기에 나의 과격한 야생식 실험에 동참하기로 했다. 당뇨가 있는데 야생식을 하면 나아질지 궁금하다고 한다. 게저도 버섯 채취는 즐기지만 수프, 스튜, 채소 볶음 등 평소 식단을 유지하기로 했기에 맷의 동참이 내겐 무척 든든하고 도움이 된다. 하지만 게저는 최고 수준의 에일 양조자인 만큼 야생 엘더플라워 술과 인동덩굴 꿀술을 계속 만들어 주겠다고 약속했다.

나는 게저가 블렌딩한 차이chai에 혈압을 고르게 유지해 주는 산사나무 꽃과 잎을 듬뿍 넣는다. 수면 장애가 생겼다 싶으면 캄 믹스Calm Mix 허브 차에 연노랑 우단담배풀 꽃과 야생 카모마일의 일종으로 진정 효과가 있는 족제비쑥을 추가한다. 오늘의 허브 블렌드는 워터민트, 장미 꽃잎, 분홍바늘꽃, 병꽃풀, 족제비쑥, 금잔화, 붉은토끼풀, 우단담배풀 잎, 산미나리다. 세 잔 분량의 대용량 프렌치프레스에 허브 차를 넉넉히 넣고 우려낸다. 향기롭고 감미로운 허브 차가 지난여름의 온기를 불어넣어 준다.

이 언덕 위에서 나는 행복하다. 나의 세 아이들은 다 자라서 집을 떠나 잘 살고 있으니, 나는 누구의 눈치도 보지 않고 자유롭게 돌아다닐 수 있다. 그 애들은 내가 정신 나갔다고 생각하겠지만!

느린 시작

11월 28일, 데이질리아

토요일이다. 아침 식사로 또 생선을 먹는 건 정말이지 사양하고 싶다. 지금 당장은 이슬비가 추적추적 내리고 있지만, 일기예보에 따르면 오전 중반쯤에는 맑아진다고 해서 슬며시 침대로 돌아가 한 시간 더 잔다. 신문을 읽지 말았어야 했다. 브렉시트와 관련된 음울한 기사뿐이다. 톱숍과 데번햄스 백화점이 파산했고, 리시 수낵 재무장관은 수백만 파운드에 달하는 가족의 금융 이해관계를 장관 명부에 신고하는 걸 깜박했다는 이유로 큰 타격을 입었다. 다행히 때마침 뱃속이 꼬르륵거려서 나는 주방으로 향한다.

아침 식사를 만들려고 애쓴 끝에 제법 괜찮은 팬케이크를 완성했다. 밤 가루와 물, 그리고 산비둘기 알 대신 작은 마란종 달걀 하나만으로 만든 것치고는 나쁘지 않다. 다행히도 산비둘기는 일 년 내내 알을 낳지만, 12월에는 그 수가 확 줄어든다. 내가 숲에서 식재료를 찾을 때 알을 품고 있던 산비둘기가 놀라서 둥지를 벗어나면 '알 포인트'를 획득해서 대용품인 달걀을 사용할 수 있다. 산비둘기는 쉽게 눈에 띈다. 영화 〈댐 버스터〉에 나오는 화물기처럼 한참 허둥대다가 간신히 푸드덕 날아오르는데, 그나마 덤불 꼭대기에 닿을락 말락 하다가 결국 추락하기 때문이다. 너무 우스꽝스러운 모습이라 웃음이 절로 난다.

익숙지 않은 재료로 만든 반죽이라 묵직한 코팅 프라이팬을 쓰지 않았다면 완전히 망칠 수도 있었겠으나, 결과적으로는 살짝 그을었을 뿐이다. 아쉽게도 버터를 넣지 않아서 좀 퍽퍽하고 뒤집어 구울 수도 없었다. 그래도 충분히 맛있다. 글루텐이 없어서 잘 부스러지긴 하지만 여름에 절여 둔 체리를 몇 알 곁들이니 만족스럽게 먹을 수 있었다.

마침내 비가 그쳐서 푸성귀를 캐러 나간다. 시냇가 수풀 속에 **수영**이 보여서 샐러드에 넣으려고 신나게 두 움큼 딴다. 잎을 둘러싼 축축한 줄기를 떼어 내다 보니 추위에 손끝이 금세 마비된다. 두 달 전 낫질로 길을 낸 곳에서도 늦게 돋은 어수리 싹을 발견한다. 사나운 친척인 큰멧돼지풀과 달리 **어수리**는 (예초기를 들고 덤벼들지 않는 한) 피부에 상처를 입히는 일이 드물다. 뻣뻣하고 흰 털투성이인 어수리 줄기는 밤새 자라난 할아버지의 구레나룻을 닮은 반면, 큰멧돼지풀은 수정처럼 뾰족한 가시를 과시한다. 어수리 튀김은 내가 가장 좋아하는 봄철 음식이기도 하다. 쐐기풀도 한 줌 찾아서 바구니에 담긴 했지만, 푸성귀는 그 정도가 전부다. 쓰러진 너도밤나무 위에 하얀 끈적끈끈이버섯이 반짝이고, 그 옆의 딱총나무에는 기이한 갈색 젤리 같은 목이버섯이 잔뜩 돋아 있다. 하지만 다시 비가 오기 시작하자 나는 영양가 있고 배가 든든해지는 스튜를 떠올리며 허겁지겁 따뜻한 부엌으로 피신한다.

슬로우 쿠커slow cooker는 스튜를 비롯해 과거에 인기 있었던 모든 한 솥 요리에 유용하다. 빅토리아시대만 해도 옛 봉건제도의 최상류층을 제외한 대부분의 사람은 작은 스토브나 화톳불만으로 요리해야 했다.[1] 따라서 점심과 저녁 메뉴는 대체로 한 솥 요리가 전부였다. 가장 흔한 요리는 포타주였다. 이 용어는 묽은 수프에서 죽이나 진한 스튜까지 다양한 요리를 아우를 수 있는데, 어떤 재료가 들어가든 일단은 한 솥 요리였다. 야채나 곡물, 마른 완두콩이 주재료였지만 때로는 고기나 생선을 추가하거나 달걀로 걸쭉하게 만들기도 했다.

아마도 인류는 그릇을 발명하기 전부터 걸쭉한 스튜를 만들어 먹었을 것이다. 사냥하여 불에 구운 사슴의 내장은 살코기와 곡물, 푸성귀와 물로 가득했을 테고, 거기에 불에서 튀어 오른 뜨거운 돌멩이가 들어갔겠지. 돌멩이에서 나온 열은 사슴 뱃속의 혼합물이 익을 만큼 강했을 것이며, 가끔씩 돌을 추가하면 부글부글 끓는 스튜가 완성되었으리라. 빅토리아시대에는 원시인류가 야만인이었다는 생각이 대세였지만, 이제는 원시인류도 현대인만큼이나 영리했다는 사실이 밝혀졌다. 단언컨대 그들도 호기심 많고 실험적이며 맛있는 음식을 좋아했음이 틀림없다!

여전히 전 세계 여러 문화권에 다양한 형태로 존재하는 푸짐한 한 솥 요리가 인류를 하나로 묶어 준다. 영국에는 랭커셔 핫팟(양고기와 감자를 넣은 스튜—옮긴이)이 있고 아일랜드에는 아이리시 스튜가 있다. 해산물 차우더, 오소 부코, 코코뱅, 포토푀, 포이키코스(사냥한 고기나 양고기에 각종 채소를 넣어 더치 오븐에 끓인 남아프리카공화국 요리—옮긴이), 브라질의 페이조아다, 유대식 촐렌트, 폴란드의 비고스, 헝가리의 구야시 등 한 솥 요리는 정말이지 세계 어디서나 맛볼 수 있다.

나는 서인도제도에서 지내던 시절 페퍼팟(고추와 고기를 넣은 스튜—옮긴이)을 알게 되었다. 이 요리는 솥에 담긴 채 대대로 내려왔다고 전해지는데, 박테리아를 제거하기 위해 매일 끓이면서 씁쓸한 카사바 뿌리를 갈 때 나오는 액체 부산물인 카사립(뛰어난 식품 방부제이기도 하다)을 비롯한 여러 재료를 첨가한다. 중세 영국의 여관 주인들도 마찬가지로 솥 하나를 걸어 놓고 필요할 때마다 재료를 더 넣어 가며 끝없는 스튜를 끓이지 않았을까.

이번 요리에는 냉동고 안쪽에서 찾아낸 사슴 어깨살을 썼다. 내 친구 밥은 일흔두 살이지만 여전히 여러 농장과 사유지에서 사슴 떼를 관리하고 있다. 그는 11월에 사슴을 선별하면서 어린 암사슴 한 마리를 잡아 가져다주었고, 나는 그 대가로 약초 진액을 계속 공급해 준다.

고기를 뼈에서 발라내어 깍둑썰기한 뒤 사슴 비계 약간과 함께 캐서롤 냄비에 넣어 노릇노릇하게 굽는다. 야생 버섯도 추가한다. 너도밤나무에서 갓 뜯은 반투명한 끈적끈끈이버섯과 랍의 밭에 마지막 남은 딱총나무 고목에서 채취한 쫀득쫀득한 목이버섯이다. 목이버섯은 육수의 쌉싸름한 맛을 빨아들이고 그 대신 천연 글루탐산을 방출하여 맛을 돋운다. 전호, 오레가노, 산사나무 울타리에서 따온 붉은 열매, 구운 어수리 씨앗으로 향미를 더하고 직접 훈연한 바닷소금으로 살짝 간한다. 오븐에 넣고 저온으로 두 시간 익히면 야들야들하고 향긋한 요리가 완성된다. 늦게 난 어수리 싹 몇 개에 물을 약간 넣고 볶아서 곁들여 먹으니 마음도 뱃속도 모두 든든해진다. 11월 말인데도 버섯과 식물을 채취할 수 있다는 게 다행스럽다. 어쩌면 내가 걱정했던 것만큼 힘들지는 않을지도 모른다.

첫 서리

11월 29일, 오크뱅크

눈부시게 붉은 여명과 함께 일요일이 밝아 온다. 창밖을 자세히 보니 사방에 온통 서리가 내렸다. 한순간 별세계처럼 아름답다고 감탄하지만, 다음 순간 서리가 어떤 여파를 미칠지 깨닫자 그런 감상도 사라진다. 여유를 부리느라 어제 수영을 더 따 놓지 않은 것을 자책한다. 서리는 잔혹한 학살자다. 오늘은 이미 수영이 축축하게 시들었을 테고, 앞으로 몇 주는 되살아나지 못할 수도 있다.

아침 식사 때문에 마음이 더 뒤숭숭해진다. 팬케이크를 만들었는데 어제처럼 성공적이진 않다. 11월이다 보니 알을 품은 산비둘기를 한 마리밖에 못 찾아서 '알 포인트'가 바닥났다. 새알이 없으면 팬케이크는 이상야릇한 견과류 가루 부침이 될 뿐이다. 맛을 내려고 말린 빌베리를 넣었더니 어찌어찌 완성되긴 했다.

일요일에는 약초원 근무를 하지 않아서 식량을 찾을 시간이 더 많다. 안 그래도 절박한 상황이다. 차로 20분 거리에 오크뱅크라는 오래된 삼림지대가 있다. 한쪽은 린하우스강, 다른 한쪽은 뮤리스턴강과 맞닿아 있는데, 이 두 강이 합류하여 널따란 베드타운을 통과한 다음 드넓은 아몬드강과 만난다. 오크뱅크에 자주 가진 않지만, 3년 전 11월 어느 날에 친구와 함께 그곳을 산책하며 너도밤나무가 우거져 아늑한 아몬드강 굽이 한구석에서 분홍쇠비름을 딴 적이 있다. 나는 가끔 자동차 열쇠를 어디 놔뒀는지, 뭐 하러 방에 들어왔는지 잊기도 하지만, 뛰어난 채취인이라면 누구나 그렇듯 한번 먹을거리를 찾아낸 곳은 **절대로** 잊지 않는다.

성공적인 채취는 뇌에서도 특별하고 오래되고 원초적인 부위에 각인되는 것 같다. 몇 헥타르에 달하는 거대한 침엽수 조림지에서 길을 잃고 헤매다가 멋진 그물버섯을 발견한 적이 있다. 침엽수들은 메마른 산성 토양에 빽빽이 심어져 바싹 야위고 아래쪽 가지는 전부 말라죽은 상태였으며, 푸른 잎이 집중된 위쪽 가지를 필사적으로 해를 향해 뻗고 있었다. 그로부터 8년 후 나는 길도, 표지판도, 나침반도 없이 곧바로 그 장소로 돌아가 그물버섯을 찾아냈다. 내 발이 길을 기억하고 있었던 것이다. 숲속 깊은 곳에서 나는 모든 본능이 되살아나는 일종의 경계 공간liminal space에 들어선다. 내 안의 무언가가 길을 알고 있다. 남반구에서 북반구로 날아가는 새처럼, 혹은 툰드라에서 여름을 지내고 은신처로 돌아오는 늑대처럼.

펌퍼스턴 로드에서 마지막 남은 공간에 차를 세우고, 채취한 것들을 담을 옥양목 가방 두 개를 챙긴다. 강 위의 다리를 건너고 개를 산책시키는 사람들을 지나쳐 버려진 헛간 옆에서 길을 벗어난다. 헛간에 2피트 크기의 글씨로 '내 불알이나 빨아'라고 갈겨쓴 그래피티를 보니 눈살이 찌푸려진다. 계곡으로 내려가자 강가를 따라 흐르는 축축하고 차가운 공기에 뼛속까지 오싹해진다. 아직 서리가 녹지 않았고 겨울 해도 충분히 떠오르지 않아서 강둑 위를 올려다볼 수는 없지만, 그래도 한 덩어리로 얼어붙어 있는 **가지버섯** 세 개를 발견했다. 다행히도 비교적 멀쩡한 상태라 바로 요리하면 괜찮을 것이다. 겨울이 지나간 게 아니라 곧 닥쳐올 것임을 상기시키는 이 엄연한 증거 앞에 살짝 우울해지지만, 언제나 그렇듯이 자연 속에 있다는 것만으로 금세 다시 기운이 난다.

예상대로 아몬드나무가 우거진 한구석에 **분홍쇠비름** 잎이 잔뜩 돋았다. 구릿빛 단풍나무와 메마른 갈색 너도밤나무 낙엽에 뒤덮여 하나도 얼어붙지 않았다. 짙은 녹색 잎은 아직 자잘하지만, 큰 봉지를 가득 채울 만큼 무성하게 자라나 있다. 내가 이곳을 기억해 냈다는 게 정말 기쁘다. 올해 초에 따서 말려 둔 해초와 함께 요리해야겠다. 맛있는 야채 요리가 되겠지.

차로 돌아가는 길에 야생 사과나무도 발견한다. 신난다! 작고 시큼하고 단단한 데다가 우툴두툴 얼룩덜룩해서 슈퍼마켓에서는 절대 팔지 않을 열매지만, 구워 먹거나 알싸하고 톡 쏘는 과즙을 짜서 레몬주스 대신 쓰면 끝내줄 거다.

3장

채취 구역

진실과 자유는 자연 속에서만 존재할 수 있다고
나는 항상 생각해 왔다.

—대니얼 J. 라이스Daniel J. Rice, 《광야의 이면This Side of a Wilderness》

홈그라운드

12월 5일, 랍스 우드

야생 사과를 조려 다진 헤이즐넛을 뿌린다. 크럼블만 곁들일 수 있다면 완벽할 텐데!

점심과 저녁 준비는 슬로우 쿠커에 맡기기로 한다. 사슴 정강이뼈 두 개, 풍미를 더해 줄 산사나무 열매 한 줌, 목이버섯 몇 개, 수영 한 다발, 어제 먹은 어수리 잎에서 떼어 낸 줄기를 넣는다. 칼집을 낸 무리우산버섯도 추가한다. 내 생각엔 무리우산버섯이 확실하지만, 독버섯인 투명살끝에밀종버섯(영어로 '장례식 종funeral bell'이라고 불린다—옮긴이)과 비슷하게 생겼으니 항상 다시 확인해야 한다. 결국 단서는 이름에 있다. 또 어떤 버섯을 찾을 수 있을지 살펴보려고 바구니를 챙겨 랍스 우드로 향한다. 버섯뿐만 아니라 뭐든 좋으니 푸성귀를 더 찾았으면 싶다.

집에서 30분만 걸어가면 랍스 우드가 나온다. 나는 스코틀랜드 '중부 지대' 한가운데 살고 있다. 지도에서 에든버러, 글래스고, 스털링을 잇는 큰 고속도로 세 개의 한가운데를 찾아보라. 거기가 바로 내가 사는 동네다. 꼭 버뮤다 삼각지대에 사는 기분이다. 이 주변의 들판과 숲은 베드타운에 잠식당해 빠르게 사라져 가고 있다. 바람 부는 언덕에는 여기저기 풍력발전기가 우뚝 솟아났고, 새로 생긴 양어장에 차가 몰려들면서 곳곳에 음료수 깡통과 햄버거 상자가 버려져 있다. 토지 개발업자들은 마지막 남은 조용한 숲을 난도질해서 만든 '주말 농장'을 뻥튀기된 가격으로 도시인들에게 배분했다. 내가 숲을 매입해서 지역 사회를 위해 보존하려고도 해 봤지만, 일이 생각처럼 풀리지 않았다.

하이츠 농장 주변의 이 땅은 노부인을 닮았다. 광대뼈를 보면 한때 얼마나 아름다웠을지 짐작할 수 있다는 점에서 말이다. 아직도 과거의 자취를 찾아볼 수 있다. 1818년 영국 육지측량부 지도에서도 그랬듯이 여전히 산울타리는 웃자랐고 덤불은 이빨처럼 듬성듬성하다. 오길페이스 성에서부터 바람 부는 황야를 가로지르는 옛 수도사들의 길도 희미하게나마 남아 있다. 1253년에 성직자들이 높고 드넓은 블로혼 모스 늪지를 무사히 피해 갈 수 있었던 것은 바로 이 길 덕분이었다. 여름이면 이 지역은 하얀 솜털 덩어리 같은 황새

풀과 점박이난초로 활기를 띤다. 그나마 8000년 동안 변하지 않은 늪지만이 국립 자연보호 구역으로 지정되어 외부의 침해로부터 보호받고 있다. 게다가 이곳에는 야생 크랜베리도 자란다. 채취인이라면 누구나 그렇겠지만 나 역시 이 늪지를 손바닥 보듯 잘 안다. **어떤** 식물이나 버섯을 먹을 수 있을지 생각하기 전에 그것들을 **어디서** 찾을 수 있을지 생각해야 한다.

식량 지도 그리기

현지 지형을 속속들이 아는 것이 중요하다. 식물도 인간처럼 서식지를 상당히 까다롭게 고를 수 있다. 그렇지 않은 경우도 있긴 하지만. 버섯도 마찬가지다. 주황색 거친껄껄이그물버섯은 자작나무 아래에서 발견할 수 있다. 따라서 이 버섯을 찾으려면 자작나무 숲에 가보는 것이 좋다. 채취 경험이 늘어날수록 다양한 식물의 선호도를 더 잘 알게 된다. 예를 들어 바닷가에서 가장 싱싱한 페퍼 덜스pepper dulse(영국과 유럽 전역에서 발견되는 홍조류—옮긴이)를 찾으려면 습하고 더 서늘한 동쪽이나 북쪽의 바위 뒤로 가야 한다. 페퍼 덜스는 무더운 곳이나 물에서 너무 오래 나와 있는 것을 싫어한다. 워낙 흔해서 다른 곳에서도 쉽게 찾을 수 있지만, 바닷가에서 채취해 바로 먹어야 가장 맛있다. 위치가 중요한 것은 단지 맛 때문이 아니다. 나는 집 지을 곳을 정할 때 내가 선호하는 식재료를 쉽게 구할 수 있는 지역을 택했다. 이제 위치 선택은 생존의 문제다.

애초에 인류가 살고 돌아다닐 지역을 고를 때부터 음식 선호도는 결정적 영향을 미쳤다. 위치가 어떻게 이상적 식량 지형과 연결되는지 이해하면, 현대 음식의 진화뿐만 아니라 야생식을 복원할 방법도 더 쉽게 알 수 있다. 인류 초창기에 가장 인기 있었던 지역들은 야영지에서 마을로, 마을에서 도시로 변모했기 때문에 지금 와서 추적하기는 어려울 것이다. 시간이 지나면서 세계 곳곳의 극단적 환경에서 고도로 특화된 식생활을 하며 살아갈 수 있는 틈새 집단들도 생겨났다. 하지만 대부분의 인간은 균형 잡힌 식사를 해야 하며 필수 영양소군을 섭취해야 건강을 유지할 수 있다. 호모 사피엔스는 31만 5000년 전 아프리카에서 진화하여 약 13만 4000년 전에 유럽으로 이주했다. 나는 그들이 사냥, 채취, 야영 장소로 어떤 지역을 선택했는지 알고 싶다. 내가 자급자족하려면 어디서 식량을 찾아야 할지 파악하는 데 도움이 될 테니까. 우리 조상들은 스코틀랜드에 비하면 천국 같은 날씨를 자랑하는 지중해 근처에서 오랫동안 살았지만, 결국은 영국에 정착했다.

고대 유목민은 현대인처럼 목적 없이 이리저리 돌아다니지 않았다. 그들과 마찬가지로 이제 나도 목적 없이는 움직이지 않는다. 조상들이 한 해 동안 이동한 경로는 빙글빙글 돌면서 야영지에서 점점 멀어지는 형태였을 것이다.[1] 그들은 데이지 꽃잎처럼 죽 이어지는 동그라미를 그리며 계절에 따라 먹을거리를 찾을 수 있는 익숙한 지형을 반복하여 돌아다녔다. 각각의 수렵·채취 공동체는 자연적으로 영양분이 풍부한 장소를 계절별 야영지로 정해 두고 유목 활동의 근거지로 삼았을 것이다.

영국에서는 석기와 같이 분해되지 않는 고고학 유물을 통해 이러한 야영지의 위치를 알아낼 수 있다. 나는 거석 포털 어플리케이션과 앤디 버넘의 멋진 책《오래된 돌들》을 참고해 조상들이 정착했을 지역을 한참 궁리했다.[2] 내 경험에 따르면 대표적인 고대 유적지는 가장 다양한 먹을거리를 채취할 수 있는 장소와 밀접하게 연관되어 있는데, 이는 놀라운 일이 아니다.

영국과 프랑스 서부 해안에서 발견된 주요 유적지 중 의식儀式보다 거주를 목적으로 한 곳들은 대체로 범람원이나 강가, 혹은 조간대에서 2~23킬로미터 이내에 위치해 있다. 다시 말해 우리 조상들은 하루만 이동하면 최대한 다양한 음식을 손쉽게 구할 수 있는 지역을 선택했다. 스코틀랜드의 중요한 청동기시대 유적지인 클라바 케언즈Clava Cairns는 네스강 어귀에서 도보로 2시간 30분, 네언강 어귀에서 4시간, 핀드혼강 어귀에서 8시간 걸리는 작은 강가에 있다. 근처의 데이비엇Daviot은 가장 유서 깊은 환상열석 유적지 중 하나다. 네스강 어귀에서 도보로 똑같이 2시간 30분, 네스호에서는 4시간이 걸리며 드넓고 오래된 사냥터 숲으로 둘러싸여 있다.

아몬드강이 포스강 어귀로 흘러드는 곳인 크래먼드Cramond는 헤이즐넛 껍질 무더기를 통해 밝혀졌듯이 기원전 8500년까지 거슬러 올라가는 마을이다. 고대 로마 시대에는 요새로 대체되었다가 중세 시대에 다시 마을이 되었고, 지금은 에든버러 교외로 편입되었다. 내 생각엔 인류가 태곳적부터 살기 좋은 특정 지역에만 몰리면서 신석기시대의 자취 대부분이 콘크리트와 아스팔트 아래 묻혀 버린 것 같다. 현재 영국 땅의 거의 6퍼센트가 인공 지표면으로 덮여 있다고 한다. 4퍼센트를 살짝 넘었던 30년 전보다 훌쩍 증가한 수치다.[3]

강가를 벗어나 강어귀에 접근하기 어려운 유적지는 훨씬 나중에 조성된 것들로 보인다. 하지만 모종의 이유로 야영지와 마을에서 멀리 떨어진 유적도 있다. 이런 경우는 주로 벽화가 있는 동굴(예를 들어 프랑스의 라스코 동굴), 돌무더기나 환상열석이나 선돌 등의 종교적 장소, 또는 매장지나 사냥터인 것으로 보인다. 기원전 1만 2000년까지 거슬러 올라가며 스코틀랜드에서도 가장 오래된 유적지로 알려진 엘스리클Elsrickle의 옛 사냥터에서는 다양한 석기가 발견되었다.[4] 흥미롭게도 현재 이곳의 지명은 사슴을 끌고 가 도살했던 장소를 뜻하는 게일어Eileirig에서 유래했다. 엘스리클의 지형은 동물들이 고지대로부터 가파른 비탈을 달려 내려가도록 내몰렸으며, 아래쪽에서 기다리던 사냥꾼들이 겁에 질린 동물들을 도살했다는 이론을 뒷받침한다.

나는 유목민이었던 우리 조상들이 내륙으로 이주하기에 앞서 해안을 따라 이동했으리라고 확신한다. 그들 최초의 근거지는 먹을거리가 풍부한 바닷가였을 것이고, 그 주변에서 데이지 꽃잎처럼 죽 이어지는 동그라미를 그리며 사냥과 채취에 나섰으리라. 겨울에는 숲에 더 가까운 내륙 야영지로 옮겨 더 작은 동그라미를 따라 이동하면서 사냥하고 채취했을 것이다.

음식의 계절성을 고려하면 이 모든 것이 완벽하게 이해된다. 겨울이 오면 고대인들은 숲에서 은신처와 먹을거리를 구했다. 눈이 녹고 반추동물들이 풀을 뜯기 위해 숲을 떠나면 그들도 지금 나처럼 봄철 식물들이 돋아나기 전까지는 보릿고개를 겪었으리라. 따라서 겨울이 끝나갈 무렵엔 바닷가로 돌아가 굴과 조개류, 해조류를 먹을 수밖에 없었다. 땅에 식물이 자라고 새들이 둥지를 틀면 다시 바닷가를 떠날 수 있었겠지만, 한여름까지는 열매를 맺는 식물이 없었다. 그러니 여름에 고지대 초원에서 사슴 사냥을 하는 동안에는 팔레오 식단을 따르는 것이 필수적이었다. 좀 더 이후에는 최초로 가축화된 양과 염소의 젖도 활용했을 것이다. 가을에는 넘쳐 나는 베리를 따고 겨울을 대비해 곡물, 견과류, 씨앗을 모았다. 그리고 겨울을 맞아 돌아간 숲에 다람쥐처럼 비밀 저장고를 만들어 두었겠지. 따라서 농경이 시작되고 유목 생활이 끝날 때까지 거주지의 위치는 계절에 따른 음식 접근성과 불가분 관계에 있었다.

내가 즐겨 찾는 스코틀랜드 동부 해안의 한 지역에서는 4평방킬로미터 내에서 하루에 100종의 식물을 채취할 수 있다. 채취 구역을 25평방킬로미터로 늘리고 인공적 주거 시설의 제한 없이 자유로이 돌아다닐 수 있다고 가정한다면 일 년 내내 그곳에서 살 수도 있으리라. 많은 고대 유적지가 인기에 희생되어 이제는 마을과 도시의 거리 아래 깊이 묻혀 있다. 한때 우리 조상들과 그 밖의 여러 생물종이 마음대로 식량을 구할 수 있었던 땅은 사적 소유지가 되었다.

내가 찾으려는 식물이나 버섯의 입장에서 생각해 보자. 쐐기풀과 엉겅퀴는 잘 갈린 비옥한 토양을 좋아하는 만큼 준설한 도랑 가장자리에 남은 흙무더기나 배설물 더미, 예전에 쟁기질했지만 올해는 휴경한 밭에서 찾아야 한다. 나도산마늘은 부식토가 풍부하고 축축하며 살짝 그늘진 삼림지대를 좋아하고, 까마귀마늘crow garlic은 주변에 갯잔디가 자란 양지바른 모래땅을 좋아한다. 꾀꼬리버섯은 특히 습기를 머금은 푸르고 짙은 이끼로 뒤덮인 자작나무를 좋아한다.

잎새버섯은 선택의 여지가 있다면 참나무를 선호하는 반면, 덕다리버섯은 나무를 옮겨 다니는 것을 선호한다. 한 해의 첫 번째 군락은 오래된 버드나무에서 자라고, 그 다음은 벚나무, 마지막은 참나무에서 자란다. 땅감자는 배수가 잘되고 양지바르며 얼룩덜룩하게 그늘진 둑 아래를 좋아한다. 내 경험에 따르면 땅감자를 가장 쉽게 찾을 수 있는 곳은 오랫동안 쟁기질로 밀려 울타리나 산울타리 앞에 쌓인 고운 흙무더기다. 족제비쑥은 트랙터와 소가 밟고 지나가서 다져진 마른 흙을 좋아하기에 항상 농장 입구 옆에서 찾아야 한다.

때로는 이름에서 단서를 찾을 수도 있다. 큰비단그물버섯larch bolete은 잎갈나무larch에만 자라며 산토닌쑥sea wormwood, 갯배추sea kale, 서양무아재비sea radish는 바닷가 근처를 떠나지 않는다. 또 다른 단서는 서식지 자체의 특성이다. 여름에 영국 일주 여행을 떠났다가 고속도로 중앙 분리대를 따라 수백 마일을 피어난 눈처럼 하얀 꽃에 깜짝 놀란 적이 있다. 알고 보니 척박하고 염분이 많은 해안 토양을 떠나 내륙으로 이동한 덴마크 스커비초Danish scurvy grass로, 겨울마다 도로변에 쌓이는 소금과 모래를 좋아한다고 한다. 각각의 식물종을 가까이서 관찰하고 그 특징과 선호하는 서식지를 기록하며 자세히 알아 가는 것도 하나의 특권이다.

울타리를 넘어 랍스 우드에 들어서자마자 내가 찾던 것을 발견한다. 여름에 봐 두었던 쓰러진 너도밤나무다. 작년 봄 폭풍에 부러진 게 분명한데 다행히 아무도 베어 가지 않았다. 숲을 비스듬히 가로지르는 산마루에 검고 반들반들한 고래처럼 드러누운 너도밤나

무는 내가 예상하고 기대한 모습 그대로다. 갈라진 가장자리를 따라 겹겹이 자라난 **느타리버섯**이 나무와 대조되는 크림색으로 펼쳐져 나를 기다리고 있다. 바구니를 가득 채우고 겨울 햇살과 내 기력이 전부 사라질 무렵에야 집으로 돌아오니, 맷이 만든 훌륭한 꿩 스튜 냄새가 나를 반겨 준다.

냉동고 정리

12월 6일, 데이질리아

오늘 아침에도 비가 쏟아진다. 이런 날 외출하면 물에 빠진 생쥐 꼴이 될 것이다. 오늘도 헤이즐넛을 곁들인 야생 사과 조림으로 아침 식사를 마친 뒤 냉동고를 정리해 보기로 결심했다. 나와 달리 물건을 쟁여 두지 않는 게저가 좋아하겠지.

신난다! 냉동고 한구석에 넣어 두고 잊어버렸던 통 하나를 찾아냈다. '허브 그레몰라타, 2019년'이라고 적혀 있다. 이렇게 좋을 수가 없다. 나로서는 매일 고기를 먹는 게 쉬운 일이 아니다. 블랙프라이데이 직전까지만 해도 거의 채식을 했으니까. 이제는 고기 냄새만 맡아도 기분이 나빠지기 시작했고 꿩고기라면 더더욱 그렇다. 다양한 향신료가 없으니 야생동물 특유의 누린내와 씁쓸한 맛을 숨기기 어려워서 고기를 많이 먹지 못하는 것 같다. 문득 어지럼증이 느껴진다. 혈당이 떨어진 모양이다. 내 칼로리 섭취량이 필요한 것보다 너무 적다는 사실을 깨닫고, 야생 사과를 약간 갈아 넣은 견과류 가루 팬케이크 네 개와 허브 차 몇 잔을 브런치로 먹는다.

그레몰라타를 발견하자마자 기분이 한결 나아졌다. 이 근사한 소스는 전통적으로 싱싱한 녹색 허브와 마늘을 곱게 다져 올리브기름을 가득 붓고 레몬즙이나 오렌지 주스를 더해서 만든다. 하지만 나는 채취인인 만큼 감귤류 대신 비타민나무 열매즙을 쓰는 것으로 충분히 만족한다. 형광주황색인 이 즙은 황산만큼 산도가 높기에 항상 소스나 시럽에 섞어서 사용해야 한다. 아사이 열매만큼 항산화 성분이 풍부하여 놀랍도록 건강에 좋고, 게다가 아마존에서 비행기로 수입해 올 필요도 없다. 비타민나무 열매의 맛은 '짜릿함'과 '상큼함' 두 단어로 요약할 수 있다. 이제 내 요리에 초록색을 더할 뿐만 아니라 넘기기 힘들었던 꿩 스튜에 친숙한 풍미를 첨가할 수 있게 되었다.

오늘 오후 밥이 선별 작업을 하고 있는 농장에서 **산토끼** 두 마리를 가져왔고, 나는 그 대가로 야생 엘더베리 진액을 좀 더 주었다. 이 시기에는 푸성귀 채취가 거의 불가능한 만큼 산토끼를 받은 건 고마운 일이지만, 한편으로는 기분이 무척 착잡해진다. 산토끼는 정말 아름다운 동물이고, 나는 하이츠 농장 주변 고원을 뛰어다니는 산토끼를 지켜보는 걸 좋아한다. 내가 아는 한 축산업 위주의 지역에서는 산토끼를 건드리지 않지만, 농지를 침입한 산토끼는 흔히 총에 맞아 죽는다. 개를 풀어 잔혹하게 토끼를 사냥하는 헤어 코싱hare coursing은 스코틀랜드에서 불법인데, 그럼에도 매년 서너 건씩 체포되는 사례가 나온다. 더 큰 문제는 잉글랜드 남부, 특히 링컨셔와 이스트 앵글리아 평원지대에서 다수의 남성들이 사륜구동 차량에 대형 스포트라이트를 장착하고 그레이하운드를 풀어 토끼를 쫓는다는 것이다. 그들은 심지어 추적을 생중계하고 어느 개가 가장 빠를지 내기를 걸기도 한다.

유희로서의 사냥은 서식지 보호와 관리를 위한 선별과는 전혀 다른 문제다. 이상적인 생태계에서라면 예전처럼 스라소니가 주요 포식자로서 사슴과 토끼의 개체 수를 조절해 주었을 테니 인간의 선별 조치는 필요 없었을 것이다. 어쨌든 지금 당장은 야생 완두나 콩, 곡물을 구할 수 없는 만큼, 좋든 싫든 겨울 동안엔 고기가 유일한 단백질 공급원이 되리라는 사실을 나는 금세 깨달았다. 그래서 산토끼에게 감사하는 마음으로 하이츠 농장 울타리 틈새에 산사나무를 심어 보답하기로 다짐했다. 그러면 그들의 동족이 더 많은 은신처와 겨울 식량을 구할 수 있을 테니까. 그런 다음 맷의 도움을 받아서 버려지는 것이 없도록 꼼꼼히 토끼 가죽을 벗겨 냈다.

11월에 밥이 사슴을 가져왔을 때는 칼 없이 가죽을 벗겨야 했다. 우연하게도 맷과 나 둘 다 예전에 구석기를 수집한 적이 있다. 밭을 갈다 보면 종종 땅 위로 튀어나온 부싯돌 도구를 발견하게 된다. 맷은 5000년 된 부싯돌 손도끼와 날카로운 부싯돌 날을, 나는

3000년쯤 된 돌칼을 가지고 있다. 이런 고대의 도구를 사용하면 도살이 경건한 행위로 바뀌는 듯하다. 살을 베거나 저미는 대신, 옛사람들이 그랬듯이 돌칼의 예리한 면을 가죽에 대고서 느리고 리드미컬하고 부드러운 동작으로 살며시 벗겨 낸다. 이렇게 천천히 작업하는 동안 내 의식은 아득한 내면의 시간 속을 떠돈다. 생각에 잠길 여유가 충분하다. 온갖 상념이 기도처럼 머리 위를 떠돌다 내려앉는다. 한참 동안 산토끼에 매달리다 보니 이 동물이 단순한 고깃덩어리가 아니라 살아 있는 생명체였으며 감사와 존중을 받을 자격이 있다는 것을 새삼 깨닫는다.

설명하기는 어렵지만, 피부와 힘줄과 근육의 결합을 확인하며 느끼는 경이로움이 나와 산토끼 사이에 이전과 다른 통렬한 유대감을 형성한다. 영혼이 살아 숨 쉬는 자리에 대한 경탄. 인간이 동물과의 관계를 한층 깊이 의식했던 과거와의 연결고리. 생명의 자연스러운 순환 속에서 다가오는 나 자신의 죽음에 관한 인식도.

이명

12월 8일, 데이질리아

새벽 4시 조금 넘어서 잠이 깬다. 피로가 덜 풀린 상태라 심호흡으로 몸을 이완시키며 다시 잠들려고 해 본다. 하지만 지긋지긋한 이명耳鳴이 찾아오는 바람에 심신을 안정시키는 데 실패하고 만다. 3년 전 이를 하나 뽑고 나서 생긴 증상이다. 처음에는 전구에서 나는 잡음인 줄 알았지만, 일주일쯤 지나자 그 희미한 웅웅 소리가 점점 더 커져 간다는 걸 깨달았다. 무엇보다도 유감스러운 것은 이 끔찍한 내면의 소음이 숲속까지도 나를 따라온다는 사실이다. 2년 전 내 친구이자 동료 약초 연구자인 줄리 매킨타이어와 함께 길라 야생 보호구역Gila Wilderness의 협곡을 올라가다 곰솔나무와 마주친 적이 있다. 나무껍질 위로 새어 나온 끈끈한 송진이 거대한 구형의 단단하고 반짝이는 결정체를 이루고 있었다. 나는 집에 가져가 연고로 만들 송진 몇 덩어리를 떼어낸 뒤 2월에도 햇볕이 내리쬐는 뉴멕시코의 산허리에 줄리와 나란히 앉았다.

갑자기 딱 1분 동안 마술처럼 기적적으로 이명이 사라졌다. 정적을 되찾은 순간의 기쁨은 말로 표현할 수 없을 정도였다.

물론 여기서 **정적**이라는 말이 백 퍼센트 정확하지는 않다. 자연에서 모든 소리가 사라지는 순간이란 존재할 수 없으니 말이다. 하지만 인간이 가만히 있으면 공기가 흐르는 소리, 식물이 자라고 움직이는 소리, 곤충이 바쁘게 오가는 소리가 들린다. 자연과 내가 하나라는 유대감과 몰입감이 느껴진다. 그런데 그럴 때마다 이명이 국경 세관 검문소처럼 끼어들어 나와 자연은 하나의 광활한 풍광이 아니라 별개의 국가임을 상기시킨다. 집에 돌아오면서 나는 어떻게든 이명을 없애야겠다고 결심했다. 도움이 될 만한 허브 차를 만들긴 했지만, 생각해 보니 허브를 직접 복용하면 더 효과적일 것 같다! 요즘은 이명에 효과가 있다는 침술 치료도 받고 있다. 말린 빌베리와 야생 사과 조림을 얼른 삼키고 예약해 둔 치료소로 달려간다.

침술은 인류가 수천 년 동안 실행해 온 흥미로운 의료 방식이다. 고고학 연구에 따르면 중국에서는 8000년 전부터 뼈나 돌로 만든 침을 써 왔는데, 놀랍게도 유럽에서도 원시적인 형태의 침술이 존재했다.[5] 나는 항상 얼음 인간 '외치'에 관심이 많았다. 외치는 1991년 오스트리아와 이탈리아의 경계에 있는 외츠탈 알프스의 티젠요흐 고개에서 빙하가 녹기 시작했을 때 온전한 상태로 발견된 고대인이다. 외치의 목에 걸린 낡은 가죽 끈에는 구멍장이버섯의 일종인 말굽버섯과 자작나무버섯 몇 조각이 꿰여 있었다. 오늘날 나도 채취하곤 하는 버섯들이다.

외치의 몸에서는 라임병, 즉 보렐리아 부르그도르페리Borrelia burgdorferi의 DNA 흔적도 발견되었다. 이 박테리아는 외치의 오른쪽 고관절 콜라겐과 연골을 야금야금 갉아먹는 중이었으며, 따라서 그는 골관절염이 점점 더 심해지고 있었으리라. 안타까운 일이다.

또한 외치의 다리와 등에는 작은 파란색 십자가와 겹겹이 쌓인 삼각형 등 독특한 문신이 줄줄이 새겨져 있었다. 남들의 주의를 끌고 메시지를 전달하기 위해 얼굴처럼 눈에 잘 띄는 부위에 새긴 문신이 아니었다. 그보다는 1975년 무렵 5학년생들이 만년필로 손등에 그리던 문신과 비슷했다!

연구자들은 이것이 '의료용 문신'이라고 추측한다.[6] 그들은 외치의 줄무늬와 십자가 문신 전체의 크기를 재서 오늘날 중국 침술사들이 쓰는 인체 경락도 위에 표시했다. 놀랍게도 문신의 위치는 요통과 고관절 통증 환자가 침을 맞는 경혈과 일치했고, 복통 치료를 위한 경혈도 포함되어 있었다. 누군가가 어딘가에서 부싯돌 조각이나 뾰족한 뼈로 외치에게 침을 놓은 다음, 훗날 외치가 스스로 통증을 달랠 수 있도록 지워지지 않는 잉크로 경혈에 섬세한 문신을 새졌을 것이다. 이 모두가 5300여 년 전에 일어난 일이다!

침을 맞으면 이명이 다소 가라앉긴 하지만, 그래도 가만히 있으면 귀가 울려서 신경이 쓰이는 건 마찬가지다.

오늘은 남풍이 분다. 숲속에 있어도 머나먼 고속도로의 차량 소음이 희미하게 귓가에 들려온다. 끊임없이 자동차가 지나가고 트럭이 덜컹거린다. 이런 소음은 이제 영국의 거의 모든 지역에 배경 음악처럼 존재한다. 외딴 시골까지 침투하여 산에 울려 퍼지며 평원을 가로질러 구석구석 파고든다. 차량 소음이 아직 침투하지 못한 오지에서는 풍력발전기의 굉음이 대기와 땅을 진동시키곤 한다. 문득 인간이야말로 자연의 이명이라는 생각이 들었다.

첫 번째 코로나바이러스 봉쇄 기간에 일어난 놀라운 일 하나는 내가 뉴멕시코 산속에서 경이로운 1분 동안 겪었듯이 잠시나마 가이아의 이명이 가라앉았다는 것이다. 원전 사고 이후로 30년 동안 회복된 체르노빌의 자연을 연상시키는 풍경 속에서,[7] 사슴들은 인근 A802 고속도로의 뜨거운 아스팔트에 누워 일광욕을 즐겼다. 의회가 과도한 열성을 발휘해 '잡초'를 제거하지 않은 지역의 비둘기들은 고속도로 중앙 분리대의 노란 민들레꽃이 지고 나서 맺힌 씨앗을 먹으며 포동포동 살이 쪘다. 온 세상이 섬뜩하고 으스스했지만 놀랍도록 조용했다. 그 고요한 광경이 너무나 그립다.

얼어붙은 세상

12월 13일, 폴른트리 우드

공기가 맑고 상쾌하여 숨을 들이쉴 때마다 생기가 솟는다. 아직 해가 떠오르지 않아서 땅이 서리로 얼어붙고 발밑에서 낙엽이 바스락거린다. 샐러드에 넣을 민들레 잎을 몇 장 따야 한다고 머릿속으로 되새긴다. 하지만 영양 많은 민들레 뿌리를 캐려면 단단해진 땅이 조금이라도 녹아야 할 것이다.

폴른트리 우드 숲속에 들어서니 조금은 더 따뜻하다. 가장자리가 얼기 시작했지만 여전히 졸졸 흐르고 있는 시냇물을 뛰어넘는다. 앙상한 침엽수 사이로 바늘잎이 쌓여 천천히 썩어 가는 땅바닥을 보니, 가늘고 노란 줄기 위에 우아한 회색 갓을 쓴 **꾀꼬리버섯**이 몇 개 돋아 있다. 갑자기 회색 다람쥐 한 마리가 튀어나와 나를 한번 쳐다보더니 바로 옆의 시트카가문비나무를 타고 올라간다. 배를 곯기 쉬운 날씨라는 걸 녀석도 알고 있는 게다. 나는 얼른 버섯을 딴다. 냉장하면 오래 보관할 수 있겠지만, 여기 그대로 두었다가 더 혹독한 서리를 맞으면 축축하고 시들시들해질 것이다.

겨울이 오니 먹을거리를 구하기가 점점 더 어려워진다. 밥이 가져다 준 사슴이 아니었다면 나는 분명 굶주렸으리라. 채식을 하다가 고기를 먹으려니 어색하지만, 동물에게는 점점 더 고마운 마음을 느낀다. 언젠가 내 몸을 먹게 될 박테리아와 균류, 곰팡이도 고마워할지 궁금하다.

오늘 아침 식사로는 과일 파이를 배불리 먹었다. 소리쟁이 씨앗을 갈고 호두 알갱이를 으깨서 저온 살균한 블랙베리 주스와 섞어 비스킷 반죽을 만들었다. 그런 다음 말린 아로니아, 빌베리, 귀룽나무 열매를 물에 불려 끓인 뒤 카라긴 해초 젤을 약간 넣어 굳혔다. 만드는 데 시간이 꽤 걸렸지만 여름의 풍미를 되살릴 수 있어서 좋았다.

내 양옆으로 우뚝 솟은 암벽 틈새를 따라 아직도 이삭이 주렁주렁 달린 **숲당귀** 몇 줄기가 땅바닥에 붙어 있다. 서리로 얼어붙은 씨앗과 꽃자루 하나하나가 수백 개의 작고 반짝이는 수정 같다. 이렇게 아름다운 생분해성 반짝이 크리스마스 장식은 돈 주고도 못 산다. 나는 한참 넋을 잃고 서 있다가 추위에 어쩔 수 없이 그 자리를 떠난다. 자연의 마법에 매료되어 어린아이로 돌아간 기분이다.

4장

뿌리를 캐다

당신을 능금이 자라는 곳으로 데려가 드리겠습니다.
당신을 위해 내 긴 손톱으로 땅감자도 캐겠습니다.
—셰익스피어, 《템페스트》

나도산마늘

12월 18일, 아몬델

오늘은 햇살이 환하다. 이 무렵의 스코틀랜드는 낮이 엄청나게 짧다. 해가 오전 8시 45분에야 간신히 떠올라서 구름 뒤로 숨어버리기 때문에, 얼마 지나지도 않은 오후 3시 45분이면 벌써 저녁 같다. 흐린 날이면 하루 종일 어둠 속에서 지내야 한다. 스코틀랜드 게일어에는 dowie(음침한), draggled(축축한), dreep(홍건한), dreich(우울한), dribble(진눈깨비), drookit(추적추적한), dour(음산한)처럼 이곳 날씨를 잘 표현하는 단어가 넘쳐 난다. 잠시 해가 나는 틈에 아몬델 컨트리파크로 내려가 본다. 아몬드강을 따라가면서 무엇을 찾을 수 있을지 알아봐야겠다.

사실 내게는 속셈이 있다. 지금 내게 가장 아쉬운 것 중 하나가 양파나 그 대체물이다. 양파, 적양파, 파, 마늘 같은 것 말이다. 지난 블랙 프라이데이 전까지 나는 거의 모든 요리에 양파를 넣곤 했다. 아몬델 컨트리파크는 봄이 오면 땅바닥 이 끝에서 저 끝까지 나도산마늘로 뒤덮인다. 이번 겨울은 지금까지 매우 온화했으며, 지난 몇 년간 기후변화로 인해 봄이 오기 훨씬 전부터 싹을 틔우는 식물이 많아졌다.

내 예상은 어긋나지 않았다.

언뜻 보기에 언덕은 마른 낙엽과 나뭇가지 잔해가 쌓인 칙칙한 덩어리에 불과한 듯하지만, 내 눈이 적응하면서 여기저기 낙엽 사이로 삐져나온 작은 초록빛 끄트머리가 보인다. 무릎을 꿇고 부식토 냄새를 한껏 들이마시며 두툼한 단열재 무더기를 살살 털어 내자 푸릇푸릇한 새싹이 드러난다. 개중에는 길이가 7센티미터, 혹은 10센티미터나 되는 것도 있다. 새싹 옆으로 살며시 칼을 밀어 넣어 흔들면서 새싹을 꽉 움켜쥔 알뿌리에 놓아달라는 신호를 보낸다. 그러면 땅에서 새싹만 쏙 뽑혀 나오고 알뿌리는 그대로 땅속에 남아 다시 싹을 낼 수 있다. 토지 소유주의 허가 없이 알뿌리를 파내는 것은 불법이며, 그렇지 않더라도 지역 공동체의 수확을 고려하지 않는다면 지속적인 채취가 불가능할 것이다. 나는 양파 두 개 분량의 나도산마늘 새싹을 채취한다. 이런 한겨울에도 새삼 가이아의 자비로움을 느끼게 된다.

강가에 이어진 길을 따라 다음 목적지로 향한다. 가지 하나 없는 쓸쓸한 너도밤나무 고목 아래 쓰러진 통나무가 쌓여 있는 곳이다. 무더기로 쌓인 나무가 따뜻한 미기후를 조성하여 땅바닥에 분홍쇠비름이 카펫처럼 빽빽하게 돋아나 있다. 아니, 돋아나 있었다. 이제 분홍쇠비름은 내 가방 안에 있고, 나는 괭이눈을 따는 중이다. 화사한 노란색 빛이 도는 새싹으로 근사하고 맛있는 샐러드를 만들 것이다.

오늘 아침 신문 표제 기사를 보고 깜짝 놀랐다. 평소 학교에서 무료 급식을 먹는 영국 아이들이 크리스마스 연휴 2주 동안 하루에 한 끼라도 제대로 식사할 수 있도록 유니세프가 아침 도시락을 제공한다는 내용이었다. 아이들이 겪고 있는 비극적인 식품 빈곤과 오늘 자연이 내게 준 풍요로움이 선명한 대비를 이루며 머릿속에 새겨진다.

언덕을 올라 주차장으로 돌아오는 길에 벌목되어 쓰러진 거대한 너도밤나무 두 그루를 지나친다. '건강과 안전'이라는 명목으로 무분별하게 잘려 나간 오래된 나무들을 보니 화가 나고 마음이 아프다. 사라진 것은 단지 나무들만이 아니다. 숲의 땅속을 건강하게 지키는 균류도 중요한 삶의 터전을 빼앗긴 것이다. 예를 들어 보호종인 사슴궁뎅이버섯은 오래되어 썩어 가는 나무에서만 자란다. 균사체 네트워크로 숲과 연결된 모든 나무들이 서로 간에 전달해 온 지혜와 기억도 사라졌다.

쓰러진 거목에는 놀랍도록 풍성하고 거대한 **구름버섯** 무더기가 돋아 있다. 칠면조 꽁지깃처럼 가장자리가 하얀 회색 나이테는 포자를 생산할 준비가 되었음을 드러낸다. 채취하기 딱 좋은 상태다. 버섯 하나하나가 수백만 개의 포자를 생산하며 심지어 무성 생식도 가능하니 몇 개쯤 따 가도 문제없을 것이다. 한 조각을 칼로 잘라 입에 넣고 씹으면서 버섯을 마저 딴다. 마치 버섯 맛이 나는 껌을 씹는 기분이다. 다가오는 겨울을 대비해 면역력을 높여 주는 탕약을 달여야겠다.

집에 돌아와서 냄비에 남은 토끼고기 구이를 데운다. 야생 버섯과 댐슨자두의 풍미가 어우러져 유쾌한 감칠맛을 낸다. 처음으로 결절컴프리tuberous comfrey 뿌리를 구워 보았다. 돼지감자와 비슷한 맛이 나며 (나는 미처 몰랐지만) 대장에 미치는 영향도 비슷하다(돼지감자는 장내 환경을 개선하여 변비 예방과 대장암 억제 효과가 있다고 한다—옮긴이). 여기에 몬티아, 가지괭이눈, 나도산마늘 싹, 겨우내 비타민 C의 주요 공급원인 물냉이 등 오늘 채취한 싱싱한 푸성귀 샐러드를 곁들인다. 영양가 풍부한 저녁 식사를 할 수 있어서 감사하다.

땅감자

12월 19일, 데이질리아

칼로리 공급원을 찾아 나선다. 데이질리아 들판에는 새와 야생동물의 쉼터가 되는 잡목림이 세 곳 있는데, 그중 하나는 따뜻한 남향 산비탈을 에워싸고 있다. 여름이면 너도밤나무 잎 사이로 드리운 얼룩덜룩한 그늘에서 작고 하얀 **땅감자**pignut 꽃이 가만히 흔들리며 온기를 만끽한다. 쌀쌀한 겨울인 지금 그 꽃은 흔적도 없이 사라졌지만, 나는 꽃이 피었던 위치를 **정확히** 기억하고 있다. 몇 년 전 농부랍이 땅감자를 캐도 된다고 친절하게 허락했기 때문이다. 내가 정신이 좀 나가긴 했어도 해로운 사람은 아니라고 생각하는 모양이다! 오늘은 작은 고리버들 바구니와 함께 쇠스랑과 한국산 호미도 챙겨 왔다. 호미는 논에서 잡초를 제거할 때 쓰는 괭이의 일종인데, 맛있지만 끄집어내기 쉽지 않은 땅감자를 캐는 데 완벽한 도구다.

땅감자는 통통한 덩이줄기 맛이 좋은(밤 같기도 하고 파스닙 같기도 하다) 미나리과 식물이다. 유일한 단점은 크기가 작다는 것이다. 채취인 사이에 떠도는 전설에 따르면 골프공만 한 것도 있다지만 보통은 헤이즐넛 크기다. 야생식만 먹다 보니 일주일에 1~2킬로그램이 빠지고 있다. 체중이 줄어드는 건 불만 없지만 내 식단에 탄수화물이 현저히 부족한 것도 사실이다. 겨우내 할당량을 정해 둔 헤이즐넛도 지금 추세라면 오래 못 갈 것이다. 이 문제를 생각하기만 해도 불안증이 심해져서 그냥 생각하지 않으려고 애쓰는 중이다. 모아 둔 베리는 다섯 봉지로 나눠서 지금부터 내년 4월까지 달마다 표시한 라벨을 붙여 두었다. 가끔씩 베리 봉지를 바

라보면 겨울 동안 매달 먹을거리가 있다는 생각에 마음이 놓인다.

야생식물의 땅속 전분 저장고인 덩이줄기는 수렵 · 채취인에게 유독 매력적인 식량이 될 만한 몇 가지 중요한 특성이 있다. 가장 중요한 점은 연중 수확할 수 있는 기간이 과일이나 씨앗보다 더 길다는 점이다. 여러 연구에 따르면 덩이줄기나 알뿌리를 캐는 시간 대비 칼로리 수익률은 시간당 평균 1000~3000칼로리하고 한다. 꿀이나 고기와 같은 식량만큼 시간 대비 수익률이 높진 않지만, 어디 있을지 예측하고 찾아내기 쉽다 보니 수렵 · 채취 부족의 평소 식단에서 단골 메뉴가 된다.

하지만 대부분의 수렵 · 채취인 연구가 진행된 열대지방에서는 그렇더라도 스코틀랜드에선 이야기가 전혀 다르다는 사실을 금세 깨달았다. 스코틀랜드의 땅은 겨울에 꽁꽁 얼어붙는 데다 묵직한 점토질이라서 크고 통통한 뿌리를 파내기가 훨씬 더 어렵다. 내가 읽고 있는 책《수렵·채취인의 생활 방식》에서는 뿌리가 안정적인 칼로리 공급원이 되기 쉬운 이유를 지적한다.[1] 뿌리가 있는 장소는 보통 이미 알려져 있기에, 수확에 에너지를 투자하기 전에 사전 답사로 뿌리 상태를 확인할 수 있다. 그러니 탐색에 소요되는 시간이 놀랍도록 줄어들 뿐만 아니라 사냥이나 낚시보다 더 확실한 결실을 얻을 수 있다. 예측 가능한 비상식량으로서 야생 뿌리는 단백질과 지방 자원이 부족할 때 살아남는 데 도움이 된다.

이상하게도 영국인들은 야생 뿌리를 별로 먹지 않는다. 부분적으로는 토지 소유자의 허가 없이 식물을 뿌리째 뽑는 행위가 불법이기 때문일 것이다. 하지만 예를 들어 영국에서 멀지 않은 폴란드에서는 이 천연 칼로리 공급원을 잘 활용하고 있다. 현대의 팔레오 식단에서는 '고고학적 증거'를 근거로 탄수화물을 피하지만, 수렵 · 채취인을 대상으로 한 최근 연구에 따르면 이 '땅속 저장 기관'은 거의 모든 식단에서 중요하다는 사실이 밝혀졌다.

베네수엘라의 야루로족Yaruro(푸메족Pumé이라는 이름으로도 알려져 있다)은 야생 덩이줄기와 알뿌리를 무척 많이 채취하여 식생활의 약 25퍼센트를 차지할 정도인데, 사실 사바나의 다른 수렵 · 채취 부족도 비슷한 상황이다. 야루로족은 야생 뿌리를 채취하는 데 시간당 2449칼로리를 소모한다. 남아프리카에서의 연구에 따르면, 수렵 · 채취인이 이 땅속 칼로리 저장고를 채취하러 나설 경우 하루에 필요한 2000칼로리를 2시간 이내에 획득할 확률이 50퍼센트나 되었다. 야생 뿌리는 지표면 근처에서 자라기 때문에 최소한의 노력으로 채취할 수 있다. 덩이줄기와 알뿌리는 남아프리카 희망봉 주변의 지형에서 쉽게 구할 수 있는 식량 자원인 만큼 초기 인류의 식량 공급에 중요한 역할을 했음이 틀림없다. 스코틀랜드에서도 그런 식생활을 할 수 있다면 정말 놀랍고 기쁠 것이다. 내가 하루에 필요로 하는 칼로리를 단 한 시간 만에 구할 수 있다니!

땅감자를 캐려면 시간이 오래 걸린다. 그러다 보니 투자 시간 대비 수익률이 더 높은 다른 식물들을 떠올리게 된다. 생계를 위한 채취는 흔한 속담과 달리 질만큼이나 양도 중요하다는 점에서 취미로서의 채취와는 차이가 있다.

석잠풀 덩이뿌리는 식감이 아삭아삭하며 콩나물 비슷한 맛이 나는데, 이 근처의 습지 초원에서도 많이 자란다. 다만 덩이뿌리가 보통 덤불 아래 숨겨져 있어 캐내기가 상당히 힘들며 무성한 잎이 떨어지고 나면 찾기도 어렵다. 다행히도 3년쯤 전 석잠풀 서식지의 생태를 복원하면서 몇 뿌리를 옮겨 심어 둔 덕분에 몇 끼를 먹을 만큼은 구할 수 있다.

큰잎부들도 구하기 쉽다. 가스 공장 뒤편의 큰 습지에 많이 자라고 있다. 이맘때면 습지가 차갑고 진흙투성이라 들어가기 부담스럽긴 하지만, 투자 시간 대비 수익률은 확실히 좋을 것이다.

서양민들레 뿌리는 내가 가장 좋아하는 식재료다. 파마산 치즈, 소금, 후추를 살짝 뿌려 구워 먹는 것이 가장 맛있다. 아쉽게도 현재로서는 파마산과 후추는 절대 사용할 수 없지만 말이다. 문제는 민들레가 가장 잘 자라는 곳이 도로변이라는 점이다. 민들레는 겨울에 도로가 얼어붙는 것을 막기 위해 뿌리는 소금을 좋아한다. 자갈이 많은 이 지역에서는 뿌리가 엉키고 뒤틀릴 뿐만 아니라 환경오염도 심해서 식용으로 적합하지 않을 수도 있다. 토피첸 언덕에서 민들레가 우거진 들판을 보았으니 땅 주인을 찾아서 뿌리를 좀 캐도 될지 물어봐야겠다.

엉겅퀴 뿌리는 스코틀랜드 어디서나 쉽게 구할 수 있고 아티초크 맛이 나서 좋다. 꽃이 지고 난 겨울의 엉겅퀴 뿌리는 억세고 질길까? 줄기는 대체로 섬유질이 너무 많던데. 아니면 여전히 아티초크처럼 맛있을까? 땅을 파다 보니 다른 고칼로리 선택지들도 떠오른다. 결절컴프리(땅감자보다 알칼로이드 함량이 낮다), 산당근, 어수리, 스위트 시슬리, 작은애기똥풀lesser celandine… 나의 잠재적인 채취 '쇼핑' 목록이다!

이제 나는 무릎을 꿇고 엎드린 자세로 일한다. 요령을 완전히 터득한 것 같다. 호미를 쓰니 풀뿌리 아래 땅속으로 미끄러져 들어가 잔디를 살살 벗겨 내기가 쉬워졌다. 땅감자의 섬세한 줄기는 마구 엉킨 잔디를 뚫고 들어가서 가느다란 흰색 실이 되어 땅속 깊숙이 파고든다. 그래서 잎 바로 아래 묻혀 있는 당근과는 다른 방법으로 캐내야 한다. 이런 뿌리는 캐내기 쉽다는 걸 땅감자는 이미 오래 전에 깨달은 듯하다. 그래서 흙을 뚫고 들어가자마자 아래로 파고들어 돌 주위를 빙 돌며, 빛이 스며드는 지점에서 최대한 멀어지려 한다. 다행히 이 지점의 토양은 부슬부슬해서 어렵지 않게 흙을 살살 털어 내며 연약한 실뿌리를 따라갈 수 있지만, 그러다 뿌리가 똑 끊어지기라도 하면 모든 수고가 허사로 돌아간다. 마침내 노력의 보상이 모습을 드러낸다. 헤이즐넛보다 살짝 큰 것도 있고 그보다 훨씬 작은 것도 있다. 엄지손톱으로 갈색 겉껍질을 긁어내어 윤기 흐르는 흰색 알맹이를 그대로 씹어 먹고 싶지만 꾹 참는다. 한 시간 동안 땅을 파서 약 30개를 찾았다. 반찬으로 두 끼 먹을 정도밖에 되지 않는다.

집에 돌아오니 게저가 나를 비웃는다. 고작 그만큼을 얻겠다고 그토록 오래 힘들여 일하다니! 엔지니어인 그는 땅감자 채취가 말도 안 되게 비효율적이라고 생각한다. "이래서 농사가 시작된 거라니까." 그는 몇 번이고 이렇게 말한다. 나는 이후로 한 시간을 더 들여 땅감자를 씻고 문질러 껍질을 벗긴다. 그야말로 갖은 정성을 들인 결과물이다.

이건 크리스마스를 위해 아껴 둬야겠다.

오늘 저녁 식사로는 꿩 가슴살을 먹는다. 지난봄에 담근 어수리 꽃봉오리 피클 병에서 따라 낸 올리브기름, 직접 양조한 엘더베리 식초, 토마토퓌레 대신 레드 엘더베리 페이스트에 하루 종일 재운 꿩 가슴살에(토마토는 영국에서 1597년쯤에야 먹기 시작한 식물이니 사용할 수 없지만, 요리하기 쉽고 즐겨 쓰던 식재료라 아쉽긴 하다) 나도산마늘과 늦겨울에 나는 살짝 씁쓸한 참버섯을 곁들여 굽는다. 참버섯은 일본에서는 무척 인기 있는 버섯이지만 영국에서는 먹는 사람이 별로 없는지 12월에도 쉽게 찾을 수 있다. 결절컴프리 잎, 직접 훈연한 천일염, 물 약간을 넣고 은은한 단맛을 내기 위해 야생 사과도 갈아 넣는다.

꿩고기가 구워지는 동안 제철의 마지막 썰물 때 채취해 둔 바다스파게티sea spaghetti(길고 가는 갈조류로, 스파게티 면처럼 요리해 먹는다—옮긴이)를 불린다. 건조기가 두 대 있어서 한꺼번에 스무 쟁반씩 넣을 수 있는데도 다 말리는 데 며칠이나 걸렸더랬다. 건조가 늦어지다 보니 살짝 거슬리는 비린내가 남긴 했지만, 다행히 맛은 그럭저럭 괜찮다. 희한하게도 맷은 비린내를 전혀 못 느끼겠다고 한다.

이렇게 공을 들였는데도 꿩 캐서롤은 내 입에 맞지 않는다. 나는 아주 조금만 먹은 반면 맷은 맛있게 배불리 먹는다. 육식은 이제 지긋지긋하다. 배도 너무 빨리 꺼진다. 예전의 식단이 정말로 그립다. 아침 식사로 다양한 채소 볶음을 든든히 먹고 나면 점심을 가볍게 때워도 하루 종일 뱃속이 든든하고 저녁에는 크래커 몇 개에 치즈면 충분했는데. 치즈를 꽤 많이 먹긴 했지만 말이다.

마음을 달래기 위해 인동덩굴 꿀술을 한 잔 마신다. 게저와 함께 이 집을 짓고 난 직후에 나는 '시골풍 술'을 담그기 시작했다. 야생화 꿀술에 엘더베리, 블랙베리, 울렉스 꽃, 꽃사과를 넣었다. 하지만 일 년간 숙성한 술을 시음한 게저는 시큼한 맛에 움찔하며 '형편없다'고 평가하더니 이젠 자기가 만들어 보겠다고 했다. 그는 나의 허술한 양조 과정에 체계와 위생을 더해 주었다. 하지만 이듬해 담근 술도 역시 부족하다는 평가를 받고 5~6년간 먼지 쌓인 채 책장 아래 방치되어 있었다.

한참 숙성된 이 **인동덩굴** 꿀술은 이제 최상의 맛을 자랑한다.

꿀술이 흔히 그렇듯 달착지근하거나 끈적거리지 않고, 따스한 여름날 산들바람에 흔들리는 인동덩굴 향기와 은은한 맛이 느껴진다. 딱 내가 찾던 음료라 한 잔 더 마시기로 한다. 중요한 것들은 항상 그렇듯, 이 술에도 시간이 필요했던 거다!

5장

망가진 땅

장소를 사랑하는 것만으로는 충분하지 않다.

우리는 그곳을 치유할 길을 찾아야 한다.

—로빈 월 키머러, 《향모를 땋으며》

그래도 생명은 자란다

12월 20일

연말이 다가오면 공기 중에 뭔가 팽팽한 긴장감이 감돈다. 설명하기는 어렵지만 모두가 느끼는 감정이다. 내일은 한 해의 끝을 향해 가는 지구가 태양으로부터 가장 먼 지점에 도달하는 동짓날이다. 모든 것이 속도를 늦추는 듯 느껴진다. 빙산을 피하려고 우현으로 전력을 기울여 힘겹게 나아가는 타이타닉 호의 엔진처럼, 지구도 다시 태양을 향해 돌기 전에 끙끙거리며 서서히 멈춰 서는 것 같다. 동지가 지나고 나면 매일 2분씩의 소중한 빛을 추가로 얻게 될 것이다. 위대한 변화의 순간을 앞두고 모두가 이 정지의 과정을 느낀다. 온 우주의 에너지가 뼛속에서 빠져나간 것처럼 다들 엄숙하고도 살짝 우울해 보인다. "우리 모두 겨울잠을 자야 해"라고 말하는 듯 숙연한 얼굴이다.

설상가상으로 정부에서 갑자기 일체의 크리스마스 행사를 취소했다. 게다가 또다시 정책이 바뀌어 화가 난 국민들의 심적 압박감도 있다. 정부는 이미 9월부터 신종 코로나바이러스 변이의 존재를 알고 있었다. 사실 바이러스가 변이하는 것은 당연한 일이 아닌가. 정치인들이 신종 변이에 초점을 맞추는 건 그에 관해 일찌감치 알리지 않은 무분별함을 비난받을까 봐 회피하는 방식이 아닌지 의심스럽다. 세 식구가 먹으려고 사 둔 크리스마스 칠면조를 혼자 먹어야 한다는 걸 사람들이 깨닫기 전에 미리 발표했더라면 좋았을 텐데. 내 경우 칠면조는 없지만 그 대신 구워야 할 사슴 한 마리가 있으니 말이다. 내가 산타에게 받고 싶은 것은 채소뿐이다.

연말 분위기에 넘어가서 도토리와 민들레 뿌리를 볶아 만든 가짜 커피 한잔을 홀짝이며 오전 시간을 흘려보낸다. 오늘자 신문을 보니 "초기 인류는 혹독한 겨울을 넘기기 위해 동면을 취했을지도 모른다"라고 한다.[1] 기사에 따르면 "세계적으로 중요한 화석 유적지에서 발견된 뼈를 조사한 결과, 수십만 년 전 인류의 선조가 극심한 추위에 대처하려고 겨울잠을 잤을 가능성이 제기되었다".[2]

내가 보기엔 충분히 가능성 있는 얘기다. 나는 2시에야 자리에서 일어나 외출한다. 늦은 시간이다. 낮이 한 시간 반밖에 남지 않았으니 멀리 갈 수는 없지만, 먹을거리를 채취하러 밖에 나가면 항상 기분이 좋아진다. 차가운 공기를 한껏 들이마실 때마다 기운이 솟구치고 나 자신을 되찾는 느낌이다. **야생의 자아**가 되돌아오고 효율적인 디지털 자아를 만들어 낸 21세기의 덫이 순식간에 사라지는 것 같다. 나는 쓰레기장에 가 보기로 한다. 뭐든 간에 푸성귀를 구할 수 있다면 좋겠다.

쓰레기장은 끔찍한 곳이다. 오래전에는 채석장이었기 때문에, 축축하게 이끼 낀 황야heath에 불어 닥치는 바람을 피할 수 있도록 움푹 들어간 지형에 위치해 있다. 다양한 식용 식물이 서식하여 나도 무척 즐겨 찾았던 곳인데, 7~8년 전 땅 주인이 이곳을 농장 폐기물을 버리는 데 쓰기로 결정했다. 이제는 그때와 완전히 다른 장소가 되었다. 깎여 나간 암반에 고인 악취가 진동하는 물웅덩이 속에 거대한 분뇨 더미와 더러워진 깔짚, 검은 비닐봉지가 잠겨 있다. 분뇨 더미에는 커다란 가시엉겅퀴를 비롯해 온갖 종류의 잡초가 자란다. 부패물 무더기 속에 잠겨 있을 하얗고 맛 좋은 엉겅퀴 뿌리를 머릿속에 그려 보지만, 뽑을 생각은 전혀 없다. 분뇨에 농약이 섞여 있을지도 모르니까.

발밑이 갑자기 무너질까 봐 조심조심 짚어 가면서 거름 더미 하나를 오른다. **소리쟁이**가 보초처럼 줄지어 선 지점에 다다랐다. 반짝이는 녹색 딱정벌레가 구멍을 숭숭 뚫어 놓은 녹색 잎은 다 떨어진 지 오래지만, 내가 찾는 것은 바삭바삭한 적갈색 씨앗이다. 도토리 가루에 섞어 두면 보존성이 더 좋아질 것이다. 씨앗은 바람에 바싹 말라 채취하기 쉽다. 꼬투리를 하나씩 손으로 만지작거리면 알맹이가 쉽게 떨어져 나와서 금세 한 봉지 가득 채울 수 있다.

쓰레기장과 도로를 갈라놓는 둑 안쪽 경사면의 산울타리 너머도 살펴본다. 개제비꽃 이파리는 아직 4밀리미터도 채 안 되어 보인다. 더 크게 자라려면 서너 주 정도는 있어야 할 것 같다. 베리를 약간 말려서 저장해 놓긴 했지만 그것만으로는 비타민 C 공급원이 모자랄 게 분명하니, 겨울치고 이상하게 따뜻한 이 12월에 개제비꽃이 쑥쑥 자라 주면 좋겠다. 개제비꽃 잎은 100그램당 비타민 C 함유량이 오렌지의 다섯 배나 되며 허브 차 재료로 안성맞춤이다.

둑을 넘어 쓰레기장을 둘러싼 습지 황야로 올라간다. **산사나무** 주변의 커다란 풀 무더기 한구석에 숨겨진 수영 잎사귀가 눈에 띈다. 위쪽 가지에 붉은 열매가 주렁주렁 열린 산사나무가 아름답다. 아래쪽에는 열매가 없는데, 몇 달 전 '누군가' 따갔기 때문이다. 그 열매는 이제 내 부엌 선반의 '호신(Hawsin의 haw는 '산사나무'를 뜻한다—옮긴이) 소스' 라고 적힌 병에 담겨 있다. 해선장(영어로는 hoisin sauce라고 한다—옮긴이)의 변형으로, 내가 좋아하는 케첩 질감의 맛좋은 베리 소스다. 단조로운 겨울 식단에 풍미를 더하려고 중세 요리법을 참고해서 만들었다.

습지 황야에는 야생 블루베리인 빌베리 덤불이 카펫처럼 두껍게 깔려 있다. 하지만 늦여름에 토끼와 사슴과 내가 서로 먹으려고 다투던 작은 열매들은 사라진 지 오래다. 그래도 잔뜩 따서 건조 처리해 둔 덕분에 겨우내 잘 먹고 있다. 바람 부는 경사면 뒤쪽의 굵은 가시투성이 울렉스 덤불에도 먹을 수 있는 열매가 열려 있다. 벌써부터 피기 시작한 꽃이 주변의 칙칙한 풍광에 밝은 노란색을 더해 준다. 수영과 함께 샐러드에 넣을 꽃 몇 송이를 따고, 이번 주에 나온 작은애기똥풀 잎과 물냉이 싹도 조금 딴다. 서리가 내린다는 예보가 있으니 이곳이 초토화되기 전에 나머지 물냉이도 수확하자고 마음속으로 다짐한다.

오후 4시다. 하늘이 금세 어둑해져 별빛 하나 보이지 않는다. 나는 길을 따라 돌아간다. 뭔가 더 채취했으면 싶다. 짙어져 가는 어둠 속에서 큰잎부들 이삭이 내게 손짓한다. 악취 나는 도랑 속으로 미끄러지지 않도록 조심하며 네 줄기를 뽑아 낸다. 좀처럼 뽑히지 않던 뿌리가 갑자기 크고 선명하게 쏘옥 소리를 내며 진흙 속에서 빠져나온다. 뿌리줄기만 잘라내고 두툼한 뿌리 뭉텅이는 도랑에 도로 살며시 밀어 넣는다. 그래야 이 작은 수로에 부들이 계속 퍼져 나갈 수 있을 테니까. 기름과 차량 먼지가 흘러 들어가는 도로변 도랑에서 자랐으니 앞으로는 채취하지 않겠지만, 그래도 한번은 먹어 볼 생각이다.

집으로 돌아와 꽁꽁 언 손가락을 녹인다. 뿌리줄기 네 개의 비늘 같은 겉껍질을 벗기자 속에 든 뽀얀 순백색 섬유질이 드러난다. 껍질을 다 벗긴 뒤 뜨거운 물과 함께 작은 유리그릇에 넣고 밀대 끝으로 빻아 준다. 섬유질을 깨끗한 손으로 쥐고 마사지하듯 어루만진다. 처음에는 손빨래하여 비누를 만질 때처럼 미끌미끌하지만, 잠시 후에는 섬유질에서 물기가 빠지며 촉감이 달라지는 게 느껴진다. 이제는 우윳빛 도는 물에서 섬유질을 꺼내 버린 다음, 그릇 밑바닥에 전분이 가라앉기를 기다리면 된다. 맑은 물을 따라 내고 전분을 말려서 칡가루나 옥수수 가루처럼 쓸 요량이다. 이 소박한 실험의 결과물을 확인하고 나면, 부들 가루 1킬로그램을 만들기 위해 가스 공장 뒤의 큰 습지에서 뿌리줄기를 몇 개나 뽑아야 할지 계산할 수도 있겠지.

그 누가 채취로 먹고 사는 게 쉽다고 말하랴!

6장

계절의 변화

자연과 교감하는 사람에게는 항상
바로 지금이 일 년 중 가장 아름다운 계절이다.

—마크 트웨인

율 축제

12월 21일, 데이질리아

게슴츠레 눈을 떠 본다. 회색과 주황색 줄무늬가 그어진 하늘 아래 우뚝 선 너도밤나무의 앙상하고 시커먼 가지 사이로 이제 막 햇살이 스며들기 시작했다. 고대 문화에서 태양을 숭배한 이유가 충분히 이해된다. 어제 무슨 일이 있었든 날마다 충실하게 떠오른다는 점에서 항상 믿을 수 있는 존재니까. 태양은 내 마음을 가라앉히고, 거대한 우주에서 인간은 미미한 존재이며 찰나를 머물고 갈 뿐이라는 사실을 상기시켜 준다.

드디어 율Yule이 왔다고 생각하니 가슴이 설렌다. 오늘은 계절의 수레바퀴가 움직이는 날이자 태양과 지구의 춤이 다음 단계로 넘어가는 날이다. 스코틀랜드에 살다 보니 하루하루가 전날보다 조금씩 더 환해지는 게 느껴지고, 늘어나는 낮 시간 1분 1초가 소중하게 다가온다!

농경이 시작된 신석기시대부터 전통적으로 동지는 마지막 남은 가축을 도살하는 시기였다. 겨울 동안 먹이가 점점 줄어든 가축은 영양 상태가 나빠졌고 가을에 비축해 둔 곡물을 먹어야 했다. 하지만 엄청난 풍년이 아닌 이상 사람들도 살아남기 위해 곡물을 필요로 했다. 이교도들이 이 시기에 열었던 율 대축제는 훗날 크리스마스로 대체되었다. 중세 시대에는 세 가지 새고기를 넣은 파이, 사슴고기, 멧돼지 머리 등 사냥한 야생동물로 만든 성찬이 차려졌고, 농부나 부유한 도시인은 살찌운 거위나 햄, 로스트비프를 먹었다.

추운 겨우내 은신처에 웅크린 채 곡물, 견과류, 보존식품으로 연명했을 석기시대 조상들이 어쩌다 숲에서 사슴을 잡으면 얼마나 기뻤을지, 그런 승리에 얼마나 성대한 잔치가 따랐을지 충분히 상상할 수 있다.

오늘은 날씨가 살짝 흐리니 서둘러야겠다. 오후 4시쯤에는 너무 컴컴해서 아무것도 안 보일 것 같다. 며칠 뒤 크리스마스 저녁에 준비할 만한 먹을거리가 있을지 살펴보려고 정찰을 나선다.

솔직히 말하면 음식이야말로 내가 가장 받고 싶은 크리스마스 선물이다!

야채다!

12월 23일, 옐로크레익스

오늘은 바닷가로 내려간다. 따뜻한 해안 기후 덕분에 반들반들한 잎과 부드럽고 어린 새싹이 우거져 있다. 맷과 나는 바구니에 담을 수 있는 만큼만 수확한다. 이미 꽃피기 시작한 알렉산더alexanders 덤불은 터질 듯이 통통한 꽃봉오리로 가득하다. 잎은 시금치를 대체할 수 있는 푸성귀 중에서 가장 맛있고, 새싹은 유산균 발효에 쓰거나 피클을 만들면 좋다. 한 달간 금욕한 끝에 이렇게 다양한 푸성귀를 만끽하려니 이루 말할 수 없을 만큼 행복하다.

비타민나무 열매도 따 모은다. 강렬한 신맛이 나는 밝은 주황색 열매로, 남은 겨울 동안 내 비타민 C 공급원이 될 것이다. 이곳 이스트로디언에는 바닷가에 비타민나무가 너무 많아서 잡초 취급을 받는 만큼, 다소 솎아내는 것이 환경 관리에도 유익하다. 주황색 덤불이 눈 닿는 곳까지 뻗어 있어 겨울에 새들이 굶주릴 염려가 없고, 1월이나 2월에도 나뭇가지 끝에 주렁주렁 매달린 열매를 딸 수 있다. 하지만 얇은 껍질 속에 과즙이 가득하다 보니 따기가 꽤나 어렵다. 손에 조금만 힘을 주었다간 껍질이 터져서 끈적끈적한 즙을 뒤집어쓰게 된다. 이렇게 열매가 넘쳐 날 때는 그냥 가지 끝을 잘라 내서 그대로 집에 가져가는 편이 낫다. 나뭇가지를 냉동실에 넣었다가 얼린 열매를 뜯어내는 사람도 있지만, 우리 집 냉동고는 항상 꽉 차 있으니 그럴 수도 없다. 그래서 집에서 남는 시간에 나뭇가지를 '착즙'하곤 한다. 손으로 비벼 짜낸 즙을 양동이에 모으는 것이다. 오늘은 대형 쓰레기봉투 두 개 가득 열매를 땄으니 즙을 10리터는 짤 수 있겠다. 따 낸 가지는 돌아갈 때 챙기려고 수풀 뒤에 숨겨 두었다.

화창하고 맑은 날이다. 서쪽에서 불어오는 산들바람 덕분에 지나치게 춥지도 않다. 나는 물속의 조개처럼 행복하다. 포스강 어귀는 스털링에서부터 내려온 포스강이 넓어지면서 북해로 흘러드는 곳이다. 이곳에는 한때 50평방마일에 달하는 널따란 굴 양식장이 있었다. 대대적인 해양 복원 프로젝트에 힘입어 다시금 굴이 나타나기 시작했는데, 인간에 의한 수로 오염이 개선되고 있다는 희망적인 신호다. 해변과 모래 언덕이 아름답다. 아이들과 개를 데리고 놀러 나온 사람들도 띄엄띄엄 보인다. 해안과 초목을 가르는 모랫길을 따라서 다육식물이 서식하는 바위 주변을 돌아가는 동안 갈매기들이 새된 소리로 신나게 울어 댄다.

한 줄로 자란 마람풀marram grass 위에는 여전히 푸른 잎이 우거져 있고, 1마일에 이르는 비타민나무 산울타리 아래 나도독미나리가 보인다. 치명적인 독초지만 레이스 모양의 꽃과 깃털 같은 잎, 줄기의 선명한 보라색 반점으로 쉽게 알아볼 수 있다.

덤불이 시들어 햇볕이 드는 맨땅에는 분홍쇠비름이 돋아나려는 참이다. 경쟁 관계인 풀들과 작은애기똥풀이 다 시들 때까지 기다렸다가 11월에 성장 주기를 시작하는 식물이다. 샐러드를 만들면 맛있어서 나도 최근에 무척 많이 먹었다. 또 다른 쇠비름 종류인 몬티아는 아직 보이지 않는다. 이 식물은 훨씬 늦게 이른 봄에야 잎이 나온다.

모랫길을 내려오면서 모래가 씻겨 나간 곳에 드러난 민들레 뿌리 몇 개를 뽑는다. 바닷가에도 또 다른 푸성귀가 있다. **스커비초**다. 하트 모양에 가까운 둥글고 통통한 잎은 윤기가 흐르고 광택이 난다. 한 입 삼키면 맵고 씁쓸하고 얼얼한 맛에 곧바로 졸음이 달아난다! 간식으로 먹으려고 구운 사슴고기 남은 것을 가져왔다. 저민 고기 사이에 싱싱한 스커비초 잎을 끼워 넣으면 즉석 와사비 양념이 된다.

기름당귀 씨앗도 모은다. 채취한 씨앗의 절반은 해안선을 따라 뿌려 식물종의 재생과 확산을 돕고, 나머지 절반은 집에 가져와 향신료로 쓴다. 기름당귀도 결국은 회향, 커민, 고수 등 가정에서 쓰는 여러 조미료와 비슷한 종류니까. 해변을 따라 돌아오던 중 걸쭉한 중동식 수프 몰로키야를 만들기에 딱 좋은 당아욱도 발견한다. 당아욱 잎은 포도 잎처럼 속을 채운 말이 요리에도 안성맞춤이다. 연말에 몇 번 더 채취하러 와야겠다. 우리는 상당량의 식재료를 손에 넣고 비타민나무 열매 봉지를 챙겨 집으로 향한다. 지쳐서 쓰러질 지경이지만 이 열매를 다 짜내려면 몇 시간은 걸리겠지.

뜻밖의 수확

12월 24일, 데이질리아

잠시 아침 산책을 나갔다가 보물을 찾았다! 11월 서리를 견뎌 내고 늦게 나온 물냉이, 항상 든든한 분홍쇠비름 잎, 맵싸한 봄맞이냉이, 이제 막 피기 시작한 예쁘고 노란 울렉스 꽃. 울렉스는 햇볕에 무척 민감한 식물이라 봄 이후에는 길을 찾을 때 울렉스 덤불만 있으면 안정적으로 방향을 잡을 수 있다. 햇볕이 잘 드는 남향에 핀 꽃은 코코넛 맛이 강한 반면, 그늘진 북향에 핀 꽃은 완두콩 맛이다. 여기 있는 울렉스도 완두콩 맛이 난다. 아직 햇볕을 충분히 받지 못해서 향미 변화를 일으키는 에센셜 오일이 생성되지 않은 것이다.

돌아오면서 정원에 핀 뿔남천 꽃을 발견했다. 울렉스와 같은 노란색 꽃이다. 곤충은 봄에는 노란색을 더 잘 인식하지만 여름에는 빨간색, 분홍색, 보라색을 선호한다. 뿔남천 꽃은 레몬 셔벗 사탕 맛이 나지만 다 따 먹지 말고 적당히 남겨 두어야 한다. 나중에 맺힐 열매도 유용할 텐데 꽃과 열매 둘 다 가질 수는 없으니까!

푸른 잎과 꽃을 모두 한 그릇에 담고 꽃사과 식초를 살짝 뿌려 근사한 겨울 샐러드를 만든다. 나도산마늘 소금으로 맛을 낸 훈제 연어 구이에 곁들여 먹는다. 기대한 것처럼 훈연 향이 강하지 않다. 연어를 해동한 후 저온 훈제를 했는데, 지금 생각해 보니 고온 훈제가 나았을 듯싶다. 게다가 식감도 살짝 퍽퍽하다. 꾀꼬리버섯 피클 병을 살짝 열고 따라 낸 귀중한 기름에 달걀노른자를 섞어 마요네즈를 만들고(달걀흰자는 우리 집 페럿의 차지다), 곁들일 호스래디시 소스도 만든다. 호스래디시 뿌리를 갈아서 바로 마요네즈와 섞은 소스인데, 머릿속의 잡다한 생각들을 싹 날려 버릴 만큼 매워서 심약한 사람에게는 권하기 어렵다.

호스래디시 뿌리 하나를 갈았을 뿐인데 양파를 한 자루 간 것처럼 눈물이 나온다. 하지만 내 얼굴에 눈물이 흐르는 건 슬퍼서가 아니다. 정반대다. 만족스럽고 평화로운 기분이 솟는다. 가이아와 함께하는 새로운 생활 방식도 아직까지는 나쁘지 않다!

크리스마스 만찬

12월 25일, 킨로스

이번 크리스마스는 색다르게 보내려고 한다. 나는 차로 45분 걸리는 엄마 집에 갈 예정이다. 엄마가 이리로 올 수는 없으니까. 올해 여든두 살인 엄마는 나와 함께 생전 처음으로 야생식 크리스마스 만찬에 도전해 보기로 했다. 크리스마스 아침마다 아버지의 길고 까슬까슬한 모직 양말 끄트머리에 들어 있던 향기로운 오렌지를 그리워하며, 오늘 아침은 특별히 달걀을 먹기로 한다. 1960년대에 오렌지는 매우 귀한 음식이었는데, 지금의 나 역시 오렌지 향기라도 맡고 싶은 심정이다. 눈 속에서 알을 품는 비둘기는 드물 테니 '알 포인트'를 사용하긴 어렵겠지만, 산란을 멈췄던 암탉 네 마리가 때맞춰 오늘 아침에 달걀을 두 개 낳아 주었다. 달걀 하나에 나도산마늘 페스토를 넣고 휘젓는다. 다져서 사각 틀에 얼려 둔 그물버섯을 기름에 볶고 달걀을 부어 오믈렛을 만든다. 도토리와 차가버섯으로 만든 '커피' 한잔을 곁들여 먹어 치운다. 오늘은 겨울철 면역력 보강을 위해 귀한 차가버섯을 추가했는데, 놀랍게도 예상했던 것만큼 카페인이 아쉽지는 않다. 식사를 마친 뒤 승합차에 짐을 싣고 구름에 뒤덮인 웅장한 오칠 언덕 기슭을 따라 장터가 서는 킨로스 마을로 향한다.

나는 산사나무 열매로 담근 심홍색 진 술병을 챙겨 왔다. 오래 숙성하여 마데이라 와인처럼 깊고 진한 맛이 난다. 지난 4년 동안 바닥에 가라앉은 탁한 침전물이 섞이지 않도록 조심하며 엄마한테 '셰리주'를 따라 드린다. 크리스마스에 구우려고 11월부터 사슴 엉덩잇살 한 토막을 아껴두었다. 먼저 사슴 가죽을 벗길 때 조심스럽게 잘라내서 녹여 둔 비계 기름으로 고기를 문지른다. 마지막 한 방울까지 소중한 기름이다. 그런 다음 천일염, 훈연해서 곱게 빻은 나래미역, **붉은대그물버섯** 가루를 뿌린다. 이 놀라운 버섯은 그물버섯의 일종이지만 무시무시한 겉모습 탓에 버섯을 따는 사람들도 기피하기 쉽다. 갓 윗부분은 두더지 가죽처럼 짙은 갈색인 반면 갓 아래 주름은 경고하듯 선명한 주황색으로 빛난다. 줄기 부분은 수백 개의 작고 밝은 주홍색 점이 모여 새빨갛게 보인다. 버섯을 자르면 형광 노란색 단면이 산소와 접촉하는 즉시 선명한 감청색으로 변해 더욱 충격적인 반응을 자아내지만, 다행히도 요리하면 다시 레몬색으로 변한다. 이 버섯이 제철이라 생으로 쓸 수 있었다면 음산한 계절에 따뜻하고 화사한 색채를 뽐낼 수 있었을 텐데 아쉽다. 안타깝게도 오늘 준비한 식사는 전체적으로 갈색과 짙은 녹색을 띠어 식욕을 돋우기 어려울 듯하다.

사슴고기를 오븐에 넣었으니 이제 '케이크'를 만들 시간이다. 엄마에게 단것이 없는 크리스마스는 크리스마스가 아니니까. 두 번째 달걀에 밤 가루, 소리쟁이 씨앗 가루, 비타민나무 열매즙에 불려 둔 말린 크랜베리를 넣어 만든 반죽을 휘젓는다. 반죽 속에서 크랜베리가 루비처럼 반짝인다. 귀중한 꿀을 약간 넣고 로즈힙 시럽으로 단맛을 낸 다음, 시나몬을 대신할 향신료로 구운 어수리 씨앗을 갈아 넣는다. 재사용 가능한 실리콘 컵케이크 틀에 넣어 빠르게 구워 낸다. 오븐에서 꺼내 식힌 컵케이크 위에 구멍을 뚫고 산사나무 열매 '셰리주'를 뿌려 촉촉하게 만드는 동안 엄마는 술을 두 잔째 들이켠다.

사슴고기가 익을 즈음에는 모둠 야채도 완성된다. 구수하면서도 향긋하게 구운 알렉산더 뿌리, 야생 회향 뿌리, 잔뜩 구운 결절컴프리 덩이뿌리다. 엄마를 위해 파스닙과 직접 재배한 당근도 준비했다. 원래 산당근을 캐어 먹을 생각이었는데, 땅을 파 보니 얇디얇은 겉흙을 뚫고 단단한 속흙에 파고드느라 힘들었는지 뿌리 굵기가 2밀리미터밖에 되지 않았다. 이런, 아껴 둔 땅감자를 챙겨 오는 걸 깜빡했다!

푸성귀로는 데친 알렉산더, 어린 야생 리크, 결절컴프리 잎이 있다. 엄마 집 뒤꼍에서 찾아낸 싱싱한 애기수영 두 줌으로 아삭아삭한 새싹 샐러드를 만든다. 9월에 따서 얼려 둔 그물버섯을 녹여 짙고 걸쭉한 그레이비를 부으니 식사의 마무리로 손색이 없다. 그레이비는 사슴고기를 굽고 남은 육즙에 훈연 느타리버섯 가루와 도토리 전분을 더해 만들었다. 여기에 덕다리버섯 피클도 곁들일 수 있다. 이 모든 음식이 내가 만든 최고의 레드 와인인 2017년산 '브램블 드 로디언Bramble de Lothian'의 안주가 된다. 배가 너무 불러서 케이크를 다 먹어 치우지는 못했지만 그래도 훌륭한 식사였다! 요크셔 푸딩을 준비하지 못한 게 아쉽긴 해도, 대체로 괜찮은 크리스마스 만찬이 되었다.

산사나무 열매 셰리주가 슬로 진으로 이어지고, 그러다 크리스마스답게 달콤한 낮잠으로 끝난다. 정말 힘들고도 유쾌하고 평화로운 하루였지만, 이제는 다 커 버린 내 아이들이 보고 싶긴 하다(그 애들은 내 이번 프로젝트에 관해 듣고서도 예상만큼 놀라지 않았다)! 세 아이 중 하나도 못 만난 크리스마스는 이번이 처음인 것 같다. 코로나 팬데믹 이후 최초의 크리스마스인 오늘, 많은 가족이 사랑하는 이를 잃었다는 사실을 생각하니 슬픔이 밀려온다. 그들에게 애도를 표한다.

7장

사냥과 육식

코요테와 까마귀와 독수리는 곧 토양 미생물과 대형 동물의 먹이가 될 것이고
그리하여 식물이 되었다가 초식동물, 잡식동물, 육식동물이 될 것이며
또다시 토양으로 돌아가 끝없이 변화할 것이다.

—프레드 프로벤자, 《영양의 비밀》

온통 눈

12월 27일, 데이질리아

오늘은 눈이 내린다. 창문에 서리가 끼어 산미나리, 야생 리크, 쇠비름, 민들레, 봄맞이냉이 등 이른 봄에 돋아나는 푸성귀들이 보이지 않는다. 눈앞에 보이는 것은 하얗고 두텁고 차가운 눈 더미뿐이다. 바깥세상의 모든 소리가 잠잠해졌다. 숨결마저 얼어붙은 채 공중에 매달려 있다. 찬장에는 발효 식품이 가득하고 냉동고에는 버섯이 가득한 집 안에 따뜻이 앉아 있으니 냉장고와 식품 저장고가 없었던 예전의 삶은 어땠을지 궁금해진다. 오늘은 뭘 먹을까?

아침에는 크리스마스에 남은 음식으로 스튜를 끓여 먹어야 할 것 같다. 오전 동안 빵을 구워 보기로 한다. 옐로크레익스에서 채취한 소리쟁이 씨앗을 믹서에 거칠게 갈아 낸 가루가 많이 있다. 밤 가루와 뜨거운 물을 섞어서 괜찮은 빵 반죽을 만든다. 반죽을 얇게 펴서 15분 구운 다음 뒤집어 5분 더 구우면 먹을 만한 크래커가 완성된다! 맛있는 겨울 살사를 발라 사슴 간 파테를 곁들이니 세련된 간식이라고 할 만하다. 맷과 게저가 도와준 덕분에 빠르고 간단하게 끝났다. 여기서 살사란 스커비초, 봄맞이냉이, 삼각부추three-cornered leek, 나도산마늘, 알렉산더 잎 등 맵고 씁쓸하고 겨자와 마늘 맛이 나는 허브를 다져 꽃사과 식초와 섞어 만든 페이스트다.

도전을 시작한 지 오늘로 한 달째다. 이상하게도 요 몇 년 사이 가장 짧게도 가장 길게도 느껴진 한 달이었다. 야외에서 채취할 수 있는 식재료가 부족할 때는 살짝 불안하지만, 예상치 못한 선물을 발견하면 다시 기뻐진다. 그래도 자급자족의 기쁨이 더 커서 슈퍼마켓에 가고 싶다는 생각은 전혀 들지 않는다.

새해

2021년 1월 1일, 데이질리아

내가 사는 언덕 위의 목조 주택은 여전히 눈이 두텁게 쌓인 무시무시한 빙판길로 둘러싸여 있다. 엿새째 바라보고 있지만 아직도 신기하고 놀랍도록 아름다운 풍경이다. 1월 1일인 오늘은 새로운 시작이다. 새해는 지난해보다 더 나은 해가 되면 좋겠다.

잠에서 깨니 살짝 숙취가 느껴진다. 어젯밤에는 늦게까지 게저와 함께 새해를 축하했다. 집에서 양조한 술은 도수를 정확히 알 수 없다는 게 문제다. 예를 들어 블랙베리 와인은 포도주처럼 묵직하지 않아서 수분이 많고 약하게 느껴질 수 있다. 하지만 장시간 마시면 곯아떨어지기 충분하고, 해질녘부터 반나절은 지나야 자정이 되는 이맘때 스코틀랜드에서는 더더욱 그렇다!

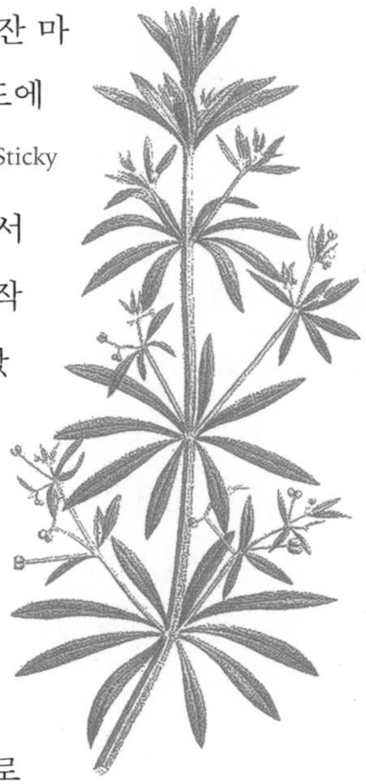

갈퀴덩굴 씨앗을 볶은 '커피'를 탈탈 털어 한 잔 마시고 느지막이 아침 일과를 시작한다. 스코틀랜드에서는 언젠가부터 알 수 없는 이유로 '스티키 윌리Sticky willy'라고 불리는 식물이다. 갈퀴덩굴 씨앗을 볶아서 갈면 커피 대용품이 된다는 건 이번 프로젝트를 시작하기 전부터 알고 있었지만 굳이 시도해 보진 않았다. 지난 몇 년 동안 사람들에게 채취 요령을 가르치면서 언급하긴 했어도 브렉시트 이후의 생존 전략이라며 농담한 데 불과했다. 하지만 알고 보니 이 음료는 농담거리가 아니었다. 무척 맛있기도 하고 실제로 미량의 카페인도 함유되어 있다.[1] 갈퀴덩굴은 아라비카 커피와 마찬가지로 꼭두서니과 식물이기 때문이다. 평소에 커피 한 잔으로 아침을 시작하고 오전 중에 또 한 잔을 마시는 습관이 있다 보니 야생식의 해를 시작하면 커피가 정말로 그리울 줄 알았지만, 지난여름 직접 따서 말려 둔 다양한 허브 차로도 충분히 만족스럽다. 갈퀴덩굴 씨앗이 요긴하리라는 것을 깨달았을 때는 이미 사흘 먹을 분량도 구하기 어려웠고, 그래서 지금은 안타깝게도 이 식물을 우습게 본 대가를 치르는 중이다. 산울타리를 뒤져서라도 더 찾아봐야 할 것 같다. 하지만 이런 결핍 덕분에 커피 한 잔 한 잔이 더 달게 느껴지고 한 모금 한 모금에 감사하는 마음이 생긴다. 제임스 듀크가《식용 잡초 핸드북》에 쓴 것처럼, "채취인은 물질적으로 가난할지언정 영적으로는 부유하다".[2]

오늘 브런치는 '알 포인트'를 쓰기로 한다. 솔잣새는 1월에 둥지를 틀며 비둘기들도 여전히 둥지에 있지만(이렇게 눈이 많이 오는 동안은 예외일 것이다), 내 암탉들이 낳은 달걀이 너무 많이 쌓였다. 내가 살아남을 수 있도록 꾸준히 야생동물을 가져다주는 밥에게 보답하기 위해 잘 모아 두고 있지만, 그럼에도 달걀은 자꾸 늘어난다. 11시쯤 달걀에 알렉산더와 스커비초 페스토를 넣고 훈연 소금을 살짝 뿌려 오믈렛을 만든다. 오믈렛에 어수리와 덕다리버섯 절임을 올려 반으로 접는다. 이 얼마나 절묘하고 활기차고 신선한 초록인가! 한 달 내내 갈색 음식만 먹다가 푸성귀를 보는 것만으로도 즐거운데, 그만큼 맛있기까지 하다.

오후에는 얼얼하게 추운 바깥에 나가서 이웃집 쪽으로 난 길을 걷는다. 아까 앨런이 문자를 보냈는데 거위와 오리를 얻어 왔으니 나눠 주겠다는 내용이었다. 나는 이제 그 무엇도 거절하지 않는 법을 배웠다. 앨런의 집 밖 바퀴 달린 쓰레기통 위에 새가 여러 마리 얹혀 있다. 답례로 산사나무 꽃 브랜디 한 병을 놓고 왔다. 짐이 무겁고 빙판도 미끄럽다 보니 돌아오는 길은 위태롭기 그지없다. 조심해야 한다. 이번에 또 자빠지면 큰일이니까! 갑자기 길바닥이 쑥 꺼지더니 그 아래 토끼 굴에 발이 빠졌던 2년 전 가을을 떠올리면 아직도 온몸이 쑤셔 댄다.

집으로 돌아와 새들을 바라본다. 분홍발기러기 네 마리, 흰뺨검둥오리 두 마리, 쇠오리 두 마리. 모두가 암수 한 쌍을 이루고 있다. 특히 **쇠오리**는 정말 아름답다. 이렇게 가까이서 보기는 처음이다. 양 날개가 보석처럼 반짝이는 초록빛과 푸른빛 깃털 다발로 장식되어 있다. 왕립조류보호협회 웹사이트에서 쇠오리를 검색해 본다. 이들에 관한 항목을 읽어보니 영국은 "북서부 유럽의 겨울철새 상당수가 서식하는 곳"이라고 한다. 쇠오리는 보호종 명단에 등재되어 있다. 영국 전역에서도 겨우 2100쌍만이 짝을 찾아서 둥지를 틀기 때문이다. 하지만 겨울이면 추가로 수만 마리가 따뜻한 기후를 찾아 내려오기 때문에 내륙에서는 9월 1일부터 1월 31일까지, 바닷가에서는 더 늦은 2월 20일까지 합법적으로 사냥할 수 있다.

가슴이 아프다. 이들의 희생을 헛되이 하지 않기 위해서라도 고맙게 먹어야겠다. 사슴을 먹을 때와는 왜 이렇게 느낌이 다른지 의아하다가, 문득 살생의 동기가 전혀 다르기 때문이라는 걸 깨달았다. 새들은 개체 수가 감소하고 있음에도 불구하고 사냥꾼들이 마구잡이로 쏘아댄 총에 맞았다. 반면 사슴은 개체 수가 너무 많아서 서식지 관리를 위해 일일이 선별되었다. 이 점이 내게는 큰 차이로 느껴진다.

얼음 속에서

1월 7일, 드럼타시 우드

아직도 눈과 얼음 속에 갇혀 있다. 이 상태가 얼마나 더 지속될까?

너무 춥고 배가 고파서 숲속으로 들어가 본다. 적어도 이곳에는 바람을 피할 쉼터가 있다. 나무 사이에 있으면 한결 따뜻하지만 먹을 것이 없기는 매한가지다. 발아래 눈밭에 온갖 동물의 발자국이 선명하게 남아 있다. 사슴들이 숲속 빈터에 난 풀을 뜯으러 왔나 보다. 앙상하게 헐벗은 나무 우듬지와 바늘잎 무성한 상록수 아래 땅바닥은 무사하다. 어지간한 폭설이 쏟아지지 않는 한은 말이다. 토끼들이 빙 둘러 가며 나무껍질을 갉아 먹은 묘목들은 말라죽어버렸다. 난투극의 흔적도 보인다. 토끼 한 마리가 여우에게 잡아먹힌 것이다.

한겨울이라 땅이 꽁꽁 얼어 뿌리를 파낼 수 없고, 무리에서 벗어난 외톨이 산비둘기 말고는 알을 품는 새도 없다. 게다가 푸성귀도 없으니 먹을거리를 채취하기가 거의 불가능하다. 비축해 둔 견과류와 곡물이 빠르게 바닥나고 있는 상황에서 고기를 먹지 않고서는 살아남을 수 없다. 야생식의 해 첫날의 장내 미생물 검사 결과에 따르면 과거 나의 채식 식단은 단백질이 부족했다. 나는 동물을 아끼고 식물성 식단을 선호하지만, 냉동 저장된 음식이 없는 신석기 시대 이전 세상이었다면 자연에서 채취한 음식만으로 겨울을 나고 봄이 돌아올 때까지 살아남기는 불가능했으리라.

나와 육류의 관계가 이토록 빠르고 격심하게 바뀔 줄은 몰랐다. 하지만 현재 내 상황은 기후변화, 낙농업, 육류의 기준, 건강 문제, 토지 불평등 등 상업적 축산과 관련해 실제로 내가 고민해 온 문제들과도 무관하지 않다. 어쩌면 그래서 내 시각이 달라진 건 아닐까? 자연 상태에서 죽음은 항상 우리 곁에 존재하며 피할 수 없는 일이다. 매 끼니를 자연에서 구하려고 애쓰며 날마다 죽음의 존재를 확인하다 보면 이 사실은 더욱 명백해진다. 이제 내게 남은 시간이 이미 지나간 시간보다 적다는 걸 안다. 삶과 죽음은 끊임없이 반복되는 순환을 이루며, 내가 죽는 순간부터 곰팡이는 나를 잡아먹기 시작할 것이다. 어찌 보면 나는 이미 박테리아에게 잡아먹히고 있는 중인지도 모른다. 누가 뭐래도 중요한 것은 죽은 뒤가 아니라 살아 있는 순간의 존엄이다. 모든 인간과 동물은 품위 있는 삶을 누릴 자격이 있다.

경계하는 숲

1월 8일, 엘리그사이드 우드

아침 늦게 깨어나 도토리와 차가버섯으로 만든 '커피'를 한잔 마시며 면역력을 높여 감기를 물리치려 한다. 주말 내내 채취에 집중할 수 있도록 밀린 업무를 해치우려고 애쓴다. 하지만 소용없다. 집중이 되지 않는다. 오늘따라 기운이 없고 눈이 침침한 데다 어질어질하다. 이명이 유난히 크게 들린다. 목이 메고 입안이 바짝 마른다. 메스꺼움이 밀려들고 눈앞이 아찔해지더니 갑자기 식은땀을 쏟으며 토할 것 같은 끔찍한 느낌이 닥쳐온다. 심계항진일까, 아니면 그냥 공황 상태일까? 숙취도 없고 약을 먹은 것도 아닌데 왜 이러지? 지난 일주일 동안 식욕이 조금씩 줄어들더니 완전히 사라졌다. 앞으로도 계속 '갈색 음식'을 먹어야 한다고 생각하면 구역질이 난다.

맷이 말린 베리를 물에 불려서 견과류와 함께 오븐에 구워 주었다. 그 위에 귀한 자작나무 수액 시럽을 살짝 뿌려 천천히 먹는다. 꽃봉오리가 피어나는 과정을 저속 촬영한 영상처럼 슬로모션으로 조금씩 기운이 돌아온다. 저혈당이나 단백질 과다 복용이 분명하다. 요즘은 장운동이 너무 느려져서 구연산 마그네슘 반 티스푼을 물에 타서 먹어야 한다. 현재 내가 복용 중인 유일한 영양제다. 올해는 비타민이나 미네랄을 챙겨 먹지 않기로 했으니까.

푸성귀를 더 먹어야 한다. 내 몸이 야채를, 섬유질을 갈망하고 있다.

점심 메뉴는 좀 더 푸짐하다. 마지막 남은 멧돼지 안심 구이에 야생 사과를 갈아 넣고 익힌다. 과육이 아삭함과 단맛을 잃고 쭈글쭈글하게 질겨지긴 했지만, 그래도 냉장고에서 얼마나 오래가는지 놀라울 정도다. 냉장고 한구석에 조금 남아 있던 갯근대도 곁들인다. 음식을 먹고 힘을 얻어 엘리그사이드 우드로 향한다.

숲속을 걷는데 마치 누가 나를 지켜보고 있는 듯 야릇한 느낌이 들어 너도밤나무 나뭇가지 아래로 들어간다. 숲속에 수상한 사람이 숨어 있다거나 하는 섬뜩한 얘기가 아니라, 자연 자체가 내 존재를 '경계'하는 것 같다. 그러고 보면 육류 위주의 식생활을 하면서 내 몸의 냄새가 변한 게 느껴진다. 체취가 훨씬 더 짙고 강렬해졌다. 동물들이 인간에게서 나는 냄새로 우리의 속내를 알아챌 수 있는지 궁금하다. 그들이 다른 육식동물의 소변에서 2-페닐에틸아민을 감지할 수 있다는 건 안다.[3] 인간도 육식동물 냄새를 풍기면 기피 대상이 되는 걸까?

다람쥐

1월 9일, 데이질리아

운명이 나를 단단히 시험하려는 모양이다. 오늘은 이웃이 말에게 줄 귀리를 훔쳐 먹던 **회색다람쥐** 세 마리를 덫으로 잡아 우리 집 현관문 손잡이에 걸어놓았다. 다람쥐 털가죽을 벗겨 내고 보니 온몸이 지방으로 뒤덮여 있다. 내가 지금까지 먹은 사슴과 거위는 지방이 거의 없었다. 이제 한겨울이니 지난가을에 저장해 둔 지방을 대부분 소진한 것이리라. 그렇다 보니 지금까지 내 식단에는 지방이 심각하게 부족했다. 사슴이나 거위 한 마리보다 이 회색다람쥐 세 마리의 배, 엉덩이, 사지 아래에 붙은 지방이 더 많다. 다람쥐 몸의 지방을 조심스럽게 잘라 내어 프라이팬에 약불로 녹이고 식혀서 병에 담아 둔다. 빵을 구울 때 쓸 귀중한 식재료다.

나머지 고기는 비타민나무 열매즙, 야생 라즈베리 식초, 어수리 싹 피클 기름 약간을 섞어 재운 다음 냉장고에서 숙성시킨다. 뚜껑 달린 뚝배기에 통째로 넣고 부드러워질 때까지 오븐에 구워 포크로 뼈에서 고기를 발라낸다. 잘게 썬 고기에 밤 가루, 다진 삼각부추, 물을 조금 섞고 나도산마늘 소금을 살짝 뿌려 미트볼처럼 빚는다. 도토리가루와 물을 섞고 카라긴 젤을 한 숟갈 더해서 끈적끈적하게 만든 반죽에 미트볼을 하나씩 담갔다가 소량의 다람쥐 지방에 튀겨 낸다. 사슴고기 육수를 살짝 졸이고 마지막 남은 야생 매실 진액을 넣어 달콤하게 만든 소스에 찍어 먹으니 완벽하다. 엘더베리 식초와 자작나무 수액 시럽 소스를 친 갯근대, 삼각부추, 몬티아 샐러드도 잘 어울린다.

야만적으로 들릴지 모르지만 정말 맛있다. 미슐랭 스타 레스토랑에서도 이보다 더 훌륭한 요리는 맛본 적이 없음을 인정할 수밖에 없다. 게저도 칭찬을 아끼지 않는다. 하지만 내가 먹고 싶은 건 싱싱한 식물인데, 그들은 모두 아직 눈 속에 파묻혀 있다.

저녁 식사 후에는 야생 **댐슨자두**를 매실처럼 소금에 절여 발효하는 작업에 착수한다. 냉동고 공간을 확보하기 위해 자두가 담긴 큰 봉지 하나를 해동했다. 커다란 숙성용 항아리에 자두와 암염을 섞어 담고 누름돌을 얹는다. 숙성되기까지 몇 주는 걸릴 것이다. 콤부차 효모와 함께 소금물에 잠겨 잘 발효되고 있는 가시자두도 확인한다. 조만간 칼라마타 올리브와 비슷한 절임이 완성될 것이다.

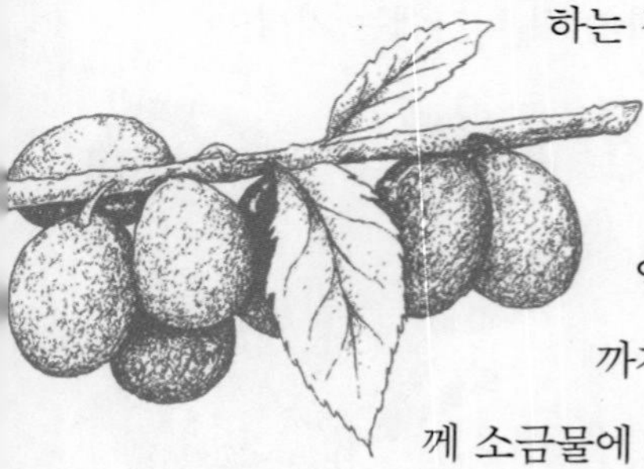

아이고, 힘들다! 봄과 함께 싱싱한 식물이 돌아오면 얼마나 기쁠까.

8장

든든한 우정

우리처럼 작은 생명체가 광대함을 견뎌 낼 수 있는 것은
오직 사랑 덕분이다.

—칼 세이건, 《콘택트》

빙하기

1월 10일, 데이질리아

땅이 바위처럼 단단히 얼어붙었다.

또다시 눈

1월 13일, 데이질리아

또 눈이 오다니! 이 근방에서는 먹을거리를 채취할 수가 없다. 코로나 팬데믹 이후 세 번째로 전국이 봉쇄에 들어갔다. 최신 규제로 인

해 식량을 구하기가 정말로 어려워질 것 같아서 당혹스럽다. 피치 못할 경우를 제외하면 집에서 나가는 것조차 금지되어 있다. 식물성 식재료를 구하러 외곽의 바닷가로 나가고 싶은 마음이 굴뚝같다. 하지만 설사 식량 채취라는 구실이 통한다 해도, 우리 집에서 한참 멀리 나갔다가 단속에 걸리면 큰일이다. 피클을 곁들인 고기에 매일 반 줌씩의 견과류와 말린 베리를 먹는 것도 이젠 지긋지긋하다. 내장도 진력이 난 것 같은데, 지나치게 구체적인 내용은 언급하지 않겠다. 이런 식생활이 다음번 장내 미생물 검사 결과에 어떤 영향을 미칠지 확인하게 되면 흥미로울 것이다.

음식 소포

1월 20일, 데이질리아

나의 야생식 한해살이 프로젝트와 폭설로 인한 고립이 사람들에게 알려지면서 갑자기 선물 꾸러미들이 도착하기 시작했다. 동료 채취인들에게 놀라고 감사할 따름이다. 내가 비축해 둔 식량으로도 충분히 버틸 수는 있지만, 친구들의 선물을 보니 힘이 솟고 기운이 난다.

나도산마늘 페스토, 고등어와 해초 파테, 직접 담근 베르무트술 한 병. 갓 딴 삼각부추와 알렉산더, 갯근대, 맛있고 부드러운 돌나물. 명아주 씨앗, 도토리 가루, 제비꽃 잎, 바다쇠비름, 꽃양배추, 검정무, 리크. 우엉 뿌리, 은매화 열매, 훈연 민자주방망이버섯, 갈퀴덩굴 씨앗, 기름당귀 씨앗, 말린 까치밥나무 꽃, 로즈힙 진액 한 병, 250밀리리터 병에 담긴 자작나무 수액 시럽. 훈제 비둘기와 꿩 가슴

살, 사슴 지방, 신선한 나도산마늘 한 다발, 훈연 그물버섯, 훈연 나도산마늘 소금, 버섯 피클, 배와 어수리 피클, 훈연 잎새버섯과 꾀꼬리버섯 가루, 훈연 발효 나도산마늘. 정말 풍성하다! 내가 친구들에게 도움을 요청한 것도 아닌데. 이것들이 얼마나 귀한 선물인지 알기에 마음이 숙연해진다. 이렇게 큰 너그러움과 친절을 경험해 보기는 처음이다.

음식은 가장 사소하면서도 가장 큰 선물이다. 내가 거쳐 온 모든 문화에서 음식은 예로부터 환대의 핵심이었다. 나는 낯선 사람에게 음식을 대접하고, 지나가는 여행자에게 잠자리를 마련해 주고, 내가 가진 물과 기타 자원을 다른 이들과 나누는 것이 세상살이의 원칙이라고 믿으며 자랐다. 그리고 남들도 내게 그렇게 해 주기를 기대했다.

자연에는 문화적 경계도, 국경도, 폐쇄된 집단도 존재하지 않는다. 가이아는 도움을 필요로 하는 모든 이에게 베푼다. 유난히 눈이 많이 내린 올겨울에 내 빈약한 식생활을 염려해 준 친구들의 관대함에 감동한다.

봄을 기다리며

1월 29일, 뮤라본사이드

눈이 소복이 쌓였다. 또! 지난 34일 중 눈 내린 날이 32일이나 된다. 이런 겨울은 적어도 10년 동안 처음이다.

눈이 쌓였든 말든 밖으로 나간다. '언덕 아래'에는 눈 대신 비가 내렸다. 주변 어디나 눈 없이 온화한 날씨인데 우리 집만 여전히 눈 속에 갇혀 있다. 뮤라본사이드로 내려오자마자 자작나무 가지들이 썩은 채 서 있는 산비탈로 향한다. 주홍색 술잔버섯을 딸 수 있을 거라고 확신했지만 버섯은 거기에 없다. 내가 일주일 정도 빨리 온 것이다. 크기가 4밀리미터도 안 되는 버섯이 딱 하나 작고 빨간 눈처럼 연둣빛 고사리이끼 속에서 튀어나와 있다.

빈손으로 집에 돌아와 다진 사슴고기와 말린 베리로 볼로네제 소스를 만든다. 말린 바다스파게티를 불리고 데쳐서 소스를 뿌린다. 진하고 묵직한 주 요리에 곁들인 야채샐러드는 새콤하고 톡 쏘는 맛으로 식욕을 돋워 준다. 오후에는 쐐기풀 씨앗, 흰명아주 씨앗, 밤 가루, 버섯 가루에 뜨거운 물을 조금 넣고 빽빽하게 반죽해서 크래커를 만들어 본다. 반죽을 얇고 동그랗게 펴서 오븐에 구우면 맛있고 바삭바삭한 비스킷이 완성된다. 저녁 식사로 엘더플라워 와인과 헤이즐넛 후무스를 곁들이니 예전에 먹던 치즈 플래터와 거의 비슷한 맛을 느낄 수 있다. 다만 치즈가 없을 뿐!

야생식의 해를 시작한지 65일이 지났다. 처음보다 체중이 12킬로그램이나 줄었고 청바지 솔기도 더 이상 찢어지지 않는다. 체중을 줄이려고 야생식을 시작한 건 아니지만 그래도 기쁜 일이다.

곧 켈트인의 봄인 야라흐가 올 것이다. 또다시 눈이 내리기 시작한다.

2부

야라흐

The Wilderness Cure

9장

이른 봄이 오다

인생의 목표는 우리의 심장 박동을 우주의 박동에 맞추고
우리의 본성을 자연에 맞추는 것이다.

—조지프 캠벨, 《신화와 인생》

웅크린 초록

1월 30일, 데이질리아

땅에는 아직 눈이 쌓여 있고 새들도 돌아오지 않았지만, 밖에 나가면 생명의 움직임을 목격할 수 있다. 그늘진 구석에도 초록빛이 어른거리고, 자세히 들여다보면 새싹 몇 개가 햇살 속에 펼쳐질 날을 기다리는 스프링처럼 돌돌 말린 채 야금야금 자라고 있다. 앙상한 잿빛 너도밤나무 아래 낙엽 더미에는 연하고 맛 좋은 분홍쇠비름 무더기가 아늑하게 자리 잡고 있다. 이곳에서라면 눈을 맞지 않고, 조금씩 퇴비로 변하는 낙엽 부식토 담요 덕분에 서리도 피할 수 있다.

겨울을 위해 비축한 식량이 바닥을 드러내려는 터라 점점 길고 밝아지는 낮이 너무도 반갑다. 일찌감치 찾아온 새 생명의 기운이 켈트인의 봄인 야라흐의 시작을 알린다.

흔히 영국에는 봄, 여름, 가을, 겨울 사계절이 있다고들 하지만, 나는 계절이란 것이 그렇게 단순하지 않다는 사실을 깨달았다. 계절이 바뀌는 과정에서 서로 겹치다 보니 내가 사는 스코틀랜드에는 다섯 계절이 있는 것처럼 느껴진다. 봄은 다른 계절보다 길고, 식량 접근 가능성의 관점에서 두 단계로 나뉜다. 해산물과 봄나물에 의존해야 하는 춘궁기가 지나면 나무에 잎이 돋고 새가 알을 품는 진짜 봄이 온다. 켈트어로 봄은 '야라흐Earrach'라고 하며, 1월에서 2월로 바뀌는 이몰륵Imbolc에 시작된다. 우리가 생각하는 진짜 봄은 부활절 이후 4월 말과 5월에 더 가깝다.

야라흐는 '배고픈 시기'라는 뜻으로, 겨울 전에 비축한 식량이 떨어졌지만 밭에 심은 과일과 채소는 아직 싹트지 않은 사순절 기간에 해당한다. 하지만 봄나물과 야생 푸성귀는 이 기간 내내 풍부하다. 경쟁자인 잔디나 작은애기똥풀, 쐐기풀이 덜 자란 틈에 햇볕을 쬐며 빠르게 번성하기 때문이다. 나 역시 바닷가에 채취하러 갈 수 있을 때까지는 이 식물들에게 의지하고 있다!

이몰륵

1월 31일, 데이질리아

밤새 잠을 못 이루고 뒤척인다. 바다가 나를 부른다. 밤이면 꿈속에서 파도가 내게 간절히 속삭이고, 촉촉한 해초의 맛이 자꾸만 떠오른다. 육지 식물이 여전히 잠들어 있는 동안 해초는 잠에서 깨어난다. 모든 지구 생명체의 짜디짠 원천을 향해 새로 돋은 연한 덩굴손을 뻗친다. 바닷가에 가면 차가운 물속에 넘쳐 나는 해조류와 조개를 채취하여 육지의 춘궁기로 빈약해진 식단을 보충할 수 있지만, 아직도 봉쇄가 끝나지 않아서 이동이 불가능하다.

그래도 오늘은 맛있는 음식을 해 먹을 생각이다! 지금처럼 배고픈 시기에는 이런 날도 있어야지. 아침 식사로는 구운 야생 사과와 헤이즐넛에 구운 어수리 씨앗 가루를 살짝 뿌려 시나몬 향을 더했다. 어젯밤 헤이즐넛을 불려 두는 걸 잊지 않은 덕분에 물에 넣고 갈아서 너트 밀크도 만든다. 헤이즐넛 가루를 걸러 내고 케피르 종균을 넣어 며칠 배양하면 '치즈'를 만들 수 있다! 치즈가 먹고 싶어 죽을 지경이다. 유제품을 전혀 먹지 못해서 그간 너무 힘들었다. 하지만 정말로 치즈를 만들 것인지는 아직 결정하지 못했다. 몇 개 안 남은 견과류를 사치품 제조에 낭비해도 되나 모르겠다. 결국 너트 밀크에서 걸러 낸 헤이즐넛 가루를 건조하여 밀가루 대신 활용함으로써 이 딜레마를 해결했다. 이렇게 하면 아무것도 낭비되지 않는다.

슬로우 쿠커에 사슴고기 덩어리와 나도산마늘 비늘줄기, 물에 불린 검은아로니아(정원 덤불에서 채취해 말려 둔 것), 야생 자두, 냉동 절구무당버섯, 몰로키야(말린 당아욱 잎을 물에 불린 것)를 넣고 하루 종일 뭉근하게 익힌다. 껄껄이그물버섯 가루, 곱게 찧은 레드 엘더베리, 블랙 엘더베리 잼, 산사나무 열매 소스, 훈연 느타리버섯, 훈연 천일염으로 양념을 한다. 배가 불러 만족스러운 상태로 이몰륵을 축하하기 위한 촛불을 켠다. 겨울이 이제 반환점을 돌았고 곧 생명이 돌아오리라는 것을 상징하는 촛불이다.

황혼이 내린다. 하늘이 어두워지는 만큼 촛불에서 나오는 빛줄기는 더욱 환하게 극지방의 풍경을 비춘다. 눈 속에 작은 유리그릇을 서른 개 놓고 커다란 양초를 하나씩 넣었다. 이몰륵은 켈트인의 디왈리(인도에서 어둠에 대한 빛의 승리를 기념하는 힌두교 축제—옮긴이)라고 할 수 있다. 올해는 기온이 뚝 떨어졌으니 집 안에서 밖을 내다보는 걸로 만족한다. 이 목조 주택에는 중앙난방도 장작 난로도 없지만 벽 안쪽에 두툼한 재활용 유리섬유 단열재를 넣어서 항상 포근하다. 에너지 효율이 좋은 휴대용 히터를 집 양쪽 끝에 한 대씩 약하게 켜 두면 요리와 빨래를 할 때 발생하는 열을 가둬 놓을 수 있다. 단열 콘크리트 바닥도 약한 겨울 햇살을 흡수하여 밤중에 다시 실내로 배출하는 구실을 한다.[1]

전깃불을 끄고 커다란 유리문 앞 어둠 속에 앉아 빛에 관해 명상한다. 1월의 보름달이 뜬 지 사흘밖에 지나지 않아 아직 밤이 환하다. 불꽃이 그림자를 걷어 낸다. 놀라울 정도로 아름답고 고요한 풍경이다.

깜박이는 촛불의 온기가 내 영혼을 훈훈하게 덥혀 준다. 나는 켈트어로 기도하며 올봄에 태어날 모든 것에 감사드린다. 어린 양과 아이들, 아기 사슴과 아기 고양이, 3월에 태어날 내 친구 크리스티나의 아기까지. 나는 아기에게 '물고기'라는 별명을 붙여 주었다. 크리스티나의 첫 번째 초음파 사진 속에서 몸을 고사리처럼 돌돌 말고 웅크린 모습이 꼭 그렇게 보였으니까. '물고기'는 꾸준히 성장하는 중이다. 서핑을 즐겨 늘씬했던 크리스티나의 몸에 엄마다운 둥그런 곡선을 주었고, 갈비뼈를 발로 차서 한밤중에 잠을 깨우기도 한다.

조용한 저녁이다. 나는 모든 새로운 시작을 위해 기도하며 사랑의 마음을 불꽃과 함께 하늘로 띄워 보낸다. 사계절과 우리 삶의 분기점이 되는 날들을 나 혼자서라도 꼭 기념하고 싶다.

날마다 더욱 열렬히 사랑하게 되는 이 땅에서 직접 식량을 구하며 자연과 더불어 살아가다 보니, 조상의 유산인 부족 시대의 뿌리와 더 밀접하게 연결되고 싶다는 갈망이 깊어진다. 하지만 영국 원주민의 과거는 과연 어디에 있을까? 우리의 혈통은 연속성을 잃고 끊어져 산산조각 났지만, 한때는 우리도 원주민이었다. 우리는 부족사회를 이루었고 식물이나 정령과 대화를 나누었다. 훈증 의식, 주술적 여행, 식물과 버섯을 이용한 치유로 이 땅에 뿌리내리고 자연과 연결되어 있었다.

우리가 자연과 단절된 것은 로마인들이 영국을 침략한 시기였으리라. 아직 우리의 생활 방식이 기록되지 않았고 축제가 촬영되지 않았으며 의식이 녹음되지 않았던 시절, 로마인들은 이곳에 왔고 보았고 정복했다. 우리는 옛 생활 방식이나 부족 고유의 지식과 전통을 조금씩 잃어버렸고, 이제는 몇몇 시 구절만이 남았다. 자연으로부터의 소외도 로마의 침략과 함께 시작되었거나 혹은 가속화되었다.[2] 로마군은 켈트인 사제, 치료사, 마술사, 주술사 등 최후의 드루이드들을 모나(지금의 앵글시)에 있는 그들의 신전에서 학살했다. 수에토니우스 파울리누스와 그 휘하의 로마 군단은 메나이 해협 너머의 반항적인 드루이드와 야생의 여인들을 상대해야 한다는 두려움에 떨었지만, 결국은 해협을 건널 것을 명령받고 영국으로 왔다. 그러고 나서 타키투스에 따르면 "켈트인을 덮쳐 그들과 맞서 싸우려는 모든 이를 땅에 쓰러뜨리고 직접 불을 질러 태워 버렸다". 웨일스 역사가 필 캐러디스는 일찌감치 이렇게 말했다. "드루이드의 죽음으로 영국인들은 정신적 원동력을 잃었다."[3]

나는 지금처럼 그때도 야생의 여인이었을 것이다. 나의 온 생명과 기운을 다해 로마인과 맞서 싸웠으리라.

켈트인의 한증막

2월 2일

과거의 우리 조상들을 자꾸만 생각하게 된다. 지금 내가 살고 있는 이 풍요로운 땅에 살았던 사람들이 이곳을 어떻게 활용했는지 말이다. 영국에서 한증막 유적이 점점 더 많이 발견되고 있다는 고고학 논문을 정독하며 무의식적으로 아침 식사를 씹어 삼킨다. 메뉴는 냉장고 한구석에 남아 있던 차가운 사슴고기 구이와 나도산마늘 페스토로 간한 오리 알 수란이다. 데친 갯근대 잎에 살짝 익힌 오리 알을 올리고 녹색 나도산마늘 소금을 뿌려 완성했다. 우리가 물려받은 전통을 면밀히 되짚어 보는 것은 갯벌에서 청동기시대 조상들의 덧없이 사라져 간 발자국을 포착하려는 것과 비슷하다.[4] 한순간 선명한 영감이 떠올랐다가 흔적도 없이 스러져 버린다.

읽고 있는 논문의 상세한 설명 덕분에 뜬구름 같던 조상의 존재가 더욱 선명하고 구체적으로 느껴진다. 영국에서 발견된 불에 그슬린 움집 잔해는 청동기시대까지 거슬러 올라가며, 잉글랜드 지역에만 100개가 넘는다. 오크니 제도에 있는 4000년 된 사우나를 포함해 그중 상당수는 취사용이 아니었던 것으로 밝혀졌다.[5] 정착지 외곽의 불에 그슬린 움집은 거의 항상 물가에 있으며, 경우에 따라서는 물줄기 하나를 따라 여러 개가 지어지기도 했다. 요크셔의 바닝엄 무어에 있는 움집은 동심원 무늬가 새겨진 돌들로 둘러싸여 있다. 이 근처의 하우탈론 리지 고지대에서 유적 배치를 연구하는 맥도날드고고학연구소 연구원 알렉스 록쇼노프는 불에 그슬린 사우나 움집의 위치에 관해 흥미로운 가설을 세웠다.[6]

언덕 위 제단과 장례용 돌무덤 아래에서 솟아난 샘물이 언덕 아래 사우나로 조상들의 메시지를 전달했고, 이 지점에 우세한 남서풍이 사우나의 증기에 담긴 기도와 메시지를 다시 조상들에게 전달했다는 것이다. "불에 그슬린 움집의 기능을 정확히 판단하기 위해 이런 제의적 수력 순환 가설에 기댈 수는 없겠지만, 적어도 이 현상이 청동기시대와 연결되는 이유를 설명하는 데 도움이 될 새로운 영적 차원을 열어 줄 수 있다"라고 그는 주장한다.

조상들의 과거를 들여다볼 수 있는 매력적인 가설이다. 뜨겁게 달군 돌로 데운 물웅덩이 주위에 벤치가 놓이고, 머리 위로는 구부린 나뭇가지와 동물 가죽으로 만든 가벼운 지붕이 씌워졌을 것이다. 벤치마다 몇몇 친구들이 모여 앉아서 증기를 쐬며 친교를 나누었으리라. 오크니 제도의 웨스트레이 섬에 있는 매우 정교하고 잘 보존된 사우나는 중앙 구조물과 복잡하게 연결된 방들로 이루어진 대형 건물이다. 끓는 물과 증기를 생성하는 상당한 규모의 물탱크도 있었다. 발굴 팀은 이 건물의 규모와 정교하고 복잡한 구조로 보건대 조상들이 사우나를 단지 요리에만 활용하진 않았을 것이라고 추측한다. 이곳은 의식과 협상을 치르고, 환자나 죽어 가는 사람을 위로하는 장소였을 것이며, 나아가 휴식과 겨울철 난방에도 쓰였을 것이다.

아일랜드로 가면 울창한 나뭇잎에 반쯤 가려진 반짝이는 시냇가의 마법 같은 공터에 여전히 고대의 석조 한증막이 서 있다.[7] 이젠 거의 잊힌 곳이지만, 이곳의 위치를 찾아내는 것도 여행의 묘미 중 하나다. 리트림에 있는 세인트휴스St. Hugh's 한증막은 너무 작아서 문간에 들어서려면 이글루에 들어갈 때처럼 네 발로 기어야 한다. 움집 내부에는 최대 여섯 명까지 앉을 수 있는 작은 방이 있다. 고대 시골 사람들은 움집 안에 불을 피워 돌벽을 뜨겁게 달구었다. 벽이 뜨거워지면 불을 끄고 발을 보호해 줄 잔디 돗자리를 깐 다음 기어들어가 땀을 흘렸다고 한다. 초기 문헌에는 관절염이나 류마티스 통증을 완화하기 위해서였다고 기록되어 있다. 하지만 시골 사람들은 도시 연구자들에게 그들의 비밀을 쉽게 공개하지 않으며, 이런 공간에서는 대체로 그보다 더 많은 일이 일어났던 듯하다. 환각버섯이 많이 자라는 것으로 알려진 지역에 한증막이 유난히 많다는 점은 더욱 의미심장하다. 갓이 뾰족한 이 버섯은 지금까지도 종종 버섯 또는 요정을 뜻하는 게일어 푸카púca로 불리곤 한다.[8]

이런저런 생각으로 머리가 어지러운 채 황무지를 걸어 올라간다. 슬로우 쿠커에 나도산마늘 싹과 벌써부터 흙을 비집고 올라온 결절컴프리 어린잎을 넣어 끓인 오리고기 수프로 배를 채운 뒤다.

아침에 내린 눈이 뒤이은 비로 빠르게 녹아 사라지고 있다. 서식지 분류에 따르면 이 땅은 '습지 황야wet heath'라고 한다. 양분이 부족하고 물에 잠겨 히스만 무성한 산성 토양 황무지에 딱 들어맞는 명칭이다. 바람에 휩쓸려 야생의 아름다움이 있지만, 거센 바람처럼 무시무시하기도 하다. 가시투성이 울렉스 덤불에는 사슴이 파고들어 숨는 작은 터널이 있고, 울퉁불퉁한 뿌리 주위는 토끼 굴과 쥐구멍 투성이다. 이 주변에는 이맘때 채취할 만한 먹거리가 없다. 나는 다시 언덕을 내려가 쓰레기장 뒤편으로 간다. 겨울 샐러드를 만들 촉촉한 분홍쇠비름 잎이라도 따야겠다.

감초처럼 시커먼 균사체가 오래된 통나무 하나를 온통 뒤덮고 있다. 식용 가능하고 내게도 익숙한 **뽕나무버섯**이다. 버섯이 형성층을 갉아 먹고 심재만 남기면서 나무가 때 이른 죽음을 맞은 것이다. 내 손 안의 균사체 하나하나에 수백 년에 이르는 인간의 폭력적 과거가 담겨 있다. 우리가 지금처럼 자연과 반목하게 된 것도 결국 인간의 침략 때문이다.

과거에 우리 조상들과 가이아를 이어 주었던 연결고리가 사라졌다는 게 서글프다.

10장

보릿고개

인간의 가장 기본적인 욕구는 먹고 마시는 것,
그다음으로는 이야기에 대한 갈망이다.
—칼릴 지브란

실내 생활

2월 5일, 데이질리아

아직도 아침은 어둠침침하다. 나는 간신히 겨울잠에서 깨어난다. 냉동고 안쪽을 뒤져 깜박 잊고 있던 청어 한 마리를 찾아낸다. 내 친구 노리가 잡은 생선일 텐데, 수제 훈제 청어처럼 보인다. 이로써 아침 식사는 해결이다. 청어의 훈연향이 아직 조금 남은 시큼한 비타민나무 열매 그레몰라타와 잘 어울리고, 흰명아주 씨앗으로 만든 '쿠스쿠스' 샐러드의 미묘한 비누 맛도 덮어 준다.

하루 종일 비가 내리고 동풍이 강하게 불어 외출할 수가 없다.

내가 어린 시절을 보낸 케냐는 계절이 우기와 건기 둘밖에 없는 것 같았다. 건기가 끝나면 다들 비가 오기만을 숨죽여 기다리곤 했다. 하지만 하늘은 매일 구름 한 점 없이 푸르렀고 무자비한 햇볕에 땅이 쫙쫙 갈라졌다. 그러던 어느 날 희한한 일이 일어났다. 저 멀리 지평선 너머에서 천둥이 울리기 시작하더니 번개가 번득였다. 첫 빗방울이 땅에 떨어지기도 전에 갑자기 눈에 보이지도 않던 수백 가지 초목이 싹을 틔웠다. 비가 올 것을 식물이 어떻게 알았는지 어린 나로서는 신기할 뿐이었다. 최근에 임페리얼 칼리지 런던의 연구원들이 제시한 이론에 따르면, 식물은 폭풍우에 따르는 전류를 감지할 수 있으며 번개에 이어 비가 내릴 것을 예상하고 신진대사를 가동한다고 한다. 정말 놀라운 이야기다.

점심은 다진 오리고기다. 어쩌면 거위고기일 수도 있다. 냉동고에 넣기 전에 라벨을 붙이는 걸 잊어버렸다! 알렉산더 줄기와 나도산마늘 볶음을 곁들인다. 푸성귀가 쓰고 고기도 질겨서(아무래도 거위고기였나 보다) 조금만 먹는다. 내가 다소 저기압인 모양이다. 올해는 겨울이 끝없이 길게 느껴져서 기운을 내기 힘들 때가 있다. 괜히 2월을 '자살의 달'이라고 하는 게 아니다. 멕시코 해변을 상상하며 크리스티나에게 전화를 걸어 잠시 이야기를 나눈다. 우리 '물고기'가 엄마의 배를 열심히 걷어차고 있나 보다. 그 별명이 새삼 우습게 느껴져 크리스티나와 함께 웃는다. 크리스티나는 아기가 딸일지 아들일지 미리 알고 싶지 않다고 한다.

저녁 식사는 조금 낫다. 맷이 사슴 사골 육수에 거친껄껄이그물버섯 가루, 깔때기뿔나팔버섯, 검게 익은 절구무당버섯을 넣고 나도산마늘 소금과 엘더베리 식초를 뿌려 맛있는 버섯 수프를 만들었다. 금요일인 만큼 직접 담근 민들레 술 한 병을 따서 나눠 마신다. 2016년산이다. 꿀술이나 사과술과 달리 5년 전에 담근 것이라 설탕이 조금 들어 있을지도 모르지만, 이번 주에는 단것이 필요했다.

폭풍의 언덕

2월 6일, 데이질리아

다시 눈이 내린다. 언덕 위의 집은 지독하게 춥다. 신문 기사에 따르면 스톰 다시Storm Darcy(2021년 영국에 30센티미터의 폭설을 유발한 대형 저기압—옮긴이)가 찾아올 예정이다. 건방진 남성 스트리퍼의 가명처럼 들리지만 정말로 이번 폭풍을 가리키는 이름이다. 눈보라가 빠르게 다가오고 있다. 앞으로 며칠간 기온이 영하 5도로 떨어지고 눈이 30센티미터나 쌓일 것이라고 한다.

오늘은 아침 식사가 늦었다. 일어나 보니 맷이 아침 겸 점심으로 다진 오리고기 남은 것을 넣어 야생초 페스토 오믈렛을 요리하고 있다. 오늘도 외출할 일은 전혀 없을 테니 하루 종일 책이나 읽으며 지내야겠다.

식재료 채취는 여전히 불가능하다. 마침 가장 격려가 필요한 시점에 또 다른 깜짝 소포가 도착했다. 우체부가 이 폭풍을 뚫고 왔다는 게 놀랍다. 우엉 뿌리, 짙은 보랏빛 은매화 열매, 훈연 민자주방망이버섯, 제비꽃이다. 덕분에 최근 들어 가장 실험적인 저녁 식사를 준비한다. 밤새 재워 둔 꿩 가슴살을 프라이팬에 넣는다. 덕다리버섯과 나도산마늘 싹을 곁들여 볶은 다음, 여러 번 헹궈 내고 나도 산마늘 페스토를 잔뜩 넣었음에도 비누처럼 살짝 쓴맛이 나는 흰명아주 씨앗 폴렌타와 함께 차려 낸다.

우엉 뿌리는 알렉산더 뿌리와 함께 성냥개비 크기로 채 썰어 버섯으로 만든 '간장' 소스, 댐슨자두 절임, 자작나무 수액 시럽, 울렉스로 담근 보드카에 재웠다가 연해질 때까지 볶는다(우엉 뿌리가 연해져 봤자 거기서 거기지만). 찬찬히 음식을 만들다 보니 마음이 가라앉는다. 뿌리를 문지르고 껍질을 벗기는 일조차 명상 효과가 있으며, 온 세상이 혹한에 시달리는 지금은 고난이도의 식사 준비가 더더욱 즐겁게 느껴진다. 나는 결코 레시피대로 요리하지 않지만 레시피에서 영감을 얻긴 한다. 그래서 오늘 밤 폭풍이 양철 지붕을 난도질하는 와중에도 일본식 우엉 조림을 찍어 먹을 야생 매실 소스를 작은 도자기 접시에 담아 식탁에 놓는다. 아, 평온하다!

배불리 먹고 나서 모직 담요를 두른 채 안락의자에 자리 잡는다. 빙하기에 관한 책을 펼친다. 그 무렵 영국 땅은 대부분 추운 툰드라였거나 얼음으로 덮여 있었다. 스코틀랜드에서는 빙하기 이전의 흔적을 찾아볼 수 없다. 이 지역의 인류 고고학 역사는 기원전 1만 2000년부터 시작된다.[1] 당시 사람들이 무엇을 먹었는지는 주로 고고학 유적지에서 발견된 동물 뼈로 추측할 수 있다. 구석기인들이 먹었던 과일과 야채는 육류보다 알아내기 어려운데, 식물은 쉽게 부패하기 때문이다. 지금까지 남아 있는 자료는 주로 씨앗과 곡물로, 대부분 냄비 바닥에 눌러붙거나 유골의 치석에 끼어 있던 것들이다. 초기 원인이 먹었던 식물은 몇몇 유적지에서 발견된 극소량을 제외하면 거의 찾기 어렵다. 그 때문에 선사시대 사람들은 동물성 단백질과 지방만 먹었다는 이론이 나오기도 했다.

이런 가설은 지나치게 환원주의적인 것 같다. 먹을 수 있는 식량의 대부분을 무시하다니, 채취인인 내 생각엔 말도 안 되는 얘기다. 내 경우 한 해 동안 200~300종의 먹을거리를 찾을 수 있다고 확신한다. 고대 인류도 비슷하지 않았을까?

이번 여름에 폴란드의 오래된 초원에서 현장 조사를 할 예정이다. 내 친구이자 야생식 마니아인 우카시 우차이 교수는 전 세계 여러 지역사회에서 야생식물의 민족식물학적 활용에 관해 기록하고 있다. 그는 한 지역사회 내에서도 야생식물을 19종만 먹는 가구가 있는가 하면,[2] 185종이나 먹는 가구도 있다는 사실을 발견했다.[3] 하지만 우차이의 말에 따르면 한 지역사회의 식용 야생식물은 대체로 120종 내외라고 한다. 식용 식물이 97~103종 발견된 핀란드의 석기시대 유적지 연구 결과와 일치한다.[4]

식생 보존에 적합한 이탄 습지에서 발견된 식물의 흔적도 내 생각을 뒷받침해 준다. 78만 년 전 이스라엘의 유적지 게셔 베놋 야코브Gesher Benot Ya'aqov에서는 견과류, 과일, 씨앗, 야채, 덩이줄기 등 일 년 내내 먹을 수 있는 식물 55종이 발견되었다.[5] 유럽의 신석기시대 유적지에서 발견된 불탄 식물과 침수된 식물을 비교한 결과, 침수된 환경에서 식물이 더 잘 보존되는 만큼 식용 야생식물도 더 다양하게 발견된다는 사실이 밝혀졌다.[6] 사람들은 대체로 주변에 있는 식물을 먹었을 테니 상식적으로도 합당한 결과다. 고고학적 증거를 해당 지역의 식물 식생활사에 관한 지식, 그리고 지금까지 남아 있는 극소수의 채취 부족 연구와 비교 분석하는 것만이 이 주제에 대한 올바른 접근 방식이라고 생각한다.

졸려서 잠자리에 든다. 석기시대 동굴 같기도 하고 체다 치즈 숙성 창고 같기도 한 곳에서 익어가는 치즈의 꿈을 꾼다. 치즈 한 조각만 먹을 수 있다면 소원이 없겠다!

배고픔 호르몬

2월 8일, 데이질리아

월요일은 쓰레기 수거일이다. 보통은 추위를 뚫고 바퀴 달린 쓰레기통을 끌며 500미터를 터덜터덜 걸어 큰길로 내려가야 하지만, 오늘은 그럴 필요가 없다. 쓰레기를 전혀 배출하지 않았으니까! 내가 섭취하는 간식은 책뿐이다. 다 읽은 책은 재활용 골판지 봉투에 담겨 이웃집에서 나오는 말똥과 함께 라자냐처럼 층층이 쌓이고, 그 영양분 풍부한 화단에서 버섯이 자라난다.

2월 초는 지독히 추워서 채취인에게는 가혹한 시기다. 또다시 눈이 내리기 시작했다. 다행히도 어제 택배 기사가 찾아와서 최근 장내 미생물 검사 키트를 수거해 갔다.

검사 결과가 나오면 흥미로울 것이다. 이전 검사와 비교해서 어떤 변화가 있는지 확인할 수 있을 테니까. 내 장이 완전히 바뀐 것처럼 느껴진다. 하루에 최소 한 끼, 때로는 두 끼를 고기로 먹기 때문이리라. 건강하고 기름기가 적은 야생동물 고기긴 하지만 말이다. 물론 야채도 먹지만 섬유질을 충분히 섭취할 만큼 많은 양은 아니다. 현재 가장 풍부한 야생 푸성귀는 알렉산더와 야생 리크다. 둘 다 매운 편이라(하나는 매캐한 향이 있고 다른 하나는 마늘 맛이 난다) 한꺼번에 많이 먹기는 어렵다. 식사량이 이렇게 줄어든 것도 처음이다. 배가 전혀 고프지 않다.

식욕이 이렇게 떨어진 건 고기와 야채의 섭취량을 비슷하게 맞추려는 본능 때문일까? 내 그렐린은 어떻게 된 걸까? 어째서 배고픔 호르몬이 분비되지 않을까? 일종의 동면 모드에 들어간 건가? 나는 이 문제를 알아보려고 따뜻한 '여름 잔디' 차를 한잔 마시며 생리학 책에 몰두한다.

그렐린은 한동안 음식을 먹지 않았을 때 내장에서 분비되는 호르몬이다. 운동과 금식 모두 그렐린 혈중 농도를 증가시킨다. 그렐린은 기본적으로 배고픔을 느끼게 한다. 우리 몸의 호르몬 상당수는 시소처럼 짝을 지어 작용하는데, 또 다른 호르몬인 렙틴은 그렐린을 억제한다. 식욕을 억제하는 렙틴과 식욕을 돋우는 그렐린이 상호작용을 하는 것이다. 고단백 식단은 그렐린을 억제하여 배고픔을 덜 느끼게 하는 반면, 고지방 식단은 그렐린을 증가시켜 우리가 지방을 더 많이 섭취하도록 유도한다. 체지방 비율이 높아지면 렙틴 혈중 농도가 증가하여 필요한 음식 섭취량이 줄어드는데, 아이러니하게도 이는 비만인 사람에게는 적용되지 않는다. 비만은 렙틴 저항성을 형성하여 우리가 식욕 제어장치를 잃고 필요한 것보다 더 많이 먹어야 포만감을 느낄 수 있게 한다.[7]

이 모든 것을 이해하려고 노력한 끝에 진화론적 관점에서 그렐린과 렙틴의 상호작용이 항상 예측 가능하지는 않다는 사실을 깨달았다. 고단백 식단을 유지하면 그렐린이 더 쉽게, 그리고 더 오래 충족된다. 수렵·채취인이던 조상들은 단백질을 쉽게 얻을 수 있었다. 고기를 길게 찢어 말려서 쫄깃한 육포를 만들거나, 견과류와 나무 열매와 함께 갈아서 페미컨을 만들곤 했다. 그래서 매머드나 들소를 죽여도 한꺼번에 다 먹어 치울 필요가 없었다!

하지만 냉장고나 저장 용기가 없는 세상에서 지방은 저장하기가 훨씬 더 어려웠다. 유일하게 신뢰할 수 있는 저장 형태는 체지방이었다. 그렐린은 이 지방 저장 유도 기능을 탁월하게 수행하며, 다음번 매머드급 먹잇감을 놓칠 경우를 대비하여 우리 신체의 비축량을 유지하는 데도 도움이 된다. 그래서 우리가 지방을 접하면 식욕이 폭주하고 그렐린과 렙틴의 균형이 깨지는 것이다. 지방은 내일이면 사라지고 없을 테니 실컷 먹어 두라는 자연의 메시지다. 현대 식단에서 지방을 거부하기가 왜 이리 어려운지 확실히 알겠다.

체중이 12킬로그램이나 줄어든 것 말고도 내 몸에는 온갖 흥미로운 변화가 일어나고 있다. 아마도 식단에 지방이나 탄수화물이 확 줄어들면서 그렐린과 렙틴이 균형을 되찾은 듯하다. 내 체지방이 계속 소모된다는 가정 하에, 그렐린이 풍부한 단백질 섭취로 만족한 덕분에 체지방의 렙틴 수치가 감소할 때까지 내 식욕이 억제되는 것 같다. 전에는 렙틴 저항성 때문에 호르몬들의 작용을 '듣지' 못한 걸까?

어제 만든 우엉 조림은 상당히 이색적이었지만 셋이 나눠 먹으니 1인당 1큰술 조금 넘는 정도였다. 오늘 아침 식사는 채식이다. 냉동 그물버섯을 얇게 저며 갯근대 잎과 함께 볶고 나도산마늘 잎과 천일염으로 간한다. 점심은 거르고, 저녁으로는 아침밥 남은 것과 다진 사슴고기에 엘더플라워 꿀술 한 잔을 곁들이기로 한다.

내 식단에 지방이 거의 없고 탄수화물도 적다는 건 분명하다. 그렇다면 수렵·채취인들은 일 년의 절반을 변비로 고생하지 않았을까? 조상들의 식단에 관한 논문을 찾아보니 현대 수렵·채취인은 섭취한 음식이 내장을 통과하는 데 상당한 시간이 걸린다고 한다. 저섬유질 식단의 경우 평균 62시간, 고섬유질 식단의 경우 40시간이 걸린다.

오늘은 맷과 함께 도토리를 대량으로 처리하는 작업을 끝마쳤다. 며칠마다 물을 갈아 주며 쓰디쓴 갈색 타닌을 걸러 냈다. 맑은 물이 나올 때까지 3주쯤 걸렸다. 지난가을 앤디와 크리스티나의 도움으로 달키스의 참나무에서 딴 도토리와 마일스가 준 도토리 몇 개도 넣었다. 도토리는 말린 다음 갈아서 밀가루 대신 쓰고, 통 바닥에 가라앉은 고운 도토리 녹말은 전분 대신 유용하게 사용한다. 게저는 내가 만드는 소박한 도토리 크래커를 무척 좋아하지만, 맷과 나의 식재료가 고갈될까 봐 맛만 보고 있다.

바깥세상에는 하루 종일 우박 섞인 가벼운 눈이 내린다. 봄이 너무나 멀게 느껴진다.

불길한 예감

2월 9일, 데이질리아

오늘 아침 헤이즐넛 바구니를 들여다보고 가장 두려워하던 사태가 일어났다는 걸 깨달았다. 견과류가 떨어져 간다. 적어도 4월 말까지는 갈 줄 알았는데 벌써 바닥을 드러내다니 덜컥 겁이 난다. 부모님이 이혼한 후 나는 말라위에서 공무원으로 일하던 아버지와 형제자매들과 함께 10대를 보냈다. 모잠비크 전쟁으로 철도가 끊기고 식량 부족이 길어질 때가 많았기 때문에, 언제나 배고픈 동생들을 위해 뭐든 구할 수 있는 식재료로 빠르게 요리하는 법을 익혔다. 텅 빈 식품 저장고를 보면 항상 공포가 솟구치고 불길한 예감이 든다. 그래서 바닥을 드러낸 견과류 바구니를 보니 가슴이 답답해진다.

밤새 엄청난 폭설이 쏟아졌다. 바람에 휘날려 쌓인 눈 더미가 볼 만하다. 하지만 데크에 나가는 건 위험하다. 강풍에 굳게 닫힌 문을 힘주어 열기라도 하면 지붕을 뒤덮은 눈이 우르르 떨어질 테니까. 식물이라고는 단 한 포기도 보이지 않는다.

아침 식사는 사슴 살코기와 피클, 갯근대, 그물버섯(또!)이다. 피클을 담았던 기름은 한 방울도 남김없이 따라 놓았다가 요리에 재활용한다.

점심은 거른다. 별로 배고프지 않아서다.

저녁 식사는 토끼 다리 스튜다(생각하지 말고 그냥 삼켜야 한다). 알렉산더 줄기, 턱수염버섯, 절구무당버섯, 삭힌 나도산마늘, 끝내주는 겨울 살사(그레몰라타를 변형한 소스다), 비타민나무 열매즙을 곁들인다. 그리고 제비꽃 잎, 봄맞이냉이, 나도산마늘, 알렉산더 잎에 엘더플라워 드레싱을 뿌린 샐러드도 만든다. 나는 거의 샐러드만 먹는다.

어지럼증

2월 11일, 데이질리아

음식이 역겹게 느껴진다. 내 몸은 아무것도 먹으려 하지 않는다. 먹는 게 전혀 즐겁지 않다. 하루 종일 머리가 어질어질한 것이 저혈당과 칼로리 결핍 증상이다. 말도 안 된다. 집에 음식이 없는 것도 아닌데 내가 왜 이러는 걸까? 그렇다고 뭔가 규칙에 어긋나는 음식을 원하는 건 아니다. 설사 원한다 해도 이 집에 그런 건 없다.

돌아온 허기

2월 12일, 데이질리아

아침 식사는 질긴 거위고기를 다져 만든 햄버그스테이크다. 밤 가루와 덕다리버섯 가루로 묽기를 조절하고 말린 크랜베리를 불려서 맛을 냈다. 농축 로즈힙 엑기스에 사과와 크랜베리를 섞어 익힌 소스를 살짝 뿌리니 그래도 먹을 만하다. 나는 간신히 한 개를 먹지만 맷은 내 몫까지 세 개나 먹는다.

점심은 묽은 버섯 수프다.

저녁은 도토리와 밤 가루에 야생 벌꿀, 크랜베리, 물을 넣어 구운 비스킷 몇 개다. 블렌더로 갈아서 만든 귀중한 호두 버터를 살짝 바르고, 2019년에 만들었던 구스베리 잼도 찻숟갈로 하나 곁들인다. 조금이나마 단것을 먹으니 기분이 좋아진다!

저녁 8시쯤 되자 슬슬 허기가 느껴진다. 냉장고를 살펴보지만 준비된 식재료가 없고, 부엌 선반에도 바로 먹을 수 있는 음식은 없다. 마지막 남은 견과류를 먹어 치우기는 너무 아깝다. 엘더플라워 꿀술 한 잔으로 때우긴 했지만 칼로리는 거의 섭취하지 못한 셈이다. 기운이 하나도 없다. 이번 주에는 업무로 바빴고 나를 책상 앞에서 끌어낼 식물도 거의 없다 보니 좀처럼 밖에 나가지 못했다. 그래도 좀 더 자주 외출하려고 노력해야겠다. 채취하러 나가면 항상 기분이 좋아지니까.

진흙탕에 핀 수련

2월 14일, 데이질리아

일요일 아침 7시 5분. 지평선이 옅은 은빛을 띠고, 태양은 아직 떠오르지 않았다. 지구는 침묵하며 어둡고 차갑고 무기력한 이곳에 태양이 활력을 불어넣기만을 기다린다. 4시 48분 이후로 잠이 오지 않아서 결국 5시 50분에 침대에서 나왔다. 부엌을 정리하고 식기세척기를 비우고 허브 차를 끓이고 몇 가지 세간의 위치를 옮겼다. 뺨에 눈물이 흐른다. 새벽에 나를 깨운 건 양철 지붕을 두드리는 빗소리였다. 곧 눈이 녹는다는 뜻이다. 나도 함께 녹아내릴 것만 같다. 메일함을 확인해 보니, 맷이 초원 식물의 뿌리 길이를 비교한 도표를 내게 전달했다. 붉은토끼풀과 오이풀 뿌리가 이렇게나 땅속 깊이 뻗는다는 걸 누가 알았겠는가?

지금은 2월 중순이고 나는 원래 이맘때면 우울해지곤 한다는 걸 잊지 않으려고 애쓴다. 게다가 하필 오늘은 밸런타인데이다. 과거에 저지른 어리석은 실수와 헤어진 연인들이 떠오른다. 맷이 보내

준 도표에 그려진 식물들의 뿌리는 굵고 탄탄하며, 땅 위로 솟아난 부분도 건강하여 뿌리와 완벽한 대칭을 이룬다. 하지만 현실 세계에서는 그렇지 않다. 뿌리가 손상되면 식물도 손상된다. 뒤틀리고 발육 부진과 질병에 시달리고 허약해져 타고난 잠재력을 실현하지 못한다.

하지만 때로는 모든 역경을 극복하는 개체도 있다(대체로 풀이 아니라 나무다). 종종 바위 위에서 자라는 산사나무의 뿌리는 바위 표면의 미세한 균열을 파고든 다음, 물을 찾아 코끼리 코처럼 구불구불 사방으로 뻗어 나간다. 나도 그런 나무들을 본 적이 있다. 에이번 협곡 깊은 곳에서 자라는 산사나무와 럼블링 브리지에서 자라는 너도밤나무다. 내가 그들을 기억하는 건 이런 생존자들이 지극히 드물기 때문이다. 대부분은 첫서리나 여름 가뭄에 바로 말라 죽어 버린다.

인간도 마찬가지다. 뿌리가 약해서 어린 시절에 상처를 입으면 상처 입은 어른으로 자라게 된다. 시간이 지나면서 많은 것을 배우지만, 그래도 파괴의 흔적은 남는다. 안정을 찾았다 싶어 방심했다가는 또다시 놀랍도록 취약해질 수 있다. 수백 년간 우뚝 서 있던 참나무가 어느 날 아침 갑자기 땅바닥에 쓰러지듯이.

가끔은 내가 거대한 수련의 일종인 **아마존빅토리아수련**이라고 생각해 본다. 아마존빅토리아수련 잎은 다 자라면 너비가 1~2미터에 달할 정도로 거대하고, 가장자리가 안쪽으로 말려 있어 수면에 뜬 채로 최대 45킬로그램까지 되는 물체를 떠받칠 수 있다. 이 식물의 사진은 거대한 잎 한가운데 어린아이를 앉히고 찍은 것이 많은

데, 특유의 안정성과 지구력을 증명하기 위해서다. 거대한 잎은 두꺼운 줄기로 고정되어 있으며, 그 줄기는 굵은 뿌리의 삼각주를 거쳐 호수 바닥의 진흙과 침전물 수렁 깊이까지 내려간다.

아마존빅토리아수련 꽃은 한 번에 단 한 송이만 피어나며, 믿기 어려울 만큼 아름답지만 딱 이틀 만에 진다. 무더운 열대의 밤에 처음 피어나는 아마존빅토리아수련은 암꽃이다. 하얀 옷을 차려입고 달콤한 파인애플 향을 내뿜는 꽃의 안쪽은 열화학 반응으로 아찔하게 달아오른다. 가까이서 다른 식물의 수분을 돕던 딱정벌레들이 아무 생각 없이 꽃가루를 바치러 다가오지만, 꽃은 무자비하게도 저절로 오므라져 벌레들을 안쪽에 가둬 버린다. 하룻밤 사이 암꽃은 수꽃이 되어 수술에서 꽃가루를 생산한다. 이틀째 저녁에 자줏빛으로 변한 꽃이 다시 피어나면 향기와 마법도 사라진다. 딱정벌레들은 떠나고, 꽃은 다시 오므라져 물속으로 가라앉는다.

아마존빅토리아수련이 다른 서식지에서는 살아갈 수 없듯이, 나 역시 과거의 수렁에 박힌 뿌리를 바꿀 수 없다는 걸 안다. 나는 성장해 큰 잎을 틔웠고 그 위에서 많은 생명체가 잠시 쉬어 갔다. 가끔은 꽃도 피웠다! 시간이 지나면서 날씨를 예측할 수 있게 되긴 했어도, 내가 사는 연못은 아직도 이따금씩 허리케인처럼 계곡을 휩쓸고 가는 거센 바람에 시달린다. 바람이 내 이파리를 후려치고 마구 뒤집어대지만, 약한 마음을 다잡기 위해 키워 낸 굵은 줄기 덕분에 이파리는 벌벌 떨면서도 온 힘을 다해 매달려 버틴다. 그럼에도 가느다란 섬유질 뿌리는 자신을 잡아당겨 진흙 속에서 뽑아내려 하는 폭풍의 진동을 견디지 못한다. 그러다 보면 줄곧 진창 깊이 도사리고 있던 늪의 괴물이 깨어나고 만다. 내가 흔들릴 때마다 괴물은 포효한다. 폭풍이 완전히 스러질 때까지.

나는 과거를 바꿀 생각이 없다고 말하곤 한다. 과거가 달라진다면 지금의 내가 어떤 모습일지 알 수 없으니까. 하지만 어쩌면 그저 나 자신을 달래려고 그렇게 말하는 게 아닐까? 수련이 아니라 원추리나 장미가 될 수도 있었을 텐데(가시는 없었으면 좋겠다). 키 크고 우아한 우단담배풀은 노란 꽃이 흐드러지게 피어서, 줄기를 살짝 건드리기만 해도 꽃송이를 딸 수 있다. 아니면 건방진 프림로즈나 고개를 내리깐 카우슬립 앵초는 어떨까? 하지만 결국 어떤 대가를 치르더라도 내 뿌리를 다른 토양에 이식할 수는 없으리라. 좋든 싫든 나를 지탱하고 양분을 공급해 주는 건 진흙탕 연못이다.

찌르레기가 노래하고 울새가 대답한다. 날이 밝았다. 해는 짙은 회색 구름에 가려 있지만 아직 녹지 않은 눈 쌓인 땅에 햇살이 반사되어 사위가 환하다. 비는 금세 그쳤다.

해빙

2월 16일, 뮤라본사이드

아침 7시 7분이다. 하늘은 지극히 미묘한 옅은 청회색이다. 보통 구름 위 비행기 안에서나 내다볼 수 있는 그런 색. 하늘이 양쪽으로 갈라지면서 가장자리가 진회색 구름 다발 속으로 말려 들어가고, 그 아래로부터 화산이 분출하듯 흘러나온 용암이 붉은 줄무늬를 그린다. 구름 속에서 줄무늬 진 상처가 드러난다. 진한 분홍색, 상큼하고 선명한 주황색, 바닷물 같은 청록색이 교차한다. 그러다 갑자기 상처가 사라지고, 은은한 청회색 하늘에 어느새 알아보기 힘들 만큼 희미한 온기의 흔적만이 남는다. 곧이어 그 흔적조차 사라지면서 하늘은 더 차갑고 환하고 창백해진다. 하늘에서 펼쳐지는 파노라마를 배경으로 너도밤나무 숲과 외로운 구주소나무가 겨울날의 헐벗고 거무스름한 윤곽선을 드러낸다. 나무들을 떨리게 하는 맵싸한 바람 속에서도 미묘하게 남녘의 따뜻한 공기가 느껴진다. 눈이 녹아 사라진 자리에 봄의 폭발을 간절히 기다리는 초록빛 풀이 드러난다.

뮤라본사이드의 자작나무 숲에서는 얼었던 땅이 녹으면서 지난 몇 년간 쓰러진 나뭇가지들이 물에 잠겨 조용히 썩어 간다. 정적 속에서 내 몸의 무게에 항의하듯 발아래 얼음이 갈라지는 소리만이 들려온다. 태초부터 여기 있어 온 나뭇가지들은 보송보송한 녹색 이끼로 뒤덮였고, 부드러운 양치류 잎사귀 사이에 진홍색 **술잔버섯**

이 자리 잡고 있다. 밝고 화사한 빛깔의 이 버섯은 처음에는 주홍색이었다가 시간이 지나면 암적색을 띠는데, 썩어 가는 나무에서 무더기로 자라난 모습이 마치 마주치는 모든 이들에게 함박웃음을 보내는 입술 같다. 한 시간도 지나지 않아 내 앞에 살짝 볶아 낸 삼각부추(풍미가 너무 강해서 배고픈 토끼도 안 먹는 푸성귀다)와 술잔버섯이 가득 담긴 접시가 놓인다. 부추의 초록빛이 버섯의 진홍빛 못지않게 현란하다. 신선한 버섯으로 만든 아침 식사는 정말 맛있다. 이 빠진 접시 위에서도 보석처럼 반짝이는 새로운 색채의 생동감이 눈과 넋에 활력을 불어넣는다. 마치 되살아난 내 영혼에 들려오는 사랑 노래 같다.

밥이 사슴 한 마리를 잡아서 가져왔다. "사슴들에게 힘든 겨울이었어. 눈이 너무 많이 와서 사슴들이 먹을 게 없었지. 다들 굶주리고 여위어서 상태가 안 좋아." 확실히 그가 가져온 사슴은 지방이 전혀 없었다. 밥은 정말이지 늘 상냥한 사람이다. 마치 늑대가 새끼에게 사냥감을 가져다주듯 나를 챙기고, 야생식만 고집하는 이웃을 만나는 게 일상다반사인 것처럼 예사롭게 대해 준다. 사슴을 창고에 걸어 두고, 석기를 가져와 가죽을 벗겨 낸다. 내 손가락이 그 옛날 조상들의 손처럼 덤덤히 느리게 무딘 돌날을 밀어 가는 동안 나는 잠시 일상을 멈추고 사색에 잠긴다.

11장

해초를 따며

무한하고 불멸하는 물은 지구 위 모든 것의 시작이자 끝이다.

—하인리히 치머Heinrich Zimmer, 《인도 예술과 문명의 신화와 상징 Myths and Symbols in Indian Art and Civilization》

바다에서의 수확

2월 28일, 타이닝엄 하구

해초는 모든 생명의 기원인 원시 수프primordial soup에서 자라난다. 해조류의 식물성 화학물질을 분석해 보면 비타민, 미네랄, 항산화제, 폴리페놀, 단백질, 아미노산, 미량 원소 등 놀라울 정도로 다양한 성분이 함유되어 있음을 알게 된다. 자연이 만든 궁극의 종합 비타민인 셈이다! 작년에 말려 둔 해초를 겨우내 아주 잘 먹었으니 이제 저장고를 도로 채워야 한다. 해초는 다 떨어져 가고, 육지 식물이 풍성하게 자라기까지는 아직 몇 달이 남았다. 지난 한 달 동안은 계속 똑같은 것만 먹고 지냈다. 고기, 피클, 냉동 버섯, 봄맞이냉이, 쇠비름, 일일 할당량만큼의 견과류. 신선한 식물성 음식이 **절실하다**. 물때표를 살펴보는데 마침 내게 필요한 정보가 눈에 들어온다. 오늘 낮 조수간만 차가 0.3미터밖에 안 된다고 한다!

스코틀랜드 특유의 매운바람에 대비해 몸을 꽁꽁 감싼다. 야외에 나오니 기분이 상쾌하다. 단조로운 식단에 새로운 메뉴가 추가될 것을 생각하니 신이 난다. 나는 세상 끝자락의 '슈퍼마켓'을 찾아가는 걸 좋아한다. 새벽부터 나와 함께한 앤디와 크리스티나도 기분 좋아 보인다. '물고기'를 임신한 지 8개월 된 크리스티나가 미끄러지지 않게 조심하며 뒤뚱뒤뚱 걸어간다. 이런 곳에서 조산이라도 하게 되면 정말 **곤란하다!** 나도 조심스럽게 축축한 바위 위를 걷는다. 미끄러졌다가는 큰일 날 수도 있다. 이 역시 채취의 여러 규칙 중 하나다. 그 밖에도 조수간만 차가 심한 곳에서 혼자 멀리 나가지 않기, 언제 돌아올 것인지 누군가에게 알리기, 완전히 충전된 휴대폰과 호루라기를 가지고 다니기 등이 있다.

조수간만 차를 이용할 때는 원하는 해초를 모두 채취할 시간을 확보하기 위해 조수가 바뀌기 한 시간 전 바다에 나가는 게 좋다. 육지 식물과 마찬가지로 해초도 까다롭고 종에 따라 선호하는 특정 영역이 있다. 가장 먼저 발견하게 되는 해조류는 항상 뜸부깃과다. 채널드 랙channeled wrack은 죽은 해초가 바닷가로 떠밀려오는 조상대(만조선에서부터 파도가 해안선에 부딪쳐 바닷물이 튀는 곳까지의 구역—옮긴이)와 가장 가까운 안쪽 해안에 서식하며, 며칠 정도는 아무 문제없이 물 밖에서 지낼 수 있다. 곧이어 블래더랙을 비롯한 푸쿠스속Fucus 해초들이 나타난다. 모두 상호 교배가 가능해서 종을 구분하기 어려울 수 있다. 이 해초들의 어린잎을 부드러워질 때까지 삶으면 풋강낭콩 비슷한 맛이 난다. 반면 내가 가장 좋아하는 **페퍼덜스**는 서늘한 동향 바위의 축축한 면에 많이 나며, 바깥쪽 해안에서 채취하는 것이 좋다. 바다 가까이서 채취할수록 후추 맛이 강해진다. 어린 다시마의 길고 부드러운 잎은 조하대(간조선에서부터 수심 40~60미터까지의 구역—옮긴이) 1미터 아래 바위에 단단히 붙어 있어 간조 때만 딸 수 있다.

부엌 저장고가 텅 비었으니, 오늘은 먹을 수 있는 해초라면 뭐든 채취할 생각이다. 만조선과 간조선 사이에 펼쳐진 이런저런 해초들을 본능적으로 훑어보면서, 보통 가위 대신 가지치기용 가위로 서둘러 해초를 딴다. 가지치기용 가위는 전동 기구가 들어오기 전에 양털을 깎는 데 썼던 손가위의 축소판처럼 생겼다. 추위에 곱은 손가락으로는 쓰기 어려운 보통 가위와 달리, 쭉 밀기만 하면 해초가 잘려 나간다. 나는 한 포기마다 조금씩 채취한다. 잎의 일부만 잘라 내어, 성장하고 번식할 여지를 남기는 것이다. 채취인에게 보존과 지속 가능성은 단지 올 한 해가 아니라 평생의 생존과 연관된 문제다. 줄기(정확히는 잎자루) 위만 잘라 내면 남은 부분이 다시 자라난다.

따 낸 해초는 낡은 철사 장바구니에 담아서 묵직한 바닷물을 빼낸다. 앞으로 몇 달 동안 필요한 것만 골라서 채취한다. 집에 돌아가자마자 씻고 분류하고 말려야 하니 너무 많이 따지 않는 게 낫다는 걸 경험을 통해 깨달았다. 손질하지 않고 하룻밤 그대로 두면 아침에 일어났을 때 요오드가 풍부한 보랏빛 바닷물 한 통과 축축하고 끈적끈적한 해초를 보게 될 것이다.

신선한 해초는 비린내가 나지 않는다. 해초마다 고유한 풍미와 사용법이 있는데, 나는 해초를 일종의 천연 은박지처럼 다양한 용도로 사용한다. 일요일에 먹는 고기 찜은 기다란 오위드oarweed로 감싸서 뚜껑 달린 테라코타 냄비에 요리한다. 해초가 고기의 육즙과 풍미를 고스란히 지켜 줄 뿐만 아니라 특유의 감칠맛, 건강에 필수적인 요오드와 비타민 B까지 풍부하게 보충해 준다.

음식을 생각하니 배가 고파진다. 우리는 잠시 일손을 멈추고 매워지는 바람을 피해 큰 바위 뒤로 간다. 바람 소리가 잦아드니 그제야 서로 대화를 나눌 수 있다. 크리스티나와 앤디는 식량이 떨어져 가는 맷과 내가 이번 주에 뭘 먹으며 지냈는지 염려하며 나를 열심히 격려해 준다. 정말이지 때로는 오직 날 믿어 주는 친구들 덕분에 살아가는 것처럼 느껴진다. 두 사람은 매콤하고 차가운 병아리콩 샐러드를 도시락으로 싸 왔다. 나는 생분해성 포장지에 싸 온 삶은 달걀 두 개의 껍질을 벗겨 신선한 페퍼 덜스와 함께 한 입 가득 집어넣는다. 이 해초가 괜히 바다의 송로버섯이라고 불리는 게 아니다. 이보다 더 맛있는 음식이 있을까? 그야말로 진수성찬이다.

바구니가 넘쳐 나서 집까지 돌아가려면 팔이 아프겠지만, 앞으로 펼쳐질 잔치를 생각하니 기운이 난다. 밑바닥에는 어린 오위드와 달달한 가는다시마를 차곡차곡 접어 넣는다. 깔끔하게 정리가 될 뿐만 아니라 바구니 밑바닥을 보강하는 구실도 한다. 나는 다시마 튀각이라면 사족을 못 쓴다. 그 위에는 바다스파게티를 가득 쌓는다. 알 덴테로 삶아서 내가 가장 좋아하는 선드라이드 로즈힙 소스를 곁들이면 세상에서 가장 맛난 채식 요리가 된다. 우리는 주차장에서 작별 인사를 나눈 다음 각자 미끌미끌한 수확물을 안고 집으로 돌아간다.

오후 내내 해초를 분류하고 헹구고 손질하느라 저녁 식사가 늦어졌다. 맷과 함께 먹으려고 신선한 바다스파게티를 3분 삶아 다진 사슴고기 라구를 올린다. 엘더베리 페이스트와 나도산마늘 비늘줄기를 넣어 조리했더니 정말로 볼로네제 소스처럼 보인다. 페퍼 덜스 샐러드도 약간 곁들인다.

집 안은 온통 해초로 가득하다. 말리려고 널어 둔 해초가 빨래 건조대 두 개를 가득 채운다. 게저는 해초 냄새가 거슬린다며 살짝 심술 난 표정이다. 나는 "너도 결국 내륙 국가인 헝가리 사람이니까"라며 그를 놀린다. 그 대신 게저는 내가 절대 손대지 않을 프라이드치킨을 사 와서 먹는다. 우리는 서로의 차이를 인정하며 함께 사는 데 익숙해졌다. 건조기가 페퍼 덜스 특유의 최루 가스 냄새를 뿜어내며 저속으로 돌아가고 있다. 이 냄새를 조심해야 한다는 건 작년 2월의 경험을 통해 톡톡히 배웠다. 매년 이맘때 그랬듯 대량 수확을 마치고 돌아온 나는 온몸이 얼어붙고 지친 채 욕실에 서서 모든 해초를 찬물로 헹궈 내고 있었다. 마지막으로 해야 할 일은 페퍼 덜스 한 양동이를 헹구면서 조개껍질이나 모래알, 작은 새우가 있는지 확인하는 것이었다. 좀 미지근한 물을 써도 괜찮을 거라고 생각했지만, 엄청난 착각이었다! 페퍼 덜스에 온기가 닿자마자 최루 가스 구름이 피어올랐다. 나는 눈이 따가워서 눈물을 줄줄 흘리며 욕실에서 뛰쳐나갔다. 1980년대의 반핵 운동 집회가 떠오를 지경이었다.

김빵 레시피

3월 1일, 데이질리아

아침부터 싱크대의 차가운 물속에 손을 담근 채 온수를 그리워한 지 벌써 한 시간이 지났다. 화석연료를 쓰지 않는다는 건 난방은 어떻게 해결이 되어도 온수는 욕실의 전기 샤워기에서만 나온다는 의미다. 나는 김빵을 만들려고 김을 헹구고 또 헹구는 중이다. 이름과 달리 진짜 빵이 아니라 검고 걸쭉하며 기름진 페이스트다. 전통적으로는 빵이나 토스트에 발라 먹거나, 혹은 귀리를 섞어 공이나 케이크 모양으로 만든 것을 베이컨 기름에 튀겨 아침 식사로 먹었다. 나는 김빵을 즐겨 활용한다. 엄청나게 고소하고 감칠맛이 나서 내게는 다른 요리사들의 농축 토마토 페이스트나 마늘 퓌레만큼 중요한 식재료다. 그 강렬한 풍미는 다른 어떤 음식과도 비교가 안 된다.

김빵을 잘 만들려면 오래된 레시피를 숙지해야 한다. 내 생각에 김빵을 잘 만드는 유일한 방법은 **아주아주** 천천히 만드는 거다. 이 사실을 깨달은 건 언젠가 저녁 반주로 와인 몇 잔을 마신 후 장작

난로 위 무쇠 냄비에 김을 올려 둔 걸 깜박 잊고 잠자리에 들었을 때였다. 놀랍게도 아침에 일어나니 김이 완벽하게 조리되어 있었다. 당연한 얘기지만, 20세기 초에는 사람들 대부분이 오늘날의 고성능 오븐 대신 장작불을 때는 무쇠 스토브를 사용했다. 이 경험 이후로 나는 오래된 레시피를 보는 관점이 완전히 달라졌다. 이제는 각각의 레시피가 기록된 시점에 어떤 조리기구와 연료를 사용할 수 있었는지를 심사숙고한다.

인간은 불로 인해 진화할 수 있었다. 유력한 영장류학자 리처드 랭엄의 '요리 가설'이 사실이라면,[1] 우리 조상들은 약 180만 년 전에도 친구들과 함께 바비큐 파티를 즐겼을 것이다. 작은 뇌를 가진 호모 하빌리스가 작은 치아와 큰 뇌를 가진 호모 에렉투스로 진화하게 된 영양학적 원동력은 불을 이용해 음식을 조리할 수 있게 된 것이었다고 랭엄은 주장한다.

인간의 뇌는 30만 년 전부터 변하지 않았다. 아무리 생각해 봐도 우리의 수렵·채취인 조상들이 단조로운 식단에 만족했을 것 같지는 않다. 21세기의 우리보다 시간도 훨씬 더 많았을 테니까.

거위 알

3월 12일, 데이질리아

따스한 햇살이 일어나서 밖으로 나가라고 부른다. 길게 자란 풀 위로 무겁게 맺힌 이슬이 반짝이는 가운데 장화에 발을 집어넣는다. 산울타리 아래에서 기묘한 꽥꽥 소리가 들린다. 이웃집 **거위**가 돌아다니다가 내 밭의 조용한 곳에 자리를 잡았나 보다. 거위는 대충 만든 둥지에 들어앉아 맹렬하게 쉭쉭 소리를 내다가 결국엔 나와서 자기 무리로 돌아간다. 거위가 있던 자리에 거대한 알 하나가 남아 있다. 덕분에 식재료를 획득했다! 190그램이니 갈색 암탉이 낳는 달걀(64그램)의 세 배나 묵직하고 노른자도 세 배 더 크다.

아침은 맷이 만들어 준 거위 알 스크램블드에그다. 버터나 우유, 크림 없이도 끝내주게 맛있다. 잘 길들어 들러붙지 않는 프라이팬에 감사하며, 다진 나도산마늘과 훈연 소금 한 꼬집을 넣어 부드럽게 익힌 거위 알을 먹는다. 몇 달 동안 갈색 음식만 먹어온 터라 그야말로 꿀맛이다!

누구에게나 공짜

3월 14일, 스트레이턴

잠시 이케아에 들렀다. 물론 농담이다. 널따란 이케아 주차장은 **홍화커런트** 산울타리로 죽 둘러싸여 있다. 진분홍색 꽃이 로즈메리, 라벤더, 타임, 장미가 한데 섞인 향기를 풍긴다. 홍화커런트는 특히 음료를 만들기에 좋은 야생초다. 예년 같으면 진 토닉에 넣었을 텐데, 오늘은 따서 말려 두었다가 요리에 쓸 생각이다.

매장이 봉쇄 조치로 문을 닫은 터라 주차장은 섬뜩하리만치 조용하다. 마치 종말 이후를 다룬 SF 영화의 한 장면 같다. 하지만 쇼핑을 하던 시절이 그립진 않다. 채취로 먹고살다 보니 식비가 훨씬 절약된다는 긍정적 여파가 나타났다. 자연은 인간이 사라지고 남은 공백을 채우느라 바쁘다. 아스팔트 틈새를 비집고 나온 작은 자작나무 묘목이 햇볕을 쬐고, 산책로 가장자리를 따라 쐐기풀이 맑은 공기 속으로 솟아난다.

자작나무는 새로운 숲이 생겨날 때 가장 먼저 등장하는 나무다. 쐐기풀은 척박한 땅의 열성적인 개척자다. 흔히 개척종이라고 칭해지는 이런 식물들은 토질을 개선하는 역할을 한다. 쐐기풀은 흙 속에서 억세고 질긴 노란 뿌리를 옆으로 길게 뻗어 콘크리트가 느슨한 부분을 파고든다. 인간이 떠나면 자연은 제자리를 되찾아 천천히 땅을 갈아엎고 우리가 남긴 자취를 지울 것이다.

이처럼 망가진 땅에 첫 번째로 도착하는 것은 언제나 '터프 가이' 식물들이다. 쐐기풀, 엉겅퀴, 소리쟁이, 바늘꽃, 기회주의자인 겨자과와 냉이과 식물들. 토질이 손상되면 인간도 굶주릴 수 밖에 없다는 걸 알기라도 하는 것처럼, 이 식물들은 모두 영양가와 약효가 풍부한 식량 자원을 제공한다. 쐐기풀 어린잎, 엉겅퀴 뿌리와 줄기, 바늘꽃 싹, 봄맞이냉이 잎은 배고픈 이들을 위한 음식이며 아무나 가져갈 수 있다. 누구에게나 공짜다.

12장

수액이 오르다

노인이 결코 그 그늘에 앉지 못하리라는 걸 알면서도 나무를 심을 때
사회는 성숙해진다.
—작자 미상

식물의 언어

3월 20일, 크레이젠걸

오늘은 춘분이다. 동지와 하지의 중간이자 밝은 낮과 어두운 밤의 길이가 같아지는 지점이다. 겨울의 고비를 넘기고 따스한 여름을 고대하는 즐거운 날이다. 이를 축하하듯 자작나무 수액이 솟아나기 시작했다. 오늘 아침 식전에 산책하다가 갈대가 무성한 연못 곁의 크고 구부러진 자작나무에서 잔가지 하나를 꺾었다. 나뭇가지를 부러뜨려 반으로 접었더니 몇 분 만에 물이 떨어지기 시작했다. 웃음이 나왔다. 뚝, 뚝, 뚝 느리게 떨어지는 물방울은 나무에 물이 오르고 수

액 채취가 가능해지는 2주 동안의 시간을 예고하고 있었다. 이보다 더 멋진 봄의 약속이 있을까.

자작나무 수액은 기분 좋고 상쾌한 음료다. 맛은 물처럼 밍밍한 편이지만 특유의 미묘하고 구수한 냄새가 난다. 게다가 아미노산, 당분, 염분 등 영양소도 풍부하다. 자작나무 수액은 인간의 혈장과 같은 구실을 한다. 그렇게 보면 우리는 스스로 생각하는 것보다 훨씬 더 식물과 비슷하다. 예를 들어 식물을 녹색으로 물들이는 엽록소와 우리 혈관에 붉게 흐르는 혈액을 비교하면 차이점은 단 한 가지뿐이다. 엽록소에는 마그네슘이 있고 혈액에는 철분이 있다는 것. 인간은 산소를 들이마시고 이산화탄소를 내뿜는다. 식물은 이산화탄소를 들이마시고 산소를 내뿜는다. 우리는 서로 마주 보고 서로에게 의지하여 살아간다.

오늘 아침밥은 든든히 먹어야 한다. 추운 날 야외에서 일해야 하니까. 수액 채취를 거들기로 한 맷과 함께 식사를 한다. 메뉴는 페퍼 덜스 기름, 싱싱한 나도산마늘, 소금으로 조리한 턱수염버섯과 오븐에 구운 우엉 칩이다. 우엉 뿌리를 얇게 저며서 비타민나무 열매즙, 버섯 케첩, 피클 기름을 섞은 양념장에 하룻밤 재워 두었다가 오븐에 구운 것이다. 감칠맛 나고 배도 든든한 요리다.

일 년 전 '안전한 곳'에 감춰둔 나무 꼭지를 찾느라 시간이 좀 걸렸다. 게저가 무선 드릴과 비트, 플라스틱 못집을 빌려주었다. 20년 전만 해도 4월 이전에 자작나무 수액을 채취하는 일이 드물었지만 요즘은 채취 기간이 예전보다 빨라졌다. 아마도 기후변화 때문일 것이다. 최근 5년 동안은 항상 3월에 수액을 채취했다. 유럽에서의 수액 채취를 연구한 우카시에 따르면, 러시아의 경우 921년부터 수액을 채취한 기록이 있고 북유럽 국가에도 오랜 채취 전통이 있다고 한다.[1] 북극 주변의 영구 동토에서는 모든 열량 공급원이 귀중하게 여겨졌다. 영국에서는 이미 1675년에 자작나무 수액 술을 담그는 방법이 기록된 바 있다. 스코틀랜드에서는 1940년대까지만 해도 많은 사람이 수액 채취에 나섰다. 수액은 대머리 예방 효과가 있다고 여겨졌고, 빅토리아 여왕도 밸모럴 성에 머무는 동안 탈모 치료를 위해 수액을 마셨다.

몸통 둘레가 적당한 **자작나무**를 고른다. 이 우아한 나무에게 사과하고 내 의도를 설명한 다음 드릴로 작은 구멍을 뚫고 나무 꼭지를 꾹 눌러 넣는다. 꼭지 아래 5리터짜리 양동이를 놓으면 밤새 수액이 천천히 흘러내린다. 나무 한 그루당 2리터 정도의 수액을 얻을 수 있다. 자작나무도 나를 이해해 줄 거라고 생각하고 싶지만, 내 옆의 이 나무를 아무리 의인화하려고 애쓴들 당연히 상호 협정은 불가능하다. 그래도 나무에 (인간과 다른 종류라고는 해도) 인식 능력이 있다는 건 안다. 21세기 들어 박테리아가 '말'을 하고 숫자를 셀 수 있다는 사실이 밝혀졌는데, 이를 쿼럼 센싱(미생물이 서로가 분비하는 신호 물질을 인지함으로써 동종 미생물의 밀도를 모니터하는 현상—옮긴이)이라고 한다. 캐나다산갈까마

귀와 같은 새는 10만 개가 훨씬 넘는 씨앗을 모아 3~5개씩 각각 다른 장소에 묻을 뿐만 아니라, 몇 년 뒤에도 어디에 씨앗을 묻었는지 기억할 수 있다. 나는 자동차 키를 어디 뒀는지도 맨날 까먹는데 말이다! 이처럼 뛰어난 기억력은 삼각 측량을 통한 놀라운 탐색 능력 덕분이다. 대부분의 인간보다 수학 실력이 뛰어난 셈이다. 박테리아와 새의 능력이 재평가되고 있다면 식물과 나무의 능력도 재평가할 수 있지 않을까?

실제로 과학자들이 이를 연구하는 중이다. 산림생태학 교수 수잰 시마드는 숲속 나무들의 관계와 종간 소통을 이해하는 데 있어 완전히 새로운 관점을 제시했다.[2] 나무뿌리를 연결하여 '군락'을 형성하는 버섯 균사체 네트워크를 통해 '어미 나무'가 자기 씨앗에서 자란 자손을 인식한다고 밝혀낸 것이다.[3] 분자생물학자 앤서니 트레와바스는 식물이 '경험'에서 나온 정보를 저장했다가 성장 과정에서 활용할 수 있다고 믿으며,[4] 식물 연구 과학자 모니카 갈리아노도 이 관점을 받아들였다.[5] 갈리아노는 흥미로운 미모사 실험을 통해 식물이 정말로 학습할 뿐만 아니라 학습한 것을 기억할 수 있음을 입증했다.[6] 자작나무는 상처를 입으면 윈터그린(철쭉과의 상록수 식물로 향유 제조에 쓰인다—옮긴이) 냄새가 나는 살리실산메틸을 방출한다. 그러면 다른 자작나무도 이를 감지하고 보호 화학물질이 더 많이 함유된 수액을 만들기 시작한다. 많은 식물은 휘발성 기름을 분비하여 수분 매개자나 곤충 포식자와 소통한다. 식물이 정말로 '말할' 수 있다면 과연 어떤 언어를 사용하는 걸까?

나는 생화학이 그들의 '언어'라고 생각한다. 모든 생물체는 생화학 과정을 활용한다. 생화학 신호로 정보 흐름을 제어함으로써 생명의 복잡성을 헤쳐 나가는 것이다. 생화학을 통해 수많은 생명체가 동종이나 이종과 소통하는 방식을 설명할 수 있다. 나는 '생물기호학biosemiosis'이라는 명칭이 더 마음에 든다.[7] 이 생물학적 에스페란토에 잘 어울리는 21세기 용어다. 그리 멀지 않은 과거만 해도 모든 인간은 다른 생명체의 신호와 암호를 훨씬 잘 이해할 수 있었을 것이다. 나무 사이에서 지내는 시간이 길어질수록 정신적으로 자연과 가까워지면서 단순한 동질감 이상의 사고 융합이 일어난다는 것을 실감하게 된다.

자작나무가 주는 수액에 감사한다. 나무는 긴 시간을 사는 만큼, 내가 등에에 쏘인 끔찍한 기억을 잊어버리듯 자작나무도 지금 이 순간을 앞으로 살아갈 80~140년에 비하면 아무것도 아니라고 여길 수 있기를 바란다. 나무 꼭지를 넣을 구멍이 오염되지 않도록 드릴 비트를 신경 써서 꼼꼼히 소독한다. 내일 양동이에 가득 담긴 수액을 가져갈 때 꼭지를 빼고 구멍을 도로 막을 것이다. 가져온 수액의 일부는 끓여서 풍미와 천연 당분을 농축시켜 달콤하고도 쌉싸름하고 미묘한 맛이 나는 자작나무 시럽을 만들려고 한다. 채취인의 식단에서는 찾아보기 어려운 맛난 간식이지만, 긴 시간 걸리는 수고로운 작업이고 많이 만들 수도 없다. 시럽 1리터를 만드는 데 수액이 100리터나 필요하기 때문이다.

집으로 걸어가는 길에도 계속 식물의 지능 연구에 평생을 바친 과학자들을 생각했다. 문득 우리가 주변의 자연에 관해 더 많이 알아 가고 있는 게 아니라 오히려 더 많은 것을 잊어버린 건 아닌지 의

구심이 들었다.

첫 논문 게재

3월 21일, 데이질리아

축하할 일이 생겼다. 멋진 춘분 선물이다. 채취에 관한 내 논문이 처음으로 동료 심사를 거쳐 학술지 《지속가능성Sustainability》에 게재되었다.[8] 나와 우카시, 그리고 애버딘에 사는 채취인 리앤이 일 년 넘게 공동 작업해 온 논문이다. 쉰 살에야 대학에 진학한 내게는 모든 과정이 새로운 경험이었다. 인생 경험이란 뭐든 늦더라도 안 하는 것보단 낫다! 7월에 폴란드로 가서 다음 논문에 관해 의논할 예정이다.

어수리 튀김

3월 23일, 데이질리아

이제는 익숙해진 배고픔을 느끼며 눈을 뜬다. 못 견딜 정도는 아니지만, 이 역시 삶의 새로운 측면이다. 배고픔을 느끼는 한편 오늘 내가 그리 많이 먹지 않으리란 것도 알고 있다. 내 식욕 변화가 그렐린-렙틴 상호작용과 얼마나 연관되어 있는지 새삼 궁금해진다.

아침은 거르고 맷과 함께 먹을 점심 식사에 한층 더 정성을 들인다. 말린 덕다리버섯을 갈아서 김 페이스트와 섞어 완자를 만든다. 철 이르게 난 어수리 싹도 땄는데, 뭔가 손쉽고 건강에 나쁜 걸 만들어 먹고 싶다. 봄에 어수리를 튀길 때만 쓰는 튀김기를 열어 보니 작년에 쓴 해바라기유가 그대로 들어 있는데, 냄새가 나쁘진 않다. 그래서 김 완자를 튀기고 밤 가루로 튀김옷을 입힌 어수리 튀김도 만들어서 차가운 사슴고기 구이와 분홍쇠비름 샐러드를 곁들인다. 게저가 슬그머니 들어와서 김 완자를 맛보더니 '나쁘지 않다'며 칭찬한다. 해초를 싫어한다고 그렇게 우기던 사람이!

어수리 튀김 맛을 묘사해 보려고 해도 좀처럼 엄두가 나지 않는다. 야생식의 풍미를 표현하려면 어느 정도 공통된 비교 대상이 있어야 한다. 많은 음식에 '뭔가 파슬리 비슷한 맛'이나 '아스파라거스를 대신할 수 있음' 따위의 설명이 붙을 것이다. 평생 한두 가지 채소만 먹어 본 사람이 대체 어떻게 수백 종의 맛을 상상할 수 있겠는가. 그래서 어수리 튀김 맛을 설명할 수 없다는 거다. 어수리 말고는 그 무엇과도 다른 맛이니까.

봄의 방문객

3월 25일, 브리기스 힐

해마다 찾아오는 흰턱제비가 오늘도 새벽 햇살과 함께 나타났다. 이 아름다운 새들은 매년 내 침실 창문 처마에 잔 모양의 진흙 둥지를 짓는다. 새들의 힘찬 날갯짓을 보고 있노라니 봄이 성큼 다가온 것 같아 기분이 좋아진다!

어제는 진료를 보는 날이었기 때문에 처리할 업무가 쌓여 있지만, 맷의 설득에 넘어가 잠시 산책을 나간다. 브리기스 힐을 따라가다 보니 리크 꽃이 드문드문 피어 있다. 볼거리는 거의 없지만 그래도 내 채취 장소를 전부 체크할 수 있다. 예전에 식물을 찾아낸 곳들을 맷에게 보여 주며 나만의 동네 식재료 지도를 설명한다. 하지만 아직 아무것도 싹이 트지 않았다. 새삼 예전에 즐기던 윈도쇼핑이 떠오른다. 아무것도 사면 안 될 상황에서 충동구매를 저지를 수 있다는 걸 알면서도 상점에 가곤 했지.

정원으로 돌아오니 여전히 모든 식물이 잠들어 있다. 식물의 시간은 시계나 달력이 아닌 빛의 시간표에 따라 펼쳐진다. 식물에게 지구의 역사를 물어본다면 뭐라고 대답할까? 식물이 주인공이라면 이 세상에 관해 어떤 이야기를 들려줄까? 식물 집단을 서로 연결하는 균사체, 휘발성 물질의 생화학적 수다, 전기 신호, 뿌리줄기에 서식하는 미생물 군집, 인간 조력자와 인간 포식자의 끊임없이 변화하는 그물망, 지구의 황폐화에 대한 것일지도.

인류 역사에서 오늘은 수에즈운하에 컨테이너선이 갇힌 사건으로 기억될 것이다. 배가 운하를 막아 버리면서 95억 달러에 달하는 교통 체증 비용이 발생하고 있다. 운하를 따라 늘어선 야자수들에게는 그저 평범한 하루일 뿐이리라. 하지만 스코틀랜드산 생선을 중국까지 보내 뼈를 바르고[9] 다시 돌려보내는 왕복 1만 마일의 운송비가 원산지에서 뼈를 바르는 비용보다 저렴하다는 사실에 경악하지 않을 수 없다.[10] 미쳐 돌아가는 세상이다.

13장

세상에서 가장 달콤한 것

우리는 조상으로부터 지구를 물려받는 것이 아니라
후손으로부터 빌려 쓰는 것이다.
—아메리카 원주민 속담

기대 만발

3월 27일, 트레벌렌

크리스티나에게서 전화가 왔다. 아침 6시가 막 지난 시각이다. 크리스티나라는 걸 알자마자 무슨 내용일지 짐작이 간다.

"나올 것 같아요."

나는 이것저것 물어보고 나서 곧 가겠다고 대답한다. 크리스티나와 앤디는 집에서 출산할 생각이다. 두 사람의 첫 아기임에도 불구하고 조산사들도 동의해 주었다. 병원에 만연한 코로나바이러스로 인해 많은 산모가 외출을 자제하고 있어서다. 두 사람은 최근 도시 외곽 동네로 이사해서 대형 병원 근처에 살고 있다(혹시나 문제가 생길지도 모르니까). 여전히 공동체 의식이 강하고 활기찬 동네인 데다, 주민들의 심신에 양분을 공급하는 양지바른 과수원과 비닐하우스 채소밭도 있다고 한다. 양쪽 부모님 모두 영국 남부에 살고 있다기에 내가 '물고기'의 양할머니가 되겠다고 했더니 두 사람도 동의했다! 나는 자식 셋을 거의 혼자서 키워 낸 만큼 아기가 태어난 직후 초보 엄마들에게 얼마나 실질적인 도움이 필요한지 잘 안다. 그래서 '물고기'가 태어난 뒤 며칠 동안 요리, 청소, 빨래, 개 산책과 정신적 지원을(그리고 차 여러 잔도) 책임지겠다고 제안했다. 새내기 엄마 아빠가 아기와 셋이서 편히 쉴 시간을 마련해 주고 싶다. 과거의 내겐 그런 시간이 절실했으니까.

출발하기 전에 간단히 아침을 먹는다. 말린 베스카딸기, 다진 호두, 밤 가루, 도토리가루, 꿀, 달걀을 섞어 어젯밤에 만든 딸기 쿠키 두 개와 갈퀴덩굴 커피다. 2년 전 (야생식이 아닌) 브랜디에 재워 둔 귀룽나무 열매를 한 알씩 쿠키 가운데에 넣어 촉촉함을 더했다.

크리스티나는 막 비치볼을 집어삼켜 둥글둥글해진 아나콘다처럼 보인다. 진통이 시작되었지만 아직 통증이 심하거나 잦아지진 않았다. 분만 1단계는 잠복기와 활성기로 나뉜다는 게 기억났다. 잠복기는 몇 시간, 심지어 며칠씩 걸릴 수도 있기 때문에 두 사람이 키우는 루마니아 구조견과 함께 마을 과수원을 산책하고 오기로 한다. 언덕을 올라가 오래된 너도밤나무 아래에서 휴식을 취하며 숨을 고른다. 야생 식재료를 챙겨 오긴 했지만 할아버지 수염처럼 하얗고 뻣뻣한 털이 난 어수리 어린잎, 톡 쏘는 마늘냉이 잎, 부드러운 민들레와 별꽃을 잔뜩 발견하니 기분이 좋다. 땅에 떨어져 겨우내 마른 낙엽 속에 묻혀 있던 꽃사과 열매들도 아직 싱싱해 보인다.

저녁에는 셋이 함께 강가를 따라 거닐며 자궁이 수축할 때마다 발길을 멈춘다. 물 위로 은빛을 뿌리는 달이 크리스티나의 배처럼 둥글다. 내일은 보름달이 떠서 지구 가까이를 공전하며 아기더러 얼른 나오라고 부르겠지.

집으로 돌아오니 크리스티나의 진통이 점점 심해진다. 활성기에 들어갔으니 네 시간에서 여덟 시간쯤 뒤면 아기가 나올 것이다. 밤 10시쯤 두 사람이 분만용 공기 주입 풀에 들어간다. 조명을 낮춘 거실은 나도 잘 아는 아늑하고 따뜻하며 평화로운 분위기지만, 벽난로 앞에는 우스꽝스러울 만큼 커다란 비닐 풀이 놓여 있다. 나는 행복한 미소를 지으며 풀 밖을 내다보는 두 사람의 모습을 사진에 담는다. 모든 것이 순조롭게 진행되고 있다. 나는 차를 끓이고, 탕파에 따뜻한 물을 채우고, 간식을 나눠주고, 풀에 따뜻한 물을 더 넣고, 진통을 완화하는 지압을 해 주느라 정신이 없다.

보름달에 태어난 생명

3월 28일, 트레벌렌

새벽 1시가 다 되어서 크리스티나에게 "조산사를 불러 줄까?"라고 묻는다. 분만 1단계가 거의 끝나가는 것처럼 보여서다. 크리스티나도 동의하자 나는 병원에 전화를 건다. 통화 중이다. 몇 분 있다가 다시 전화해 본다. 여전히 통화 중이다. 30분 동안 계속 전화를 걸어

보지만 매번 통화 중이라는 신호음만 들린다. 리빙스턴에 있는 세인트존스병원에 전화를 걸어 조산사가 필요한데 본원에 연결이 안 된다고 설명한다. 그쪽에서 기꺼이 연결해 주겠다고 해서 안심이 된다. 하지만 통화음이 울리고 또 울려도 아무도 응답하지 않는다.

크리스티나는 지치고 염려스러워 보인다. 곧 분만 2단계에 접어들어 힘을 줘야 할 것 같다. 1단계에서 2단계로 넘어가는 과정은 격렬하고 감정적일 수 있다. 엄마의 몸이 아기를 밀어낼 준비를 하면서 호르몬 분비가 급증하기 때문이다. "변환기야." 내가 크리스티나에게 말한다. "진통의 리듬이 달라지는 느낌이 들거든. 이제 얼마 안 남았어!" 나는 밝고 자신감 넘치는 어조로 말하지만, 사실은 분만이 얼마나 오래 걸릴지 불안하고 조산사의 직통 전화번호가 없다는 게 걱정된다. 크리스티나는 꿋꿋이 버티며 자기 몸에 온전히 집중한다. 지금까지의 준비 과정과 요가 호흡 덕분에 격심한 고통에도 불구하고 평온하고 의젓한 태도를 잃지 않는다. 앤디도 크리스티나의 곁을 지킨다.

새벽 5시쯤 크리스티나가 앤디를 부른다. 출산 준비를 거들어 준 산파 니콜라에게 전화해 달라고 부탁한다. 겁나진 않지만 그래도 불안하다는 것이다. 병원은 이후로도 죽 통화 중이라 조산사에게 연락할 수 없었다. 내가 번호를 바꿔 가며 계속 시도해 보지만 연결이 되지 않는다. 5시 45분에 니콜라가 도착한다. 니콜라와 나는 전선 위의 까마귀처럼 바짝 붙어 앉아 크리스티나가 지난주에 조산사가 가져다 놓은 아산화질소 가스(출산 등에서 통증을 줄이기 위해 사용된다—옮긴이)를 쐬게 하고, 이따금씩 열렬한 응원의 말을 건넨다.

크리스티나는 여전히 풀 안에 사지를 뻗고 누워 힘을 주며 고통을 호소하고 있다. 앤디가 아내를 격려한다. 크리스티나에게 잘하고 있다고 말해 주는 것 말고는 우리가 할 수 있는 일이 없지만, 크리스티나는 힘을 줄 때마다 오히려 '물고기'가 뱃속으로 밀려들어가는 느낌이라고 한다. 니콜라가 좀 봐도 되겠냐고 묻더니, 크리스티나에게는 이제 거의 다 나왔다고 말하면서 왠지 나를 향해 묘한 눈빛을 보낸다. 때마침 고개를 돌려 보니 다리 하나가 물속으로 나오고, 곧이어 또 하나가 나온다.

맙소사! 나는 아무 말도 못하고 입을 뻐끔거린다. '물고기'가 거꾸로 나오려나 보다.

니콜라가 눈짓으로 부엌을 가리킨다. 우리는 얼른 그리로 가서 의논한다.

"999에 전화해서 구급차를 부르죠." 니콜라는 이렇게 말하고 거실로 돌아간다.

"무슨 일 있어요?" 크리스티나가 묻는 소리가 들린다. 우리 둘이 갑자기 거실을 나가서 놀랐나 보다. 나는 전화를 건다. 기적 같은 일이 일어난다. 이런 상황에 어떻게 해야 하는지 정확히 아는 사람이 전화를 받은 것이다.

"아기가 풀 안에서 팔다리를 펴게 하세요." 그가 조언해 준다. "그런 다음 엄마더러 무릎을 굽힌 채 일어나라고 하세요. 아기를 두 손으로 받쳐 주되 절대로 잡아당기진 마세요. 그런 상태로 엄마가 힘을 줘서 아기를 밀어낼 수 있는지 보세요."

거실로 돌아가서 내 휴대전화의 스피커를 켠 다음 풀 가장자리에 잘 세워 둔다. 이제 아기의 양팔도 밖으로 나왔다. 백지장처럼 창백하고 생기 없어 보이는 아기의 몸이 물속에 가만히 떠 있다. 아기는 움직이지 않고 머리나 목도 보이지 않는다. 내 심장이 요란하게 쿵쿵거린다.

"크리스티나, 일어나야 해." 내 목소리가 너무 차분해서 놀라면서도 나는 몇 번이고 되풀이해 말한다. "두 다리를 굽혀. 아기가 곧 나올 거야." 유령처럼 핼쑥해진 앤디의 얼굴이 눈가에 스쳐 간다. 깜짝 놀라고 겁먹은 표정이다. 앤디에게 일일이 설명해 주기에는 상황이 너무 빠르게 진행된다. 크리스티나가 니콜라의 부축을 받으며 서 있는 동안 나는 몸을 굽혀 양손으로 아기 아래쪽을 받친다. 풀 가장자리에 세워 두었던 내 휴대전화가 미끄러져 떨어진 것 같지만, 그런 걸 신경 쓸 때가 아니다.

"힘줘, 크리스티나. 힘줘!" 크리스티나가 일어나자 골반이 다른 각도로 기울어진다. 다시 한번 힘을 주자 아기가 내 떨리는 손안에 떨어진다.

아기가 숨을 쉬지 않는다.

인생에서 시간이 완전히 정지하는 경우는 드물다. 지금이 바로 그런 순간이다. 아기가 첫 숨을 내쉬기까지의 몇 초가 시간이 존재하지 않는 영원한 무한 속에 멈춰 버린 것처럼 느껴진다.

아기를 내 팔뚝에 엎어 놓고 등을 살살 문질러 준다. "숨 쉬어, 얘야, 숨 좀 쉬어 봐!" 내가 다그친다. 머릿속이 어지러워진다. 사랑하는 친구에게 어떻게 네 아기가 죽었다고 말하지?

갑자기 아주 작은 콧소리가 들린다.

그리고 재채기 소리.

그다음엔 울음소리.

내 심장이 가젤처럼 펄떡펄떡 날뛴다. 형언할 수 없는 기쁨이 솟구친다. 크리스티나가 풀에서 나오려고 하지만, 아직 탯줄이 잘리지 않아서 아기와 나는 크리스티나의 엉덩이 뒤에 매달려 어색하게 웅크리고 있다.

"아들이 맞아요?" 크리스티나가 묻자 나는 아기를 뒤집어 본다.

"아니, 여자애야!"

"그럴 줄 알았어요." 크리스티나가 대답하고 웃는 소리가 들린다. 곧이어 태반이 자궁에서 나온다.

그 순간 초인종이 울리더니 구급대원들이 한꺼번에 나타난다. 다섯 명 정도가 묵직한 장화를 신고 요란하게 바스락거리는 코로나바이러스 방지 앞치마와 마스크를 착용한 채 들어온다. 마치 다른 행성에서 쳐들어온 외계인들처럼 보인다. 평화롭던 거실 분위기가 순식간에 뒤바뀐다.

간호사가 서둘러 탯줄을 자르려고 하자 나는 얼른 다가가서 앤디에게 시켜 달라고 말한다. 앤디가 떨리는 손으로 탯줄을 자르자 마침내 아기와 나는 크리스티나에게서 풀려 난다. 나는 새빨간 목욕 가운을 어깨에 두르고 의자에 걸터앉은 크리스티나에게 아기를 넘겨 준다. 크리스티나는 주변의 혼란스러운 상황을 까맣게 잊은 채 마야를 들여다보고, 마야도 엄마의 눈을 깊이 들여다본다. 마치 수건을 두른 성모상 같다. 크리스티나가 아기를 가슴에 안는다.

이제 막 근지점(위성이 궤도상에서 행성에 가장 가깝게 접근하는 지점—옮긴이)을 지나친 달이 엄청나게 커 보인다.

이후 나는 산파 강습에 등록했다. 어느 정도는 다음번에 더 잘 준비하기 위해(아기 받는 일을 거들다가 응급 상황에 처한 것이 벌써 두 번째다), 그리고 어느 정도는 생명의 탄생에 함께하고 새로운 가족의 기쁨에 기여하는 크나큰 영광을 위해.

그래도 내가 더 잘해 내지 못한 것이 아쉽고 부끄럽다.

구급대원들이 떠난 뒤 나는 앤디와 크리스티나를 위해 커다란 스페인식 오믈렛을 만든다. 다들 전날 밤부터 아무것도 먹지 못했기 때문에 배고파 죽을 지경이다. 하지만 내가 먹을 식재료를 채취해 와서 요리하기에는 너무 피곤하다. 두 사람에게 밥을 먹이고 나서 배고픈 채로 누워 낮잠을 잔다. 오후 4시에 눈을 뜨자마자 초인종이 울린다. 문을 여니 현관에 조산사와 그 이웃인 파이가 서 있다. 파이는 근사한 레몬 드리즐 케이크를 접시에 담아 가져왔다. 오후의 햇살을 받은 케이크가 후광을 두른 성자처럼 눈부시게 보인다. 크리스티나는 마야가 무사히 탄생한 것을 축하하며 케이크를 자르고 내게도 한 조각 건네준다. 나는 그것을 받아 먹는다.

작년 11월 이후 자연산이 아닌 음식을 먹기는 처음이다. 설탕이 입안에서 터지는 것 같지만, 그보다 더 감미로웠던 건 레몬의 상큼한 향미다. 그래도 아기만큼 달콤하지는 않지만 말이다. 지난 36시간 동안 그 고생을 했으니 이 정도의 일탈은 용서받을 수 있기를 바란다.

사랑스러운 미래

3월 31일, 데이질리아

한 달의 마지막 날이라 아침 식사 전에 체중을 측정한다. 내 체중이 4개월 동안 18킬로그램이나 줄었다는 사실에 놀란다. 맷은 8킬로그램 줄었다. 그는 원래 마른 편이어서 사실 감량할 필요가 없었다. 하지만 더 놀라운 소식은 맷의 혈당 수치도 급락했다는 것이다. 3년 전 맷이 처음 당뇨 진단을 받았을 때 나는 저탄수화물 식단을 추천하고 혈당 조절 효과가 있는 야생초를 복용하라고 권했다. 맷은 2년간 식단 관리와 야생초 복용을 통해 혈당 수치를 절반까지 떨어뜨린 상태로 '야생식 챌린지'를 시작했다. 그리고 오늘 아침 처음으로 맷의 혈당 수치가 정상 범위로 돌아왔다. 두 번째 장내 미생물 검사 결과도 나왔다. 이제 두 번의 결과를 비교할 수 있게 된 것이다. 하지만 검사 결과를 분석하기는 쉽지 않다. 완전히 사라진 박테리아가 있는가 하면 갑자기 새로 나타난 박테리아도 있다. 특히 주목할 만한 박테리아는 신진대사 기능을 개선하는 '차세대 유익 미생물'[1]인 아커만시아 뮤시니필라Akkermansia muciniphila인데, 내 장내 미생물의 1.11퍼센트에서 8.11퍼센트로 630퍼센트나 증가했다. 일 년 동안 검사 결과를 모아 두었다가 전문가의 의견을 구할 생각이다.

지난가을에 모은 도토리로 팬케이크를 만들고 냉동 꾀꼬리버섯을 곁들여 아침 식사를 하면서도 머릿속에는 크리스티나와 마야 생각뿐이다. 사랑스러운 아이들! 마야의 세대가 지구를 구하기 위해 어떤 역할을 하게 될지 생각해 본다.

내겐 젊은이들에 대한 무한한 믿음이 있다. 그들은 이 세상을 더 나은 곳으로 만들 수 있고 또 그렇게 할 것이다. 다행히도 미래는 현재 상태를 받아들이지 않으려는 젊은이들에 의해 만들어진다. 그들은 열정과 공감 능력, 에너지와 추진력으로 우리가 생존하는 데 필요한 새로운 철학과 신념을 발전시킬 것이다. 마야의 삶에 한몫할 수 있다는 게, 그리고 아마도 언젠가는 내 손주들에게도 그럴 수 있으리라는 게 감격스럽다. 내 수양할머니 미마가 가르친 지식과 기술, 이전 세대 '야생의 여인'들의 지혜는 반드시 후세에 전해져야 한다.

3부

봄

The Wilderness Cure

14장

4월의 눈

느릅나무 둥치를 에워싼 나지막한 나뭇가지와
덤불 무더기에 작은 이파리가 돋아나고
과수원 나뭇가지에서 방울새가 노래하네.
—로버트 브라우닝, 〈이국에서 고향 생각Home-Thoughts, from Abroad〉

만우절 채취 강습

4월 1일, 타이닝엄

아침 식사는 살짝 쉬어 버린 야생 사과 절임이다. 말린 자두 몇 조각도 물에 불려 먹는다. 식사를 마치고 해안으로 향한다. 오늘은 글래스고에 있는 식당 '개닛'의 요리사 및 직원 전체와 함께 바닷가에 나가서 하루 종일 채취 강습을 할 예정이다. 보통은 강습료를 받지만, 요식업자들이 어찌나 힘겨운 한 해를 보냈을지 감히 상상할 수도 없어서 오늘은 무료로 진행한다. 식당 주인인 피터는 그간 힘들긴 했지만 때마침 태어난 아이와 꼬박 일 년을 함께할 수 있었기에 오히려 축복이었다고 말한다. 그 말을 들으니 마야가 태어나기 전에 크리스티나 부부와 함께 해초를 채취한 날이 생각난다. 엄청 오래전 일처럼 느껴진다!

해변에서 아기 물개를 발견했지만 그냥 내버려 둔다. 아무도 건드리지 않으면 보통 밀물이 들어올 때 어미와 재회하게 된다는 걸 알기 때문이다. 나중에 마주친 자원봉사자 관리인에게서도 똑같은 말을 들었다.

오전 내내 해초를 채취하고 해안 가장자리에 불을 피워 점심을 준비한다. 요리사들은 항상 훌륭한 식재료를 가져온다. 자작나무 가지에 꿰어 완벽하게 구운 관자를 검고 알싸하고 구불구불한 페퍼 덜스 어린잎과 함께 먹는다. 안타깝지만 누가 봐도 야생 식재료가 아닌 와규 쇠고기는 다른 사람들에게 양보해야 했다. 윤기 나는 갈색 오위드와 가장자리가 꼬불꼬불한 가는다시마를 길고 뾰족한 막대기에 길게 늘어뜨려 숯불 위에 매달아 놓자 금세 맛 좋은 해초 칩이 된다. 공기는 아직 싸늘하지만 하늘은 파랗고 칼바람이 불지 않아 따스하다. 음식도 맛있고 사람들도 싹싹하다. 모두가 코로나바이러스 생각은 잊고 신선한 공기를 마시며 밖에 나와 있는 것을 즐긴다.

집으로 돌아와 하얗게 부풀어 오른 석잠풀 덩이뿌리를 캔다. 생으로 먹어도 되고 찌거나 절여 먹어도 좋다. 아삭아삭하고 즙이 많아 촉촉하며 콩나물이나 물밤을 연상시키는 풍미가 일품이다. 개울을 따라 걷다 보니 겨울이 지나간 자리에 작은 워터민트 꽃송이가 피었다. 스위트 시슬리 어린잎도 보인다. 둑 위에는 담쟁이덩굴과 황금색 괭이눈이 펼쳐져 있다. 아직 휴면 상태인 라즈베리 줄기 뒤로 선명한 초록빛 싹이 보인다. 정원사들은 싫어하지만 내 부엌에서는 사랑받는 산미나리 싹이다. 이 모든 것이 저녁 샐러드에 들어간다.

작은 보물들

4월 2일, 데이질리아

오늘 아침은 동이 트자마자 산책하러 나왔다. 싱싱한 푸성귀를 확보할 좋은 기회다. 나도산마늘 잎(식용 가능한 흰 꽃은 아직 피지 않았다), 자잘한 연둣빛 잎 가운데만 레몬 빛을 띠는 괭이눈, 마늘냉이, 파슬리와 셀러리 잎 맛이 나는 반들반들한 산미나리 새싹이 있다. 다시 매일 샐러드를 먹을 수 있게 되어 정말 좋다!

언덕 위의 황금

4월 3일, 데이질리아

집에서 내려가는 산비탈에 온통 연노랑 **앵초**primrose 꽃이 만발했다. 8년 전 이 언덕에 앵초 씨앗을 뿌린 사람이 바로 나였기에 죄책감 없이 꽃을 따고 있다. 꽃이 너무 많아서 이틀에 한 바구니씩 따도 될 정도다. 게저는 앵초 술을 25리터나 담그는 중인데, 내가 꽃을 한 바구니 따서 돌아올 때마다 발효 통에 추가로 부어 넣는다. 몇 년 뒤에는 맛있고 산뜻한 앵초 '피노 그리지오(이탈리아의 유명 화이트 와인—옮긴이)'를 마실 수 있으리라. 그래도 샐러드에 넣을 만큼의 꽃은 남겨 둔다. 저녁 식사는 간단하게 차가운 사슴고기 구이에 샐러드를 잔뜩 곁들일 예정이니까. 언덕에 나가서 되돌아온 봄 햇살의 미묘한 따스함을 느끼며 꽃을 따면 기분이 들뜨고 마음이 행복해진다. 나는 춘분 직후의 이 시기가 정말 좋다. 모든 게 희망적으로 느껴진다.

아기 손가락

4월 7일, 트레벌렌

크리스티나와 마야와 함께 하루를 보낸다. 아기가 태어나고 처음 몇 주 동안의 산후조리 기간은 새내기 엄마에게 신성한 시기다. 치유하고 배우고 적응하며 사랑에 빠지는 시간이다. 엄마와 아이가 맺어가는 새로운 관계를 지켜보는 일은 정말 감동적이다. 나도 경험을 통해 알고 있듯이, 이 시기에는 차분하게 곁을 지키며 집안일을 거들고 격려해 줄 친구가 절실히 필요하다.

크리스티나의 개를 산책시키며 점심거리를 찾아 근처 과수원의 깎지 않은 잔디밭을 둘러본다. 삼각부추, 마늘냉이, 어수리 싹, 산사나무 꽃이 있다. 이 마을의 미기후는 동해안처럼 따스해서 우리 집이 있는 언덕보다 확실히 식물이 더 많이 자랐다. 내가 알아낸 바에 따르면, 영국 남부에서 북부로 봄이 올라오는 속도는 일주일당 100마일 정도다. 하지만 이는 동서 해안의 차이, 해수면에서 우리 집이 있는 고도 200미터까지의 차이, 지역별 미기후 등을 고려하지 않은 수치다. 오랫동안 관찰한 결과 나는 봄의 첫 식물이 나타날 장소를 예측할 뿐만 아니라 그 이후의 과정도 추적할 수 있게 되었다.

모유 수유 중인 크리스티나는 말처럼 식욕이 왕성하다! 싱싱한 허브는 크리스티나가 준 메추리알과 잘 어울린다. 꾀꼬리버섯 피클 병에서 기름을 조금 따라 내고, 휘저은 노른자 두 개를 섞어 매콤한 마요네즈를 만든다. 나머지 메추리알은 반숙으로 삶는다. 크리스티나를 위한 볶음 요리도 준비한다. 기름이나 지방을 두르지 않은 스테인리스 프라이팬에 작은 메추리알과 어수리 싹을 살짝 눌어붙을 때까지 간단히 볶아 낸다. 꿀맛이다.

오후에는 크리스티나가 몇 가지 볼일을 처리할 수 있도록 마야를 데리고 놀아 준다. 따스하고 양지바른 잔디밭에 깔개를 깔고 누워 새소리를 들으며, 쪼글쪼글한 손가락으로 내 손가락을 꼭 감싸 쥐는 갓난아기의 눈을 들여다보고 있노라니 천국이 따로 없다. 마야는 태어난 지 일주일이 조금 넘었을 뿐인데도 음악을 아주 좋아하는 듯하다. 나는 예전에 내 아이들에게 불러 주었던 노래를 부른다.

소낙눈

4월 10일, 데이질리아

또다시 폭설이 쏟아지고 있다. 아침에는 쐐기풀 튀김과 스크램블드 에그를 먹고 점심에는 나도산마늘과 쐐기풀 수프에 시험 삼아 만들어 본 플랫브레드를 곁들인다. 현재로서는 식단이 그리 다양하지 못하다. 간식으로는 귀한 밤 가루에 야생 꿀을 조금 넣어 비스킷을 만든다. 어찌나 맛있는지 한꺼번에 먹어 치우지 않으려면 엄청난 의지력이 필요하다.

저녁을 준비하기엔 몸이 너무 나른해서 엘더플라워 콤부차 한 잔만 마시고 잠자리에 든다. 폭설이 쏟아져도 봄의 풍미 덕분에 한층 견딜 만하다.

생명의 신호

4월 16일, 에이번강

너무 발효된 나머지 사이다를 넘어 식초 맛이 나는 사과를 굽고, 말린 라즈베리를 곁들여 아침으로 먹는다. 사과 단지 가장자리에 회색 곰팡이가 생기기 시작해서 빨리 먹어 치워야 한다. 하지만 식량 부족과 굶주림에 대한 두려움은 한결 덜해졌다. 땅에서 솟아난 푸르른 새 생명 덕분이다.

금요일 오후다. 맷과 함께 에이번강을 따라 한참 걸으니 머릿속이 맑아진다. 눈이 잠시 그쳐서 밖으로 나가 보니 놀랍게도 가시자두 덤불에 꽃이 피어 있다. 하늘이 그야말로 장관이다. 먹구름 사이로 이리저리 뻗어 나온 빛줄기가 어둠을 깨뜨린다. 하얀 자두 꽃이 아직 잎이 나지 않은 검은 나뭇가지와 대조되어 근사한 광경을 연출한다.

너도밤나무 고목 뿌리 틈새에는 섬세하고 풋사과 향이 나는 작은 괭이밥 무더기가 자리 잡았다. 우아하고 하얀 꽃들이 바람에 고개를 까닥거린다. 썩은 낙엽 속에서 솟아난 촉촉한 분홍쇠비름 덤불이 톱니 모양의 분홍빛 꽃잎을 펼치고, 어린 쐐기풀과 양지바른 자리를 다툰다. 마가목에 돋아난 잎눈은 갉아 먹으면 마지팬(아몬드와 설탕을 넣어 만든 과자—옮긴이) 같은 달콤한 풍미가 느껴진다. 부드러워서 샐러드에 넣기 좋은 유럽피나무 어린잎을 몇 장 따긴 했지만, 식용 가능한 나뭇잎 대부분은 아직 잎눈 속에 감춰져 있다. 나뭇잎이 연둣빛 닫집처럼 무성하게 펼쳐지려면 한 달은 기다려야 하리라. 전나무 수지가 흘러나와 끈끈한 고드름처럼 굳어 있다. 손에 묻었다가는 하루 종일 끈적거릴 게 분명하다. 플라타너스 잎을 하나 뜯어 잔가지로 긁어낸 수지를 발라 둔다. 석유난로에 넣으면 진한 전나무 향기를 풍기겠지.

눈 녹은 물이 계곡을 따라 흘러내린다. 부식질 풍부한 강둑에서 **작은애기똥풀** 꽃이 노랗게 반짝인다. 이 식물의 잎은 전통적으로 귀한 봄 샐러드 재료지만 꽃이 피고 나면 먹지 말아야 한다. 어쨌든 미나리아재비과 식물은 맛이 역하며 먹으면 입안에 물집이 생길 수 있다고 알려져 있으니까. 꽃이 피기 전에는 맛이 순하지만 시간이

지날수록 역해지기에 다른 사람에게 먹이려면 먼저 신중하게 맛을 보아야 한다. 잎이 돋고 시간이 지나면 가운데를 따라 살짝 보라색 줄무늬가 생기곤 한다. 보라색 반점과 줄무늬는 어떤 식물에서든 결코 좋은 징조가 아니다! 식물은 우리에게 친절하게 경고해 준다. 우리는 자세히 살펴보고 조심하기만 하면 된다.

숲속 그늘에서는 10센티미터 높이로 자라난 선갈퀴를 발견했다. 이달 말쯤이면 작고 흰 꽃이 필 텐데, 따서 말리면 달콤하기 그지없는 향기가 난다. 게다가 디저트에 넣으면 바닐라나 통카 빈 같은 풍미를 더해 준다. 선갈퀴 치즈 케이크를 생각만 해도 입안에 군침이 돈다. 앞으로 또 얼마나 많은 맛과 향을 즐길 수 있을까!

냄새들

4월 18일, 아몬델 컨트리파크

말린 빌베리와 도토리로 만든 팬케이크를 먹고 최고급 아삼 뺨치는 발효 훈연 바늘꽃 차를 한잔 마신 후 아몬델 컨트리파크로 향한다. 방문객들은 대부분 주말에 오고 오늘은 월요일이니 숲은 분명히 한적하겠지. 바람 없는 공기 속에 멈춰 서자 어제 왔던 사람들의 냄새가 느껴진다. 사람들이 떠난 지 한참 뒤에도 숲에는 그들의 냄새가 남아 있다. 향수, 바디 미스트, 샴푸, 데오도런트, 애프터셰이브의 인공 향이 공기 중에 가득하다. 젖은 개의 꿉꿉한 냄새도 종종 풍겨 온다. 은근히 기분 좋은 냄새도 있지만, 그래도 내게는 부자연스럽고 어색하게 느껴진다. 내가 너무 오랫동안 식물 속에서만 지냈나 보다.

아몬델에 오는 건 바람이 잔잔한 남향 비탈에서 일찌감치 싹을 틔우는 나도산마늘 때문이다. 이곳에서 나는 또 다른 강렬한 냄새의 정체다! 평화로운 아침 햇살을 받으며 먹고 발효시키고 절여 놓을 나도산마늘 잎을 잔뜩 딴다. 잠시 일손을 멈추고 흐르는 강물을 멍하니 바라본다. 물이 일으키는 회오리와 소용돌이는 매혹적이고 명상 효과도 있다. 물에는 고유한 언어가 있다. 여기저기 바위틈에 고인 작은 소용돌이에서 부글부글 지저분한 물거품이 일어난다. 대규모 농업과 유기농이 아닌 식기 세제, 샴푸, 손과 몸 세정제에 쓰이는 인산염의 부산물이다.

오후에는 또다시 피클을 담근다. 어수리 씨, 산토닌쑥, 기름당귀 씨, 그리고 식초에 맛을 더해 줄 목향 뿌리를 넣는다. 허브 차를 담는 병도 전부 새로 채워 놓는다. 내가 가장 좋아하는 일거리다. 허브 차 블렌딩이 즐거운 건 맛도 맛이지만 보기에도 즐겁기 때문이다.

오늘 저녁 식사는 훌륭하다. 맷이 쐐기풀 퓌레를 넣은 사슴고기 헤이즐넛 스튜를 만들었다. 게다가 내가 좋아하는 요리도 준비했다. 자작나무 수액 시럽을 끼얹어 구운 민들레 뿌리다. 식사 후 폴란드에 있는 우카시에게서 전화가 온다. 우리는 7월로 예정된 현장 조사와 연구에 관해 이야기한다. 폴란드에서는 벌써 과일나무가 꽃을 피우고 있다는 얘기를 들으니 부럽다. 우카시는 내 야생식 프로젝트를 부러워하며 내가 폴란드에 머물 일주일 동안 자기도 동참할 수 있길 바란다고 한다.

새로운 시도

4월 23일, 데이질리아

앵초가 풍성하게 만발했다. 이 언덕에 씨앗을 뿌린 지 8~9년쯤 됐는데, 지금은 봄마다 한가득 피어나는 노란 꽃을 즐길 수 있다. 즐거운 일주일이었다. 화요일에는 이제 두 개가 된 호미로 무장하고 땅감자를 캤다. 덕분에 맷과 함께 '땅감자 언덕'에서 30여 개를 캐낼 수 있었다. 게다가 지난달에 날짜를 잘못 계산해서 밤 가루 할당량이 남았다는 사실을 깨닫고 즉시 빵을 구웠다. 헤이즐넛도 남았기 때문에 갈아서 헤이즐넛 밀크를 만들었다. 이리저리 시도한 끝에 보기도 좋고 냄새도 좋은 비건 '치즈'와 버터가 탄생했다. 마지막으로, 맷이 어제 달걀노른자로 마요네즈를 만들고 남은 흰자를 가지고 새로운 시도를 했다. 머틀 힐에서 채취한 야생 꿀과 섞어 무려 머랭을 만든 것이다!

행복하다.

점심은 맛있는 헤이즐넛 버터와 그물버섯 수프를 곁들인 도토리 크래커로 간단히 때운다. 저녁에는 내가 만든 덕다리버섯 나도산마늘 카레에 어수리 튀김을 곁들여 먹는다.

산다는 것도 그리 나쁘진 않다!

까마귀 알

4월 24일, 브리기스 힐

오늘은 헤이즐넛 치즈가 완성되는 날이다. 빨리 먹어 보고 싶다. 나는 동네 마구간으로 간다. 마구간에서 혼자 빠져나간 말 한 마리가 유독한 식물을 먹은 것 같다고 한다. 시름에 잠긴 마구간 주인이 정확한 원인을 밝혀내기 위해 식물을 잘 아는 사람을 수소문한 것이다. 가장 유력한 용의자는 방망이풀ragwort이지만 이 주변에서는 아주 작은 한두 포기밖에 안 보인다. 의심할 여지가 없는 식물들 속에서 마침내 범인이 발견된다. 다른 행성에서 온 외계인처럼 보이는 뾰족한 갈색 뱀밥이다. 애초에 말이 이 기이한 식물 가까이 갔다는 게 놀랍다. 동물들은 보통 몸에 유해한 식물성 화합물 냄새를 맡을 수 있기 때문이다. 말들이 풀과 사료만 있는 들판에서 대부분의 시간을 지내느라 위험을 피하는 법을 익히지 못한 게 아닐까. 인간뿐만 아니라 우리와 운명을 같이하는 반려동물도 자연과 멀어진 것이다.

기대한 만큼 맛있는 헤이즐넛 치즈와 나도산마늘 줄기 절임을 얹은 도토리 크래커를 간식으로 먹고 한참을 걸어 집으로 돌아온다. 아름다운 봄날이다. 올해의 첫 뻐꾸기 소리가 들린다. 지난 6주 동안 곳곳에서 아기 양들이 태어났다. 무심히 풀을 뜯는 어미 가까이서 아직도 탯줄을 질질 끌며 가느다란 다리로 간신히 일어서는 녀석들도 있고, 통통하고 튼튼한 다리로 들판을 가로질러 달리기 시합을 하는 녀석들도 있다. 사방에 새로운 초목이 자라나고 있다. 돌담 아래 작년에 쌓인 낙엽 속에서는 겨울잠에서 깨어난 양치류가 바이올린 머리처럼 돌돌 말린 잎을 뻗어 올린다. 돌담 뒤의 쥐오줌풀 새싹 사이로 둥굴레가 고개를 내민다. 도로에서 비탈져 올라가는 제방 위에는 이미 십자가풀crosswort 꽃이 만개하여 따스한 공기 속에 꿀 냄새를 풍긴다. 이제는 정말로 봄이 왔나 보다.

브리기스 힐을 오르다 보니 새집들 옆으로 내리막을 따라 죽 늘어선 너도밤나무 위에서 기류를 타고 내려오는 까만 형체 여럿이 눈에 들어온다. 가까이 다가가자 사방에 요란한 울음소리가 울려 퍼져 귀가 얼얼하다. 까마귀 떼다! 나는 바위에 앉아서 꼼꼼히 둥지를 헤아려 본다. 대략 37개 정도다. 정말 잘됐다. 집에 돌아가 알 계산표에서 까마귀를 찾아보면 내가 얻을 '알 포인트'를 계산할 수 있겠지. 지금 짐작으로는 둥지당 8개쯤 되지 않을까 하는데, 당닭 알과 크기가 비슷한 알을 296개 얻는 셈이다. 당장은 까마귀 알을 가져가는 대신 암탉이 낳는 달걀만 쓰기로 한다. 까마귀 알을 가져가려고 해도 매번 성공할 수는 없을 테고, 전부 다 가져가지도 않을 것이다. 그렇지만 이렇게 많은 알이 손 닿는 데 있다고 생각만 해도 기분이 좋아진다!

저녁 식사로는 도토리와 밤 가루를 섞어 게저가 가르쳐 준 노케들리를 만들어봤다. 독일의 슈페츨레와 비슷한 헝가리의 만두 모양 파스타다. 야생 버섯 노케들리는 게저가 특히 좋아하는 요리지만, 글루텐을 넣지 않았다 보니 물에 넣으면 바로 흩어져 버린다. 얼른 건져 내지 않으면 끈적끈적한 수프가 되고 만다. 시들시들한 나도산마늘을 다져 넣고 페퍼 덜스 기름을 섞으니 제법 먹을 만하다.

구덩이 로스트

4월 25일, 데이질리아

이제 땅도 적당히 말랐으니 옛 조상들처럼 땅을 파서 요리하는 구덩이 로스트를 시도해 보고 싶다. 전 세계에서 널리 쓰인 요리법이다. 고대인들의 독창성과 창의력은 정말 대단하다! 내가 판 구덩이는 가로세로 50센티미터에 깊이는 40센티미터 정도밖에 되지 않는다. 구덩이 안에 낡은 벽돌을 깔고 한가운데 불을 붙여 한 시간쯤 그대로 둔다. 불이 다 타서 꺼지면 석탄과 재를 삽으로 퍼낸다. 불에 달구어진 벽돌은 딱 내가 예상한 만큼 뜨겁다. 이제 밀가루를 꺼낸다. 먹으려는 게 아니라 점토 대신 쓰기 위해서다. 밀가루에 물을 적당히 섞어 반죽을 만든 뒤 밀어서 얇게 편다. 반죽 위에 산당근 씨앗, 기름당귀 씨앗, 두송 열매를 골고루 뿌린 다음 양념한 사슴고기 덩어리를 얹고 반죽 귀퉁이를 위로 당겨 고기를 완전히 감싼다. 원래는 점토를 쓸 생각이었지만 점토를 파내서 씻고 체에 거를 시간이 없었다. 다음에는 꼭 점토를 쓰겠다!

벽돌 위에 마른 풀을 깔고 그 가운데 반죽으로 감싼 사슴고기를 얹은 다음 또다시 마른 풀로 완전히 덮어 준다. 맷이 구덩이에서 파낸 흙을 삽으로 다시 집어넣는다. 그러면 땅속에서 지옥처럼 수증기가 새어 나오기 시작하는데, 그럴 때마다 잔디로 틈새를 꼼꼼히 틀어막는다. 두 시간 동안 그대로 놔두면 요리가 완성된다.

화로에 불을 피운다. 다들 배가 고프다. 솟구친 식욕을 달래기 위해 게저가 잘 익은 엘더플라워 꿀술을 한 병 딴다. 나는 민들레 뿌리를 스테인리스 프라이팬에 노릇노릇하게 구워 그을기 직전에 자작나무 수액 시럽을 뿌린다. 맷이 고소한 고대 야생종 곡물인 외알밀을 가져왔다. 다음 달에는 야생 및 고대 목초 품종을 시험적으로 파종할 계획이라고 한다. 나는 외알밀 한 줌을 집어서 플랫브레드를 만든다. 이삭을 통째로 갈아 소금물을 넣고 반죽한 다음, 손으로 대충 둥그렇게 빚어 뜨거운 팬에 빠르게 구워 낸다. 고기가 구워지길 기다리는 동안 봄 어린잎과 식용 꽃도 따 모은다. 20여 종의 식물을 넣어 맛있고 신선하고 향기로운 샐러드를 만든다.

땅에서 조심스럽게 고깃덩어리를 꺼낸다. 타 버린 마른 풀이 들러붙어 겉이 시꺼멓다. 고기를 감싼 반죽 위를 두드려보니 돌처럼 단단하다. 맷이 고깃덩어리를 뒤집는다. 육즙이 반죽 바닥에 고여서 아래쪽이 더 연해지기 때문이다. 살짝 눅눅해진 바닥은 손쉽게 뜯어지고, 그러면 단단한 '그릇' 안에 먹음직스러운 육즙으로 둘러싸인 고기만 남는다. 게저가 슥슥 잘라 낸 고기 조각은 믿기 어려울 만큼 연하고 부드럽다. 모든 메뉴가 단순하지만 기막히게 맛있다. 보통 만찬이라고 하면 폭식을 떠올리기 마련인데, 희한하게도 야생식은 포만감이 엄청나서 한 접시 더 먹고 싶은 경우가 드물다.

이제야 다시 내 몸에 맞는 음식을 먹게 된 것 같다. 혹독한 겨울이 지나고 맛있는 로스트에 푸짐한 생야채, 거기다 민들레 뿌리까지 먹고 나니 몸과 마음이 건강해지고 영양도 보충한 느낌이다.

부들

4월 27일, 리머리그

방수복을 빌려 오길 잘했다. 해가 나긴 했지만 이따금씩 차가운 소나기가 내리고 기온도 아직 낮으니까. 나는 얼음처럼 차가운 물속에서 진흙탕에 팔꿈치까지 잠겨 있다. 끈적끈적한 모래흙을 파헤쳐

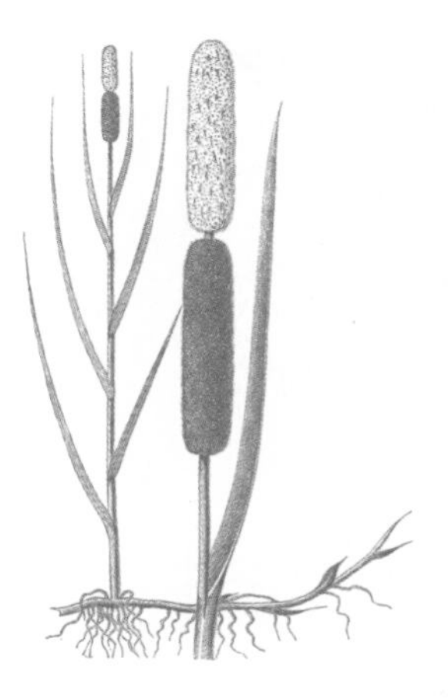

큰잎부들 뿌리를 끄집어내는 중이다. 무턱대고 물 속을 더듬다가 손에 뿌리가 잡히면 흙에서 파내 낫으로 베어 낸다. 가끔 썩어 문드러진 뿌리가 있긴 하지만, 새순이 돋은 단단하고 싱싱한 뿌리도 몇 끼 넘게 먹을 정도로 많다. 내 친구 댄과 엘리, 그리고 맷이 열심히 거들고 있다. 특히 맷은 원래 찬물이라면 질색하는 사람이라 두 배로 고맙게 느껴진다!

부들 뿌리를 집에 가져와 잔디밭에 펼쳐놓으면, 강력 세척기를 써먹을 수 있어 신이 난 게저가 순식간에 먼지를 제거해 준다. 약간의 기술이 얼마나 많은 시간을 절약해 주는지 놀라울 뿐이다. 큰잎부들은 정말로 쓸모가 많은 식물이다. 어리고 아삭아삭한 뿌리는 감자처럼 구워 먹을 수 있다. 묵은 뿌리에서 나오는 전분은 씻고 걸러 내서 옥수수 가루처럼 사용할 수도 있다. 새순 고갱이는 얇고 둥글게 썰면 아삭아삭하고 물밤과 오이 맛이 난다. 아니면 커다란 아스파라거스처럼 삶아서 먹을 수도 있다. 덜 여문 꽃자루는 굽거나 삶아서 옥수수처럼 먹을 수 있으며, 꽃가루를 모아 빵이나 과자를 구울 수도 있다. 부들을 이어 집을 짓거나 바구니를 짤 수도 있고, 말린 이삭으로 시가 피우는 흉내를 낼 수도 있다. 부들은 물을 여과하여 산소 처리하며, 오염된 물을 깨끗하게 만드는 생물학적 정화 효과가 탁월한 식물이기도 하다. 모든 식물이 어느 정도는 정화 작용을 하지만 그중에도 유난히 뛰어난 종류가 있는 것이다!

15장

노란 향기

대지는 그대의 맨발을 느끼며 기뻐하고
바람은 그대의 머리카락을 흩뜨리기를 갈망한다는 것을 잊지 말라.
—칼릴 지브란, 《예언자》

벨테인

5월 1일, 데이질리아

오늘 아침은 6시 전에 깨어났다. 벌써부터 창문으로 햇살이 스며들고 있다. 서서히 의식이 또렷해지는 가운데 새들의 요란한 합창 소리가 들려온다. 훈연 바늘꽃과 구운 자작나무 가지로 차를 한잔 끓여 마시고 다시 침대에 눕는다. 어젯밤 피운 모닥불 연기 냄새가 아직도 머리카락에 짙게 배어 있다. 다산과 풍요를 기원하는 고대 켈트인의 오월절인 벨테인Beltane 축제에는 모닥불을 피우는 풍습이 있다. 켈트 달력으로 춘분과 하지의 중간인 오늘부터가 내게는 공식적인 봄이다.

지난 6개월을 되돌아보니 여기까지 온 것이 상당히 뿌듯하게 다가온다. 자제력이란 쉽게 얻어지는 것이 아닌 만큼, 내가 최초의 계획에 충실할 수 있었다는 데 크나큰 성취감을 느낀다. 근무하는 날이 특히 힘들었지만(미리 식사를 준비해 놓지 않은 경우엔 더더욱) 집에 나를 유혹할 만한 음식이 아예 없다는 게 큰 도움이 되었다. 감사하게도 가장 힘겨웠던 시기는 이제 지나갔다.

자연의 해독제

5월 2일, A802 고속도로

민들레는 늘 나를 놀라게 한다. 칙칙한 회색과 갈색 도로변을 하룻밤 사이에 뒤덮어 시골을 가로지르는 널따란 노란 리본으로 변신시킨다. 뿌리 바로 위 지면에 일찌감치 어린잎과 새순이 돋아나 자리 잡게 하는 것이 그들의 비결이다. 어린잎 속에는 상추처럼 부드럽고 속이 꽉 찬 꽃부리가 들어차 있다. 꽃이 피기 전의 꽃부리는 아삭하고 촉촉하며 맛도 좋지만, 자동차로 대기 오염이 심한 만큼 길가에서는 채취하지 않고 있다. 토피첸 위쪽에 들판이 하나 있는데, 다양한 야생화와 '잡초'가 서식하는 걸로 보아 적어도 수십 년간, 어쩌면 단 한번도 화학물질이 살포된 적 없는 듯하다. 내가 지금 저녁 식사로 먹을 민들레를 따러 가고 있는 곳도 바로 그 들판이다. 봄맞이 해독 샐러드를 만들 꽃부리와 자작나무 수액 시럽을 뿌려 구울 부드럽고 구수한 뿌리를 채취할 것이다.

꽃샘추위가 심해서 작년만큼 화려하게 피어나진 않았지만, 민들레는 여전히 내 영혼을 노래하게 한다. 5년에서 10년까지도 살 수 있는 녀석들이다. 저녁 식사 재료로 뿌리째 뽑히지만 않는다면! 그래도 크게 죄책감이 들지는 않는다. 민들레는 야생화 중에서도 손꼽히게 긴 생장 기간을 자랑하고, 한 포기당 꽃을 열두 송이나 피울 수 있으며, 일 년 동안 2000개의 씨앗을 생산해 주위 5마일 반경에 뿌릴 수 있기 때문이다.

영국에만도 최소 235종의 민들레 아종이 있다. 꽃대가 작고 빈약한 종, 꽃부리가 두 겹인 종, 잎 가장자리가 물결처럼 구불구불하고 열편이 거의 보이지 않는 종, 또는 잎이 톱니처럼 들쭉날쭉한 종도 있다. 이처럼 미세한 차이를 구분하려면 특별한 집중력이 필요한 만큼 인간에게 존재하는 신경다양성에 감사하게 된다. 특정 분야를 파고드는 전문가도 다재다능한 박식가만큼 인류 생존에 기여해 왔다고 나는 확신한다. 콘크리트, 강철, 전선으로 이루어진 현대 생활을 21세기의 눈부신 속도로 헤쳐 나가다 보면 신경다양성의 가치를 잊어버리기 쉽다. 하지만 신경다양성을 지닌 관찰자들이 없다면 지구상의 모든 식물과 균류를 어떻게 알 수 있을까? 곤충은? 하늘의 별들은? 인체 장기에 서식하는 온갖 박테리아는 말할 것도 없다.

점심 식사는 조그만 지채와 꽃이 거의 피지 않은 리크로 만든 타르트다. 글루텐이 없는 도토리와 밤 가루에 사슴 지방과 물을 섞어 타르트 껍질을 만든다. 눅눅한 페이스트리는 딱 질색인 게저도 파삭파삭한 식감에 만족한다. 게다가 물을 조금 넣고 부드럽게 데친 올해의 첫 분홍바늘꽃 싹도 있다. 아스파라거스와 오크라가 뒤섞인 맛이다. 마찬가지로 최근에 새로 나온 반가운 푸성귀인 어수리 싹 튀김과 함께 내놓는다. 맛 좋고 배부른 식사다.

저녁 식사는 자작나무 수액 시럽을 살짝 뿌려 구운 민들레 뿌리다. 쫄깃하고 노릇노릇하게 구워진 데다 단맛과 쓴맛이 완벽한 조화를 이룬다. 내가 만든 댐슨자두 절임 시럽을 따라 내어 나도산마늘 줄기를 다져 넣었더니 달콤 짭짤하며 과일 향이 나는 알싸한 양념이 되었다. 민들레 뿌리와 기막히게 어울린다.

민들레 뿌리를 씹으며 이 식물이 어디서 자라는지 떠올리다 보니 문득 이런 생각이 들었다. 인간이 갈아엎거나 시멘트로 덮은 땅에는 항상 그곳을 되찾으러 돌아오는 식물 종들의 질서가 있다고. 개척종 잡초는 대부분 뿌리를 깊이 뻗는다. 억센 원뿌리를 지렛대 삼아 콘크리트를 부수고 균열을 넓히며, 땅속 깊은 곳에서 무기물을 빨아들여 겉흙을 잃고 메마른 속흙에 영양을 재공급한다. 소리쟁이, 민들레, 우엉, 엉겅퀴 등 버려진 땅에 자라나는 식물 상당수는 간을 해독해 주는 약초일 뿐만 아니라 나아가 이 지구를 해독하고 있다. 이들에 뒤이어 자라나는 쐐기풀은 피를 만들어 내는 효능이 있다. 이 식물들에게 인간은 가이아의 연장선이자 그와 똑같은 방식으로 다루어져야 할 존재에 불과할 것이다. 첫째로는 해독과 영양 공급, 둘째로는 정체와 막힘 제거, 그다음에는 회복과 재정비와 균형 잡기, 에너지 흐름 복구. 아마도 환경 건강의 회복과 인체 건강의 회복은 서로 크게 다르지 않으리라.

열대 향기

5월 4일, 리그모스 히스

황무지로 달려 올라간다. 지난 몇 년 동안 이렇게 몸과 마음이 가뿐했던 적이 없다. 아무래도 운동복을 꺼내 입어야겠다. 요즘 들어 드물게 화창한 날이다. 원래 5월은 스코틀랜드에서 가장 날씨가 좋은 시기지만, 올해 날씨는 정말 이상하고 불안정하다. 따스한 공기 가득히 아찔하고 육감적인 향기가 퍼진다. 노란 **울렉스** 꽃이 꿀벌을 끌어들이려고 내뿜는 달콤한 코코넛 향이다. 피부암의 위험성을 몰랐던 10대 시절 '하와이언 트로픽' 선탠오일을 피부에 바르던 기억이 떠오른다. 날카로운 가시를 피해 가며 향기로운 꽃잎을 손가락 끝으로 한 줌씩 따서 조심스럽게 종이봉투에 담는다. 오늘 저녁 샐러드에 넣어야겠다.

울렉스 꽃이 너무 많아서 샐러드로는 다 못 먹을 것 같다. 이 봄의 향취를 은은한 시럽에 담아 놓고 싶다. 나는 올해 설탕을 먹지 않을 생각이지만, 게저가 양조주에 쓸 설탕을 감춰 놓았다는 걸 안다. 커다란 잼 병에 설탕과 꽃을 번갈아 가며 층층이 담는다. 시럽에 잠긴 꽃을 끓이면 향긋한 에센셜 오일이 완전히 증발하면서 설탕에 코코넛 풍미가 흡수된다. 게다가 보기에도 무척 예쁘다.

사흘 뒤 울렉스 설탕 병을 열자 달콤하고 강렬한 열대의 코코넛 냄새가 훅 끼쳐 온다. 숨이 턱 막힐 정도로 황홀한 향기다. 손가락으로 찍어 먹어

보니 냄새만큼 맛도 기막히다. 맛이 완전히 배도록 몇 주 더 두었다가 뜨거운 물을 붓고 약한 불로 가열한 다음 시럽을 걸러 낸다. 멸균된 병에 담으면 일 년 동안 보관할 수 있다. 내가 다시 '보통 음식'을 먹게 되면 아이스크림을 만들 수도 있겠지만, 그때까지는 선반 맨 위에 놔둬야겠지!

희한하게도 설탕이나 단것은 전혀 그립지 않다. 내가 정말로 갈망하는 것은 지방이다.

이상 기후

5월 6일, 데이질리아

눈을 뜨니 새벽 5시 반이다. 눈이 오고 있다! 일기 예보에 따르면 8시쯤에는 폭설이 내릴 거라고 한다. 어제 들른 리그모스 히스의 마가목에 아직 연두색 잎눈이 돋지 않았던 것도 당연한 일이다. 이런 날씨에 이미 둥지를 튼 새들이 정말 안쓰럽다. 알과 새끼를 따뜻하게 감싸 주려 애쓰고 있겠지. 나는 되돌아온 '겨울'이 지나가기를 애타게 기다리며 포근한 이불 속에서 미적거린다. 차가운 북풍에 뒤늦게 몰려온 눈이 봄을 도로 쫓아내려 하지만, 그럼에도 봄은 꿋꿋이 버티며 밀려나지 않으려 애쓴다.

오월절로부터 일주일이 지났다. 머지않아 식물들이 감당할 수 없을 만큼 무성하게 자라나리라. 사실 나야말로 더는 감당하기 어려운 상태다. 내 온몸의 모든 세포가 초록빛과 따스한 햇볕을 갈구한다.

16장

숲의 경이

숲이 사람들의 마음을 사로잡는 것은 그 아름다움보다도
더 미묘한 이유 때문이다.
맑은 공기, 오래된 나무가 발산하는 기운,
지친 영혼을 놀랍도록 생생하게 회복시키는 그 무엇 말이다.

—로버트 루이스 스티븐슨, 《여행 에세이》

생명의 음식

5월 8일, 데이질리아

저녁 식사로 기막히게 맛 좋은 '나뭇잎 샐러드'를 배 터지게 먹었다. 맷이 만든 굽다리깔때기버섯 피클과 차가운 사슴고기 구이도 약간 곁들였다. 5월 중순 전후의 2주일간은 다양한 나뭇잎을 먹을 수 있는 마법의 시기다. 대부분의 나무에 잎이 돋아나는데, 아직 먹기 좋게 연하고 싱싱할 때다. 나는 살짝 레몬 향이 나는 너도밤나무 잎을 가장 좋아하지만, 오늘 저녁 샐러드 재료는 견과류처럼 고소한 산사나무 잎이다.

나무에서 얻는 음식은 햇빛 그 자체다. 나는 햇빛을 먹고 있는 셈이다!

엽록소는 지구상의 모든 생명체를 먹여 살리는 양분이다. 버섯은 엽록소가 없기 때문에 자신이 서식하는 식물의 조직을 양분으로 삼아야 한다. 식물 대신 애벌레, 귀뚜라미, 사체 등 동물을 먹고사는 동물도 있다. 그러나 동물을 먹고사는 동물도 결국은 식물을 먹고사는 동물을 먹기 마련이다. 양분의 연쇄 사슬은 결국 햇빛을 가지고 양분을 만드는 엽록소로 귀결된다.

예전에 《뉴 사이언티스트》에서 이런 글을 읽었다. 인체는 약 20가지 원소로 이루어져 있으며 그 대부분은 오래전 별 내부에서 만들어진 것이라고. "우리 몸속 원자의 약 12퍼센트는 탄소다. 우리 몸의 수소 원자는 빅뱅 때 형성되었고, 다른 원소는 전부 오래전 별 내부에서 만들어져 초신성 폭발에 의해 우주 공간으로 내던져졌다."[1] 우리는 모두 우주 먼지와 햇빛의 피조물이다! 그렇게 생각하니 기분이 좋다.

포크 가수 조니 미첼이 부른 노래 〈우드스탁Woodstock〉의 의미심장한 후렴구가 떠오른다. "우리는 별빛 먼지/우리는 귀중한 존재/우리는 낙원으로 돌아가야 한다네."[2]

나뭇잎 잔치

5월 9일, 브리기스 힐

크레이젠걸의 산울타리를 지나쳐 걸어간다. 형광펜처럼 눈부신 연듯빛의 가문비나무 새순이 파삭거리는 메마른 다갈색 껍질을 뚫고 터져 나오는 참이다. 산사나무와 플라타너스에도 다시 잎이 돋아났지만, 너도밤나무는 아직 망설이는 중인지 잎이 난 것과 나지 않은 것이 반반쯤 섞여 있다.

스코틀랜드의 늦봄인 5월 첫 주는 지난 6개월 동안 잠들어 있던 나무들이 되살아나는 기간이다. 이 희망찬 시기의 따스한 햇살은 아련하고 화사한 연둣빛 나뭇잎 사이로 스며든다. 봄의 첫 어린잎은 연하고 새콤하거나 부드럽고 달달하다. 이 무렵의 나뭇잎은 정말 맛있어서 기린처럼 나무에서 바로 뜯어 먹을 수도 있고, 샐러드를 만들거나 발효시키거나 내년을 기약하며 술로 담가도 좋다.

이 짧은 재회는 좀처럼 보기 어려운 친구와의 만남처럼 절묘한 기쁨을 안겨 준다. **너도밤나무** 잎은 살짝 새콤한 레몬 맛이 나고, 느릅나무와 글라브라느릅나무 잎은 부드럽고 달콤하며 약간 끈적끈적한 맛이다. 유럽피나무 잎은 시원하고 아삭거리면서도 점액질이 느껴진다. 고소한 산사나무 잎, 알싸한 살균제 같은 자작나무 잎, 쫀득하고 상큼한 가문비나무 잎과 전나무 새순도 있다. 이 모든 잎을

다시 먹을 수 있다니 천국이 따로 없다. 몇 주만 지나면 너무 질기고 타닌이 많아져 즐길 수 없을 잠깐의 즐거움이다.

가장 먼저 잎이 돋는 나무는 산공성散孔性 구조인 자작나무나 야생 사과나무다. 산공성 나무줄기에는 물과 무기물을 위(물관)와 아래(체관)로 운반하는 가느다란 도관이 많다. 따라서 이런 나무는 동결과 해빙으로 인한 수축과 팽창에 더 잘 대처할 수 있다. 그다음에 잎이 돋는 나무로는 플라타너스와 너도밤나무가 있는데, 마찬가지로 산공성 구조지만 덩치가 더 큰 나무들이다. 환공성環孔性 구조인 참나무, 물푸레나무, 느릅나무는 앞의 나무들보다 2주일씩 늦게 잎이 돋기도 한다. 이 나무들은 도관이 적고 굵기 때문에 더 까다롭고 겨울철 피해에 취약하다.

앞서 언급했듯이 영국에서는 (나뭇잎의 성장에 영향을 미치는 미기후로 인해 조금씩 차이가 있긴 하지만) 북쪽으로 100마일 올라갈수록 봄이 1주일씩 늦어진다. 여기보다 200마일 북쪽인 인버네스 바로 위의 앨러데일에는 6월 첫째 주에야 봄이 찾아온다. 이곳에 봄이 와서 더 이상 기다릴 필요가 없다는 게 정말 다행이다.

숲속의 생로병사

5월 10일, 드럼타시

오늘 내가 거니는 숲은 비교적 최근에 생겨난 곳이지만, 그 가운데에는 수백 년 넘은 들판 경계선이 숨겨져 있다. 과거의 들판 한구석에는 여전히 위풍당당하게 숲을 지배하는 늙은 너도밤나무가 우뚝

서 있다.

왜 사람들은 항상 소나무 묘목을 무심히 지나치고 어린 자작나무를 거들떠보지 않는 걸까? 향기로운 바늘잎, 싱그러운 연둣빛 신록, 종이처럼 하얗고 은빛 나는 줄기에도 불구하고, 우리는 그런 나무들을 눈여겨보지 않는다. 우리가 찾는 것은 오래된 어머니 나무다. 노인들을 대할 때와 사뭇 다르게, 우리는 어머니 나무의 굵기와 갈라진 껍질을 찬양하고, 잔가지로 뒤덮인 옹이투성이 둥치와 옆구리에서 자라나는 균류에 감탄한다. 그는 장엄하다.

수년 전 폭풍우에 꺾인 굵다란 가지가 보인다. 이끼와 양치류, 균류가 근사한 망토처럼 가지를 감쌌다. 한때는 바위처럼 굳건했던 목질이 이제는 썩어서 손가락으로 살짝 누르기만 해도 곱게 으깨어진다. 나는 손을 펼쳐 그 가루를 바람에 건네고, 바람은 그것을 받아 대지로 돌려보낸다.

그 순간 나 자신도 죽음과 화해했다는 사실을 깨닫는다. 언젠가는 나 역시 초록색 수의를 입고 흙 속에 누워 내 육신을 균류에 맡길 것이다. 균류가 분해한 내 몸은 탄소 원자로, 우주 먼지로 재활용되리라. 이 숲에는 평화가 있다. 삶과 죽음이 있다. 모든 것이 자연의 섭리대로다.

> 내 심장이 있던 곳에 그대의 머리를 기대고
> 내 위의 대지를 껴안고
> 푸르른 잔디 위에 누워
> 날 사랑했던 때를 기억해 주오.

톰 웨이츠의 아름다운 노래 〈그린 그래스Green Grass〉[3]다. 내 장례식에서 이 노래를 틀었으면 좋겠다.

시험 파종

5월 11일, 데이질리아

오늘도 춥고 비가 내린다. 나는 쐐기풀 프리타타를 요리한다. 빳빳한 초록색 담쟁이덩굴 사이로 살짝 내다보이는 보랏빛 나팔 모양 꽃으로 샐러드도 만든다. 이 작은 꽃들이 나를 미소 짓게 하고 기운을 돋워 준다. 칙칙한 갈색 음식만 먹었던 겨울 동안 색깔 고운 먹을거리가 얼마나 그리웠는지 새삼 깨닫는다.

오후에는 맷과 함께 가로세로 2미터씩의 정사각형 밭에 외알밀, 엠머밀, 스펠트밀, 베어보리bere barley를 시험 파종한다. 옛날 스코틀랜드에서 자란 곡물들이 과연 어땠을지 궁금하다. 내년에 다시 채소 재배를 시작하면 가능한 한 자급자족하기 위한 장기 계획의 일환으로 곡물도 심고 싶다. 앞으로 다시는 슈퍼마켓에서 장을 보고 싶지 않을지도 모른다는 생각이 들었다. 나는 현지에서 난 식재료를 즐겨 먹고 음식물 쓰레기도 거의 내놓지 않는다. 내가 읽은 논문에 따르면 신석기 전기 스코틀랜드에서 가장 많이 경작된 곡물은 보리였지만, 직사각형 주거용 구조물 안에서 주로 발견된 곡물은 엠머밀이었다고 한다.[4] 집에 처박혀 이 지역에 자라는 풀들을 더 많이 알아보는 중이다. 여름이 지나고 곡물을 수확할 때 도움이 될 것이다. 소나기가 왔다 갔다 하는 틈을 타서 언덕 남쪽 비탈에 핀 앵초 꽃도 잔뜩 꺾는다. 게저가 또다시 앵초 술 발효를 시작했다. 지난주에 주문한 새 유기농 면 청바지가 도착했다. 옷 사이즈가 또 하나 줄었다.

산울타리

5월 12일, 노스 버윅

오늘은 옛 율리우스력으로 5월 1일이다. 메이데이(산사나무hawthorn는 '5월 나무'로도 알려져 있기에 '호손 데이'라고도 한다)는 예로부터 이 유서 깊은 나무가 첫 꽃망울을 터뜨리는 날이라고 한다. 신부처럼 새하얀 산사나무 꽃이 들판과 길가를 뒤덮는다.

나는 간조를 틈타 바닷가에 나가 바다스파게티를 모은다. 봉오리 하나마다 잎을 하나만 잘라 내려고 조심한다. 마지막으로 여기 온 지 한 달은 되었다 보니 대부분의 봉오리에 잎이 둘씩 돋아났다. 두 가닥 중 한 가닥만 자르되, 둘 중 어느 쪽이 짧은지로 지난번 채취한 위치를 확인하고 다른 사람들이 왔었는지 여부도 알 수 있다. 같은 자원을 노리고 오는 가족이 여럿일 경우 지속 가능한 식량 채취가 어려워진다는 것을 명심해야 한다.

시골길을 따라 돌아가는데 **산사나무** 산울타리에 꽃이 피었다. 하지만 꽃이 피지 않은 곳도 많다. 요즘은 가을마다 기계 예초기로 산울타리를 마구 깎아 내기 때문에 꽃을 피우는 산울타리가 그 어느 때보다 적어졌다. 보기에 더 깔끔하기야 하겠지만 나로서는 화가 날 수밖에 없다. 오래된 나무를 그렇게 함부로 베는 건 지역 생태계에 큰 재난이다.

꽃을 피우는 식물은 대체로 봄의 연한 새싹이 아니라 전년에 난 묵은 나무다. 꽃이 피지 않는다는 건 벌과 그 밖의 꽃가루받이 동물에게 먹일 꽃가루나 꿀이 없어진다는 뜻이다. 꽃이 없으면 열매도 없고 열매가 없으면 새의 먹이도 없다. 그리고 먹이가 없으면 새도 없다. 온 세상이 섬뜩할 정도로 조용해지고, 꽃가루 대신 피를 먹고 사는 모기가 윙윙거리는 소리만 들려올 것이다. 씨앗의 장거리 확산이 중단되어 새로 생겨나는 숲이 줄어들며, 그에 따라 공기 중의 산소도 줄어들고 이산화탄소는 늘어날 것이다. 단지 산울타리를 좀 더 깔끔하게 만들겠다고 그렇게 큰 대가를 치러야 할까?

나는 산사나무를 좋아해서 빈자리가 보일 때마다 씨를 뿌려 놓곤 한다. 산사나무는 심장병, 비탄, 실연, 충격에 효능이 있다고 전해진다. 산사나무 추출물이 동맥을 확장하여 고혈압을 치료한다는 임상 자료도 많다. 심장 근육을 강화하여 심장마비를 예방하고, 심장마비가 일어나도 빠르게 회복시켜 준다는 것이다. 나는 산사나무 잎과 꽃을 따서 말려 두었다가 차를 끓인다. 어떤 해에는 산사나무 열매 진을 담그기도 한다. 가시자두로 담그는 전통적인 진보다 덜 달아서 좋다. 산사나무 열매는 자두보다 야생 사과에 가깝기 때문에 최고급 셰리처럼 드라이한 맛이 난다. 산사나무 열매 브랜디는 심장 통증에 좋은 치료제다.

내가 가장 좋아하는 산사나무 열매 요리는 옛날식 산사 열매 케첩이다. 산사나무 열매를 양파, 마늘, 생강, 향신료, 흑설탕 약간과 함께 식초에 넣고 끓인 다음 체로 걸러 퓌레를 만든다. 그러면 어떤 음식에든 어울리는 걸쭉하고 톡 쏘는 케첩이 된다! 올해는 설탕을 꿀로, 양파를 나도산마늘로, 향신료를 어수리와 기름당귀와 야생 회향 씨앗으로 대체해야겠지만 말이다.

저녁에 먹을 분홍바늘꽃 싹을 딴다. 기다란 초록빛 싹은 위쪽에 술이 달려 있어 더욱 근사해 보인다. 어린 홉 덩굴손과 함께 찌면 아주 먹음직스럽다. 홉은 어린 풋강낭콩 뺨치게 맛있다(그래도 밭에서 키운 채소가 무척 그립긴 하다). 바삭한 어수리 싹 튀김과 사슴 살코기에 진하고 걸쭉한 산사나무 열매 케첩을 곁들여 먹는다.

17장

생선 만찬

많은 사람이 자신이 쫓는 건
물고기가 아니라는 사실을 모른 채 평생 낚시를 한다.

—헨리 데이비드 소로, 《월든》

송어 그라블락스

5월 16일, 데이질리아

오늘 아침에 밥이 근사한 송어 두 마리를 잡아다 주었다. 하나는 엄청나게 커서 2.5킬로그램은 될 것 같고, 다른 하나는 1.5킬로그램쯤 될 듯하다. 정말 신난다. 나는 내륙에 사는 데다 민물낚시 허가도 없어서 야생식의 해를 시작한 이래로 싱싱한 생선을 먹은 적이 없다. 내장을 꺼내고 비늘을 긁어낸 뒤 두툼한 꼬리 쪽을 한 덩이 잘라서 회로 먹는다. 나머지는 그라블락스(소금과 설탕, 딜에 담가서 절이는 북유럽식 연어 가공법—옮긴이)로 숙성해서 훈제할 생각이다. 훈제 연어와 거의 비슷할 것이다!

그라블락스를 떠올린 것은 길 멜러의 멋진 요리책 덕분이다. 내가 처음 그라블락스를 시도했을 때도 멜러의 요리책《채취》[1]에 실린 레시피를 따랐다. 소금, 설탕, 그리고 숙성 및 보존용 산으로 대황을 사용하고 장미 꽃잎과 회향 씨앗을 넣어 만들었다. 이번에는 크리스마스 직전에 바닷가에서 채취한 비타민나무 열매즙을 쓸 것이다. 연한 스위트 시슬리 잎을 접시에 가지런히 깐다. 으깨진 시슬리 줄기에서 벌써부터 아니스 향이 풍겨 나온다. 천일염 약간, 그리고 회향과 비슷한 기름당귀 씨앗 몇 개를 뿌리고 송어 토막을 껍질 쪽이 아래로 가게 놓는다. 그 위에 다시 소금, 기름당귀 씨앗, 밝은 오렌지색 비타민나무 열매즙을 뿌리고, 이맘때면 레몬과 소나무 향기가 나는 신선한 녹색 가문비나무 바늘잎도 얹는다. 냉장고에서 24시간 숙성시킨 후 헹구고 두드려 닦아 낸다.

저녁에는 바닥까지 겹겹이 회향 잎을 깐 오븐 쟁반에 송어 스테이크를 올리고 그대로 구워 먹는다. 생선 기름이 스며든 껍질이 바삭바삭 맛있게 구워진다. 버섯 향이 깊이 배어든 묵은 피클 기름을 달걀노른자에 붓고 호스래디시 뿌리를 살짝 갈아 넣은 다음 휘저어 마요네즈를 만든다. 오늘 오후에 캔 호스래디시라 신선하고 알싸한 맛이 난다. 한 번 더 강판에 갈았더니 엄청 매운 양파를 갈 때보

다도 더 심하게 눈물이 난다! 제비꽃 잎, 아삭한 느릅나무 씨앗, 레몬 향 나는 너도밤나무 잎에 버섯으로 만든 '간장' 드레싱과 삶은 메추리알을 곁들이니 간단한 샐러드가 완성된다. 지난 6개월을 통틀어 가장 건강하고도 신선한 식사 같다.

훈제의 매력

5월 17일, 데이질리아

송어 토막을 소금물에 24시간 담갔다가 헹궈 내고 24시간 말렸다. 이제 훈제하면 된다.

구석기인들이 구워 먹고 남은 고기를 불씨 곁에 하룻밤 동안 방치한 것이 훈제의 시작이었으리라고 나는 확신한다. 밤새 꿀술을 퍼마시고 잠들었다가 배고픔에 깨어난 조상들은 전날 남은 저녁밥이 훈제된 것을 발견하고 그 맛에 중독되었을 것이다. 냉장고가 없던 시절에는 음식을 훈제하면 더 오래 보존할 수 있다는 것도 큰 장점이었겠지.

나는 1950년대 혹은 1960년대에 생산된 빈티지 금속 식품 저장고를 갖고 있다. 이베이에서 저렴하게 구입한 제품이다. 빛바랜 크림색 에나멜 몸체에 밝은 빨간색 문이 달렸고 내부에는 철사로 된 선반이 네 개 있다. 철망이 덮인 원형 통풍구에는 공기의 흐름을 제어하기 위해 내가 직접 작은 경첩을 달았다. 여기에 연기 나는 톱밥이 담긴 작은 철제 그물망 용기를 넣으면 완벽한 저온 훈제 기구가 된다. 나는 훈제한 음식 맛을 좋아한다. 사슴고기 소시지든, 비둘기

가슴살이든, 톱밥 가마에 구운 것처럼 소용돌이무늬가 생긴 달걀이든, 두송 열매 훈연액에 담근 사슴고기 '베이컨'이든 가리지 않는다. 아마도 전생에는 훈제 가지와 초콜릿도 먹었을 것이다!

여덟 시간이 지나 훈제 송어가 완성된다. 얇게 썬 송어에 갓 따온 푸성귀 샐러드를 곁들이니 최고의 브런치다.

버섯 앞에서 명상

5월 18일, 웨스트필드

나는 오래된 벚나무에서 자라난 거대한 **덕다리버섯** 앞에 앉아 있다. 놀랍도록 아름다운 버섯이다. 윗부분은 밝은 주황색이고 그 아래로 유황처럼 노란 구멍이 송송 나 있다. 이 버섯을 따면 닭고기와 식감이 거의 비슷한 맛 좋은 '치킨' 카레와 너겟을 만들 수 있겠지만, 지금으로서는 그저 지구상의 생명체가 만들어 내는 다채로운 형태에 감탄하며 바라보고 있을 뿐이다.

뿌리 캐기

5월 29일, 킨로스

엄마가 간단한 수술을 받았다. 오늘 내가 병원에 들러 엄마 집으로 모셔 가야 한다. 하룻밤 묵으면서 엄마가 혼자서도 지낼 수 있을지 확인해 보려고 한다. 엄마는 내가 제정신이 아니라고 생각하는 게 분명하지만 그래도 내 장단에 잘 맞춰 주신다! 엄마 집 정원에 자라는 야생 푸성귀는 애기수영, 민들레 잎, 슬프게도 이미 억세고 질겨진 바늘꽃 약간뿐이다. 엄마는 내 식단에 어리둥절해하며 계속 금지된 음식을 권하지만, 나도 이럴 줄 알고 미리 내가 먹을 음식을 챙겨 왔다. 엄마는 베이크드 빈 통조림을 하나 따서 건포도 한 줌과 매운 카레 가루 한 순갈을 섞은 다음 전자레인지에 2분 돌려서 먹는다. 내가 놀라서 눈을 동그랗게 뜨자 엄마가 "이렇게 먹으면 간단하거든!" 하고 대꾸한다.

요리사들(가정에서든 식당에서든)이 얼마나 짜증스러울지 나도 충분히 짐작이 간다. 채식주의자, 비건, 글루텐이나 견과류나 유제품을 안 먹는 사람도 모자라서 "야생식만 주세요"라고 외쳐 대는 나 같은 사람까지 나타나다니! 주방에서 욕설이 터져 나올 만도 하다.

밤 9시쯤 되었지만 바깥은 아직 환하다. 지난 네 시간 동안 엄마 집 정원을 손질해 보려고 애썼더니 배가 고프다. 정원에 가득한 민들레를 채취하느라 겸사겸사 한 일이지만 말이다. 햇볕이 따뜻한 날이라 모든 꽃이 해시계 구실을 한다. 나는 민들레가 아름답다고 생각한다. 산들바람만 살짝 불어도 헬리콥터처럼 가볍게 날아오르는 홀씨들이 자연 파종된 블루벨과 차이브 앞에서 반투명하게 빛나는 모습, 레몬 향이 강한 애기냉이와 땅 위 공간을 두고 경쟁하는 모습이. 하지만 이 주변 정원들은 대부분 깔끔하고 질서 정연하다. 내년 봄에 민들레가 잔뜩 피어나면 이 동네 사람들은 달가워하지 않겠지. 나는 보송보송한 솜털이 달린 작은 민들레 씨앗을 종이봉투에 한 줌씩 넣어 두었다가 여기저기 뿌린다. 적당한 장소에서 게릴라

가드닝을 하는 걸 무척 좋아한다.

하지만 내가 지금 채취하려는 건 민들레 꽃씨가 아니라 길고 구수한 뿌리다. 정원 한구석이 멀끔해지고 내 에코백이 가득 찰 때까지 열심히 뿌리를 캔다. 유난히 굵직하고 즙도 풍부한 뿌리를 캐낼 때면 입에 군침이 돈다. 민들레가 점점 더 좋아진다. 자꾸만 딸꾹질이 나고 지방 공급원이 절실한 상황이지만, 그래도 세상 부러울 게 없다.

천사 등장

5월 30일, 킨로스

새벽부터 엄마가 움직이는 기척에 깼다가 다시 잠들었다. 아침 7시에야 잠자리에서 일어나 물을 한 잔 마신다. 부엌 바닥이 맨발로 걷기에는 너무 지저분한 것 같아서 빗자루를 꺼내 온다. 엄마는 여든두 살이나 되었고 건강 문제로 뼈 통증이 심하니, 집 안에 잡동사니가 쌓이는 대로 내버려 둔 것도 놀라운 일은 아니다. 전단지, 오래된 카탈로그, 빈 봉투가 사방에 널려 있다. 나도 모르게 본격적인 봄맞이 대청소를 시작했더니 11시쯤에는 피곤해서 까무러칠 지경이다. 생각해 보니 일어난 뒤로 물 한 잔과 딸기잎 차 한 잔밖에 먹은 게 없다.

요즘은 살짝 출출한 상태에 익숙해졌다. 내 칼로리 섭취량이 권장량보다 훨씬 적다는 건 의식하고 있지만, 배고파 죽겠다는 느낌은 없다는 게 놀랍다. 아직도 식욕이 별로 없다. 가끔씩 배가 고프기는 하지만 여전히 많이 먹기는 어렵다. 위가 줄어든 탓일까?

이번 달에는 유제품을 먹지 않고 채식을 많이 하려고 노력했다. 녹색 야채 외에는 주로 제철을 맞은 새알로 끼니를 해결한다. 지금은 완숙한 새알과 레몬 맛 애기수영을 잘게 썰어서 섞어 먹고 있다.

우리 조상들은 식량철이 바뀔 때 여행을 떠났지만, 그들이라면 먹을거리가 더 많은 바닷가로 이동했을 시기에 나는 내륙에 머물러야 했다. 칼로리 섭취가 장기간 줄어들고 지방 섭취도 없다시피 하면 몸 상태가 어떻게 되는지 알고 나니 생선을 더 많이 먹어야겠다는 생각이 든다. 상당한 도전이 될 것이다. 낚시를 몇 번 해 보긴 했지만 작은 바다 송어 한 마리밖에 못 잡았으니 내 낚시 실력은 형편없다고 가정해야 한다.

때로는 간절히 찾으면 천사가 나타나는 법이다.

한 시간 후 엄마의 친구 로버트가 찾아온다. 셋이서 이야기를 나누던 중 엄마가 갑자기 로버트의 취미가 낚시라고 말한다. 내가 상황을 설명하자 로버트는 마침 공휴일인 내일 낚시를 갈 예정인데 물고기를 잡게 되면 기꺼이 주겠다고 한다. 행운이 있기를!

한편으로 나도 포커크 중고 시장에서 낚싯대와 찌, 미끼를 구입해서 물고기 잡는 법을 배울 생각이다. 모든 유기체가 그렇듯 물고기도 각자 취향과 습관이 있을 테니까!

집으로 돌아와 저녁을 먹는다. 도토리 전분 반죽으로 만든 어수리 튀김이다. 맛있게 먹긴 했지만 잠자리에 들 때까지 여전히 배고프고 머리가 어지럽다.

채취인으로 산다는 것

5월 31일, 리그모스 히스

새벽 6시에 일어나 산사나무 잎차 한 잔을 마신다. 차가운 쐐기풀 프리타타 한 조각을 바구니에 담자마자 밖으로 나간다. 더위로 버섯이 말라비틀어지기 전에 마지막 남은 **밤버섯**을 따야 한다.

계곡 아래 아침 안개가 자욱하다. 강을 따라 낮게 깔려 흘러가는 안개가 보인다. 공기 중에 스머르smirr가 엷게 깔려 있다. 스코틀랜드어로 아주 가늘어 살갗을 적실 듯 말 듯한 이슬비를 가리키는 멋진 단어다. 은빛 안개 위로 이미 뜨거워진 황금빛 햇볕이 내리쬐며 대지를 말리고 따스하게 데운다. 정말로 평화로운 광경이지만, 바람이 잦아서인지 한참 떨어진 고속도로의 굉음이 아득히 들려온다. 코로나 봉쇄가 끝난 것이다. 언덕 꼭대기를 넘어가니 저 멀리 소나무 숲에서 뻐꾸기가 우는 소리만이 정적을 뚫고 들려온다. 숲속에는 밤버섯이 고리 모양으로 둥글게 나 있다, 가장 큰 버섯은 너비가 5미터 가까이 되고 33년쯤 자란 것으로 추정된다. 최상의 환경에서 밤버섯의 너비는 매년 15센티미터까지 늘어날 수 있다.

집으로 돌아와 따스한 나무 덱에 앉는다. 워터민트 차를 홀짝이며 점심에 수프를 끓일 버섯을 손질한다. 언젠가 우리 집 잔디밭에도 밤버섯 고리가 생기길 바라며 버섯 부스러기를 뗏장 아래 밀어 넣고 흙을 눌러 다진다. 흰턱제비가 여기저기 나타나는 날벌레를 덮치고 있다. 그중 두 마리는 흰 깃털을 가지고 노는 것 같다. 깃털을 떨어뜨린 다음 번갈아 가며 뛰어내려 도로 낚아챈다. 새들이 이러는 건 처음 본다. 새들도 놀이를 하는 걸까? 내 뒤에서는 일찍 나온 말벌들이 나무판자를 갉고 있다. 바삭바삭한 원뿔 모양 둥지를 지을 셀룰로오스를 찾는 것이다. 문득 말벌들이 참나무를 다 갉아 내기까지 몇백 년이나 걸릴지 궁금해진다.

뼛속까지 따스하게 스며드는 햇살 덕분에 지금 이 순간에 뿌리 내리기가 쉽다. 채취를 하려면 식물과 균류의 미시적 세부에 면밀한 주의를 기울이고 날씨와 서식지의 거시적 분위기를 읽을 수 있어야 한다는 것을 깨닫는다. 과거도 미래도 존재하지 않는 경계 공간에서 오로지 현재에 충실할 수 있어야 한다.

오후에 엄마에게 문자가 왔다. 로버트가 송어를 한 마리 잡았고 아직 낚시 중이니 더 잡을 수도 있다는 내용이다. 정말 다행이다!

하지만 이런 기쁨도 잠시뿐이다. 올해 나는 절대로 안주해서는 안 된다는 것을, 다음 끼니뿐만 아니라 다음 달까지 생각해야 한다는 것을 배웠다. 한창 골치 아픈 지방 문제 외에도, 여름에 대한 새로운 불안감이 생겼다. 식품 선반이 휑해졌고 여기저기 빈틈과 빈 병이 보인다. 밤 가루는 다 떨어졌고 헤이즐넛은 두 줌밖에 남지 않았다. 말린 빌베리도 100그램 정도만 남았다.

그래도 아직 냉동 야생 버섯과 도토리 가루 1킬로그램, 피클 여러 병이 남아 있긴 하다. 하지만 이것만으로는 균형 잡힌 식단을 구성할 수 없다! 나는 킨로스로 돌아가서 물고기를 받아 온다.

저녁 식사는 당연히 싱싱한 송어다. 송어 뱃속에 야생 타임과 소귀나무 잎 몇 장을 채워 넣고 잘 씻은 민들레 뿌리를 깐 도기 항아리에 담아 굽는다. 뚜껑을 여니 김이 모락모락 나면서 기막힌 냄새가 풍겨 온다. 송어를 꺼내고 항아리 뚜껑을 연 채 민들레 뿌리가 바삭바삭해질 때까지 다시 구워서 별꽃과 애기수영을 비롯한 20여 종의 잎과 꽃을 곁들여 낸다. 송어는 고기보다 훨씬 더 많이 먹을 수 있다. 그렐린에 제동이 풀린 것 같다. 몸에 지방이 들어오기 시작했다는 증거다. 들판과 강의 풍미가 살아 있으면서 영양이 풍부하고 포만감도 주는 요리다.

4부

여름

The Wilderness Cure

18장

방목에서 치즈까지

양치기는 온갖 신비한 언어를 안다.
그들은 양과 개의 언어, 별과 하늘의 언어, 꽃과 약초의 언어를 구사한다.

—메흐메트 무라트 일단Mehmet Murat Ildan

차-차-차가

6월 1일, 데이질리아

바람이 들지 않는 따스한 곳에서 쐐기풀을 마주 보며 앉아 있다. 쐐기풀과 깊은 대화를 나누는 중이다. 물론 인간끼리의 대화와는 다르다. 명상을 하면 마음속 번뇌가 가라앉고 영혼이 서로 만나 대화할 수 있는 경계 공간이 만들어진다. 이런 경험을 해 보지 않은 사람은 순전한 상상이라고 할지도 모르지만, 그렇지 않다는 걸 나는 잘 안다.

달걀 프라이와 덕다리버섯 볶음, 별꽃 샐러드로 아침 식사를 한 후 스코틀랜드 국경의 강가 계곡으로 차를 몬다. 이곳에는 오래된 자작나무에서 차가버섯이 자라는 구간이 있다. 차가버섯은 서늘한 공기가 유지되면서도 겨우내 바람 한 점 없이 고요한 저지대 계곡의 미기후를 선호하는 듯하다. 다행히도 나 말고는 이 장소를 발견한 사람이 없나 보다. 아직도 자작나무 여러 그루의 은빛 껍질에서 시커멓고 갈라진 돌기가 잔뜩 튀어나와 있다. 최근에 약용 버섯이 인기를 얻으면서 이 야생 균류도 많은 압박을 받고 있다. 야생 식량은 신중한 절차와 토지 관리 없이는 규모와 지속 가능한 상태를 유지하기가 어렵다.

탈진

6월 3일, 데이질리아

피부가 건조해지고 온몸이 가렵다. 게다가 머리를 감을 때마다 머리카락이 엄청 빠지는 것 같다. 실제로 여기저기 흰머리가 떨어져 있는 것을 보기도 했다. 처음에는 자연스러운 여름철 털갈이라고 생각했지만 이젠 확신이 서지 않는다. 지난 토요일에는 구순포진이 생기려고 했다. 게저가 꿀술을 담그겠다고 해서 인동덩굴 줄기에서 꽃을 따고 있었는데 특유의 따끔거림이 느껴지더니 몇 초 뒤 입술 아래 빨간 물집이 튀어나오기 시작했다. 구순포진 바이러스를 지니고 산 지 오래다 보니 그놈이 얼마나 골치 아픈지 잘 안다! 나는 즉시 바이러스 퇴치에 나섰다. L-라이신 1000밀리그램 정제를 먹고 프로폴리스 연고를 바르자 한 시간도 안 되어 물집이 사라졌다. 하지만 덕분에 내 면역력이 살짝 떨어졌다는 걸 깨달았다. 생각해 보니 최근

며칠은 가벼운 인후염이나 땀샘이 부어오른 것을 느끼며 잠에서 깼는데, 일단 일어나면 금방 낫곤 했다. 원래 나는 황소처럼 건강한 체질이라 이런 상황이 다소 당혹스럽다.

오늘 아침에는 타들어 갈 듯 목이 마른 채로 눈을 떴고, 그제야 내 몸에 부족한 게 물이 아니라 지방임을 알았다. 내 추측을 확인하기 위해 누운 채로 구글에 접속하여 '지방 섭취 부족 증상'을 검색해 보았다.

어느 사이버 영양학자에 따르면 "지방 섭취는 필수적이며, 총 에너지 섭취량의 25~30퍼센트는 되어야 바람직하다". 또 다른 영양학자는 "성인 대부분은 매일 지방을 최소 60그램 섭취해야 한다"라고 말한다. 지방 섭취가 부족하면 허기, 피로, 관절통을 느낄 뿐만 아니라 감기에 걸리기 쉽고 피부가 메마르며 머리가 멍해진다고 한다.

어젯밤에는 유난히 기운이 없고 피곤했다. 맷이 만든 저녁 식사도 그날따라 영 맛이 없었다. 마지막 남은 갈색 미트로프, 엘더베리 소스로 조리해서 씁쓸하고 질척질척한 보라색 덩어리가 된 냉동 덕다리버섯, 데쳤는데도 여전히 입안을 찔러 대는 짙은 녹색 방가지똥이 전부였다. 어떻게든 입에 넣고 삼키려 했지만, 맛없는 학교 급식을 억지로 먹어야 하는 어린아이가 된 기분이었다. 도저히 씹어 넘길 수가 없었다. 한 시간 뒤 메슥거림과 피곤함을 느끼며 잠자리에 들었고, 아침이 되자 목구멍이 바싹 말라붙었다고 느끼며 깨어난 것이다.

몇 년 만에 처음으로 기름진 패스트푸드가 눈앞에 어른거린다. 지난 7개월 동안의 금욕도 아랑곳하지 않고 차에 올라 가까운 피시 앤 칩스 가게로 향한다. 상관없다. 지방이 너무도 간절하니까. 배고파 죽을 지경이다.

가게는 닫혀 있다.

정말 다행이라고 느끼면서도 한순간 나약해져 버린 내가 부끄럽다.

요즘은 새들이 알을 낳는 시기라 달걀을 주로 먹고 있지만, 지방이 많은 씨앗이나 견과류나 과육은 전혀 없다. 껍질을 벗기지 않은 헤이즐넛 두 줌이 남아 있긴 하지만 가을까지 아껴 두려고 한다. 아보카도나 캐슈너트는 스코틀랜드에서 재배되지 않고, 당연히 야생에서 구할 수도 없다. 지난 두 달 동안 푸성귀가 풍부해진 덕분에 다행히 육류 섭취는 확 줄었다.

생선을 지금보다 많이 먹어야 한다고 느끼긴 하지만, 며칠 지나지도 않았는데 밥이나 로버트에게 더 달라고 조를 염치는 없다.

염소들과의 하루

6월 5일, 아크레이 농장

관찰력이 뛰어난 여러 선배 채취인들이 그랬듯이, 나 역시 봄의 풍요로운 신록이 다하고 무더운 여름이 오면 먹을거리를 찾기가 훨씬 더 어려워진다는 사실을 깨달았다. 연하고 즙 많던 야채는 꽃과 씨앗을 생산하느라 잎이 질겨지고 섬유질이 많으며 맛이 없어졌다. 알은 부화해서 새가 되어 날아갔다. 해초는 번식하여 끈적끈적해지고 맛을 잃었다. 굴에 달달하고 상쾌한 맛을 주는 저장 전분(글리코겐)

은 재생산을 하는 생식세포로 바뀐다. 조개류는 대부분 생식을 하고 나면 맛과 질감이 변한다. 따라서 여름 과일과 베리, 견과류가 나오기 전까지는 충분한 칼로리를 얻기 위해 조개 줍기, 낚시, 유제품 제조에 의존해야 한다.

오리 알 스크램블드에그와 덕다리버섯 볶음(한번 만들면 며칠은 보관할 수 있다), 훈제 송어와 야채샐러드를 먹은 후 우유를 구하러 친구 메이지와 니콜라가 사는 브리그 오터크로 차를 몬다. 두 사람이 키우는 염소들과 함께 하루를 보낼 계획이다. 온화한 엄마, 활기찬 아기, 다리가 뻣뻣한 할머니 등 염소마다 전부 개성이 뚜렷하다. 염소들은 마치 우두머리 암컷을 따르듯 니콜라를 졸졸 따라간다. 모두가 신나게 대문 밖으로 나서 언덕을 향한다.

니콜라가 염소를 키우는 건 영속농업을 지향하는 생활에 적합한 동물이기 때문이다. 영속농업permaculture이란 총체적인 순환 시스템을 기반으로 자연을 모방하여 농사짓는 방식인데, 온전히 지속 가능하고 재생 가능하다는 점에서 나도 관심을 갖고 있다. 강인한 동물인 염소는 가시덤불, 잡초, 다양한 외래종 식물과 식물성 목질을 섭취하여 단백질이 풍부한 우유로 바꿔 놓는다. 게다가 영양가 있는 거름을 제공하여 토양도 비옥하게 해 준다.

아크레이 호수는 웅장한 계곡에 자리 잡고 있다. 북쪽으로는 스트론 아르마일테나 벤 안과 같은 산봉우리들이 있고, 남쪽으로는 벤 베뉴, 스토브 안 로헤인, 베인 안 오하라이, 크레그 이니흐를 아우르는 산맥이 굽이쳐 흐른다. 14세기에 이 농장으로부터 도보로 7시간 거리인 인버스네이드에서 야생 염소가 발견되었다는 기록이 있다. 오늘날 스코틀랜드에는 벤 베뉴 산비탈에 서식하는 무리를 포함해 약 3000~4000 마리의 야생 염소가 서식하고 있다. 염소는 약 5000년 전 신석기시대 농부들과 함께 이 지역에 도착한 것으로 추정되며, 수백 년 동안 그중 상당수가 탈출하여 야생 염소의 조상이 되었다. 염소의 개체 수는 1960년대 후반 이후로 고르게 유지되고 있다. 개체 수를 관리하지 않으면 삼림과 주요 서식지가 재생될 시간이 부족하기 때문이다. 사슴과 마찬가지로 적절한 균형을 유지하려면 선별이 필요하다. 민감한 주제이긴 하지만, 최상위 포식자가 될 동물이 없다면 삼림 유지를 위해 인간이 그 역할을 맡아야 한다.

동물을 기르고 길들이는 것을 총칭하는 용어인 축산업은 채취나 수렵에 포함되진 않지만 농경보다 훨씬 더 오래된 식량 조달 방식이다. 인류는 약 1만 1000년 전부터 가축을 사육해 온 것으로 알려져 있다. 처음에는 양과 염소를 기르다가 나중에는 소도 기르게 되었다. 영국의 고대 켈트인은 3000여 년 전에도 유제품 생산으로 유명했으며, 버터와 같은 유제품을 프랑스에 수출한 흔적이 남아 있다. 그들이 차갑게 보관하려고 늪지대에 묻어 두었던 버터가 지금도

가끔씩 고고학자들에 의해 발굴되곤 한다.

호모 사피엔스가 지구 전체를 정복하는 데 성공한 것은 거의 모든 것을 먹을 수 있는 능력 덕분이었다. 하지만 전 세계에서 오랫동안 동물의 젖을 먹어왔음에도, 점점 더 많은 서양인이 유제품을 피하고 있다. 다른 동물의 아기가 먹을 양식을 뺏는 건 부자연스럽다는 의견도 종종 들린다. 실제로 다른 동물의 젖을 가로채는 동물은 인간뿐이긴 하다. 하지만 음식을 조리하고, 전자레인지에 데운 반조리 식품을 먹고, 먹을거리에 인공 향료와 방부제를 첨가하고, 콜라를 마시는 것도 '부자연스러운' 행위다.

염소젖을 구한 데 들떠서 집으로 돌아오는 길에 문득 낙농업이 어떻게 시작되었는지 궁금해진다. 아마도 조상들은 인간 아기와 동물 아기가 같은 방식으로 영양을 공급받는다는 사실을 알아차렸으리라. 엄마가 모유를 먹일 수 없는 경우 동물 젖을 먹이면 아기가 잘 자랄 수 있다는 것도. 케피르, 크바스, 쿠미스와 같은 간단한 발효 기술 덕분에 어른도 동물 젖을 소화할 수 있게 되었다.

작년 겨울을 넘기고 나니 인류가 동물을 키우기 시작한 이유를 충분히 이해할 수 있게 되었다. 사냥보다 안전하고 확실하고 안정적으로 고기를 공급받는 방법이었으니 말이다. 초기의 가축 무리는 대부분 반半야생 상태였을 것이다. 목동과 양치기가 자연의 변화를 따라 가축을 이끌고 풀이 무성한 여름 목초지와 겨울 은신처를 오갔을 테니까.[1] 유럽에서도 알프스산맥과 일부 지중해 국가에서는 여전히 이와 같은 이동 방목이 시행되고 있다. 트란실바니아에서는 여름 목초지와 겨울 목초지를 오가는 300킬로미터의 장거리 이동 방목을 하는데, 편도 이동에만 6주 정도 걸리기도 한다.[2] 노르웨이 일부 해안 지역에서는 아직도 겨울이 지나면 양치기들이 양 떼를 바닷가로 이끌어 간다고 한다. 양들은 앞다투어 달려가서 연한 블래더랙 싹을 뜯고 바닷물을 마신 다음, 고산 지대로 올라가서 여름을 난다. 물론 지금은 사라져 가는 관습이지만, 신체적으로는 고단해도 지극히 만족스러운 생활이 아닐까 싶다. 우유가 계절을 타는 음식이라고 말하면 이상하게 들리겠지만, 야생 젖소(지금은 멸종된)는 보통 5월에서 6월 사이에 새끼를 낳곤 했다. 그래서 인간이 소의 번식 기간을 인위적으로 조절하기 전에는 송아지가 젖을 뗀 5월부터 9, 10월까지 여름 동안에만 우유를 넉넉히 구할 수 있었다.

향기로운 야생초와 야생화가 자라는 고지대 초원에서 여름철을 보내도 좋을 것 같다. 여름 방목장의 소박한 나무 오두막에 살며 우유를 짜고 버터, 크림, 치즈를 만들면서 지내는 것이다. 모든 북유럽 국가에는 간단하게 만들 수 있는 치즈가 있다. 스코틀랜드의 크라우디crowdie, 노르웨이의 수로스트surost, 프랑스의 발랑세, 그리스의 페타처럼 말이다. 스위스의 에멘탈처럼 더 크고 숙성된 치즈는 골짜기 지역에서 만들어진다. 120킬로그램짜리 치즈는 산에서 갖고 내려오기엔 너무 무거우니까!

요즘은 젖소를 일 년 내내 실내에 가두고 송아지와 분리하는 대규모 낙농업이 잔인하고 불필요하다는 생각이 든다. 이런 집약적 산업에서 나오는 폐기물 또한 지속 가능하지 않다. 하지만 동물 복지를 중심에 둔 소규모 유기농 목장은 다른 얘기다. 수렵과 채취라는 구석기시대의 생활 방식으로 돌아가는 건 불가능하다. 인류가 너무 많아진 이상 농업은 계속될 수밖에 없다.

최초의 육상동물이 진화한 이래로 동물은 식물이 주는 선물을 재활용하여 지구의 토양을 비옥하게 해 왔다. 현대 낙농업이 꼭 이토록 산업화되고 대규모여야 할까? 소를 사육장에 가둬 놓기, 집약적 낙농업, 화학물질로 토양을 채우기를 그만두고 옛날 방식으로 동물을 키운다면 우리의 먹을거리와 식생활이 크게 개선될 거라고 확신한다. 그러면 인간-동물-토양의 명예로운 삼위일체가 성립되어 서로 존중하고 이익을 얻는 관계를 누릴 수 있을 것이다.

우리는 염소 떼와 함께 둔 남 무크 산비탈 아래 흙먼지 날리는 길을 걸어 목장으로 돌아간다. 염소들은 이 길에서 빌베리 덤불, 소귀나무, 버드나무, 두송 관목 같은 다양한 섬유질을 실컷 먹을 수 있다. 다들 만족스러워하며 신나게 풀과 나무를 뜯는다. 나는 여분의 젖을 선사해 준 염소들에게 깊이 감사한다.

점심 식사는 약간의 쐐기풀 칩으로 시작된다. 케일 칩의 맛있는 야생 버전이다. 구운 사슴고기에는 목장에서 갓 딴 조스타베리로 만든 새빨간 소스를 뿌렸다. 쐐기풀 프리타타, 발효 나도산마늘 피클, 그리고 메이지네 허브 밭에서 딴 갈퀴덩굴 싹, 오레가노, 고수 잎에 작은 삼색제비꽃을 흩뿌린 곱디고운 샐러드까지 곁들여 나온다. 전부 메이지가 나 몰래 준비한 요리다. 고맙고 감동해서 어쩔 줄 모르겠다. 다른 사람이 나를 위해 야생식 요리를 해 준 건 처음이다. 대단하다! 직접 재배한 유기농 조스타베리인 만큼 궁색한 변명을 늘어놓으며 사양하지 않아도 된다는 게 고마울 따름이다!

치즈 만들기

6월 6일, 데이질리아

일어나서 밤버섯, 민들레 잎, 사슴 콩팥으로 아침 식사를 한다. 오늘은 할 일이 많다. 니콜라가 준 염소젖 15리터로 치즈 만들기에 착수할 예정이다. 어제저녁 염소젖에 케피어 종균을 넣고 밤새 그대로 두었다. 스코틀랜드에서는 모든 우유가 저온 살균되기 때문에 가장 먼저 박테리아를 재주입해야 하는데, 케피어가 그 역할을 멋지게 해 주었다. 가엾게도 7개월이나 냉장고에 방치되어 있었던 종균이라 회복할 시간을 넉넉히 주어야 했다!

나는 수년간 치즈를 만들어 왔고 식물성 레닛으로 다양한 실험을 해 보았다. 키모신(응고를 담당하는 주요 효소)을 함유한 레닛은 송아지나 아기 염소의 뱃속에 있는 효소로, 우유를 응고시키는 역할을 한다. 우유의 액체 성분인 유청에서 분리된 커드를 걸러 내면 연성 치즈를 만들 수 있다. 커드 일부는 조리하고 압착하여 경성 치즈를 만들기도 한다. 그런데 염소젖이나 양젖, 때로는 우유까지 응고시키는 효소를 함유한 식물도 있다. 식물성 효소가 동물성 키모신만큼 강하진 않기 때문에 나는 라브네, 코티지치즈, 크림치즈 같은 연성 치즈를 주로 만든다. 하지만 지금은 야생식만 먹는 중인 만큼 11월 말까지 보관할 수 있는 경성 치즈를 만들기 위해 식물성 레닛의 한계를 시험하고 있다. 그때쯤 되어야 내가 이 치즈를 맛볼 수 있을 테니까.

우유를 5리터씩 셋으로 나누어 냄비에 담는다. 첫 번째는 삶은 쐐기풀 즙 레닛을, 두 번째는 싱싱한 애기수영 즙을, 세 번째는 물에

탄 엉겅퀴 씨 가루를 넣는다. 그러고 나서 보온을 위해 맥주 발효대에 올려 둔다. 맥주 발효대라고 해 봤자 몇 년 전 중고로 구입한 온열 패드일 뿐이지만, 그래도 무척 쓸모가 많다. 발효 중인 맥주, 요거트, 치즈를 뜨뜻하게 유지해 주고, 책상에 앉아 있을 때 시린 발을 따스하게 받쳐 주기도 하며, 기온이 내려가면 온열 기구 대신 닭장에 집어넣기도 한다. 온기가 식지 않게 냄비에 수건을 덮어 그대로 둔다. 몇 시간 뒤에 확인해 보니 쐐기풀 즙을 넣은 우유는 완벽한 커드 상태로 뭉쳐져 있다. 냄비에 담긴 채로 깍둑썰기해서 스토브에 살짝 더 익힌다. 애기수영 즙도 근사한 녹색 커드를 만들어 주었다! 엉겅퀴 씨로 만든 커드는 너무 흐물흐물한 걸 보니 시간이 부족했던 듯싶다. 냄비를 도로 덮어 좀 더 숙성시킨다.

부드럽게 익힌 커드를 국자로 떠서 용기에 담고 물기를 뺀다. 전통적으로는 구멍 뚫린 작은 바구니나 냄비가 쓰인다. 오래된 금속 저울추를 올려 두니 커드가 눌려 유청이 말끔히 빠져나온다. 유청을 제거한 커드를 말린 나뭇잎으로 느슨하게 감싸서 치즈 저장고의 작은 철사 선반에 넣고 숙성을 시작한다.

점심은 거르고, 워낙 바빠서 저녁도 간단하게 때운다. 훈제 송어에 야채샐러드를 한가득 곁들인다. 쓰레기장 위 관목 숲에서 채취한 제비꽃 잎, 울렉스와 꽃냉이와 댐스 로켓dame's rocket 꽃뿐만 아니라 힐하우스 위쪽에서 채취한 살갈퀴 싹, 유럽피나무 잎, 별꽃을 넣은 샐러드다. 참나무에서 딴 350그램짜리 어린 덕다리버섯도 맛있게 먹는다. 집에 돌아와 보니 게저와 맷이 린리스고 호수 근처에서 식재료를 채취하다가 찾았다는 2킬로그램짜리 버섯이 있다. 덕다리버섯이 도처에 돋아나고 있나 보다!

저녁에는 반가운 선물이 더 많이 도착한다. 밥의 동생 노리가 냉동고를 정리하면서 송어 네 마리, 사슴 다리와 어깨, 오리 알 여섯 개, 메추리알 열여덟 개, 달걀 몇 개를 보내 주었다. 마치 크리스마스에서 이레째 되는 날 같다(크리스마스캐럴 〈12일간의 크리스마스The Twelve Days of Christmas〉는 크리스마스 날부터 주현절인 1월 6일까지 하루에 한 가지씩 추가되는 열두 가지 선물을 받는 내용이다—옮긴이). 게저가 엘더플라워 꿀술 한 병을 딴다. 정말 만족스러운 하루다.

나는 무언가를 만드는 과정을 무척 즐기는데 그중에서도 치즈 제조를 유난히 좋아한다. 우유가 걸쭉해지다가 뭉쳐서 두툼한 커드가 되는 걸 보면 연금술이 따로 없다. 수공예와 수작업은 내게 채취와 비슷한 매력이 있다. 헤어져 구멍 난 모직 양말 바닥을 깁는 일도 그렇다. 그냥 버리고 새 양말을 살 수도 있겠지만, 바늘을 쥐고 한 땀 한 땀 집중해 꿰매는 시간은 일종의 명상과도 같다. 물건을 만들고 수선하는 데 시간을 들이다 보면 현재의 삶에서 내가 가진 것에 더욱 감사하게 된다. 그리고 이런 감사의 마음은 가장 소박한 삶에도 풍요로움을 불어넣는다.

숙성의 시간

6월 10일, 데이질리아

내 치즈가 서서히 숙성되어 간다. 곰팡이가 생겨 상하기라도 할까 봐 노심초사 지켜보고 있다. 서늘하고 어두운 치즈 숙성고가 없기 때문에 푸성귀와 함께 냉장고에 넣어 두어야 하는데, 그러다 보니 치즈 주위로 공기가 잘 순환되지 않는다. 동물 젖을 사용하는 건 올해 중에는 이번이 마지막이니, 치즈가 상하기라도 한다면 정말 속상할 것이다. 그래서 냉장고에 넣었다가 나무와 철사로 만들어진 소형 치즈 저장고에 넣었다가 하며 보관하는 중이다. 냉장고는 너무 차갑고 저장고는 너무 따뜻해서다. 이틀에 한 번씩 유청에 소금을 넣어 만든 염지액을 발라 준다. 이렇게 하면 치즈를 상하게 하는 검은 곰팡이를 방지하고 적당한 곰팡이가 자라도록 거들 수 있다.

내가 만든 치즈를 맛보고 싶은 유혹을 견디기가 어렵긴 하다. 치즈를 실컷 먹으면 지방에 대한 욕구도 순식간에 해결될 텐데! 맷이 점심 식사를 만든다. 버리기 아까워서 저장해 둔 사슴 심장을 버섯 케첩, 피클 기름, 비타민나무 열매즙, 신선한 야생 타임, 오레가노와 소금에 하룻밤 재웠다. 얇게 썰어 프라이팬에 볶은 다음 덕다리버섯, 조그만 메추리알, 야채샐러드와 함께 차려 낸다. 예상보다 훨씬 맛있고 배도 너무 불러서 저녁은 거르기로 한다. 그 대신 간단한 야식으로 마크가 선물한 훈제 고등어 파테를 해동해서 얇은 도토리가루 크래커에 발라 먹는다.

19장

갯벌의 보물들

merse: 명사, 스코틀랜드어.

1. 강가나 바닷가의 저지대. 종종 충적층이 있고 비옥함.

2. 습지.

—《콜린스 영어 사전》

수확의 날

6월 13일, 타이닝엄

밤이 지나면 낮이 오듯 연한 잎이 지고 꽃이 핀다. 육지 식물들은 아름다운 꽃을 피우는 데 모든 에너지를 쏟는다. 잎은 씁쓸해지고 씹으면 퍼석퍼석하다. 한때 즙이 많았던 줄기는 단단해지고 속이 텅 빈다. 꽃이 지고 나면 여물 묵직한 이삭을 지탱하기 위해 억센 섬유질과 동물이 소화하기 어려운 셀룰로오스가 필요하다. 나는 꽃을 사랑한다. 꽃은 고운 형태와 빛깔로 우리의 영혼을 살찌운다. 하지만 꽃으로 신체를 살찌울 수는 없다! 꽃향기는 풍미를 더해 주긴 해도 양분이 되진 않으니까. 꽃에는 칼로리가 거의 없다.

초식동물들도 이걸 알고 있다. 사슴들은 아직도 맛 좋은 풀이 무성하고 서늘한 고지대 산비탈로 이동한다. 우리의 사냥꾼 조상들도 대부분 사슴을 따라 이동했고, 이후 유목민 양치기 조상들도 염소와 양을 데리고 푸르른 여름 목초지로 올라갔다. 하지만 많은 채취인에게 이 화창한 계절은 바다로의 귀환을 암시한다. 나는 페스토에 볶은 느타리버섯으로 배를 채우고 목적지인 강어귀로 향한다.

농장 길을 벗어나 초원을 가로지르는 오솔길로 접어들자 눈앞에 갯벌이 나타난다. 뜨거운 햇볕 아래 사막의 신기루처럼 아지랑이가 피어오른다. 가슴이 뛴다. 몇 달간 봉쇄에 처했던 내겐 사막에서 만난 오아시스만큼 반가운 풍경이다. 갯벌에 내려가면 발을 내디딜 때마다 먹을거리를 밟게 된다. 이리저리 위험한 수로가 뻗어 나간 짙은 녹색의 평평한 진흙 팬케이크 속에 식재료가 몇 에이커나 펼쳐진다! 군데군데 돋아난 아르메리아와 산토닌쑥 덤불이 눈에 들어온다. 바닷가를 따라 난 식물들이 공간을 차지하려고 서로 다투는 중이다. 내가 내려가고 있는 둑은 바닷물이 닿지 않아서 염분을 싫어하는 서양톱풀과 수영이 무성하다. 둘 다 물고기와 함께 먹기 딱 좋은 식물이다.

바닷가에서 즐길 수 있는 최고의 식사란 아마도 갓 잡은 물고기의 배를 깨끗이 씻어 내고 서양톱풀 잎을 채운 뒤 불에 달군 납작한 돌에 올려 부드럽게 구운 다음, 만들기 쉽고 알싸한 맛이 나는 수영 소스를 뿌린 것이리라. 돌에 올려 구운 홍합과 꼬치에 꿰어 구운 가는다시마 칩을 곁들여도 좋겠다. 지난번 그렇게 만들어 먹은 다시

마 칩을 떠올리기만 해도 입안에 군침이 돈다. 내 안의 쾌락주의자가 오늘 나를 기다리는 순수한 즐거움(자연이 선사하는 야생식 찾아내기)에 집중하는 순간, 일과 삶에 관한 생각은 전부 사라져 버린다.

나는 서양톱풀과 수영을 지나쳐 섬뜩할 정도로 독미나리hemlock water-dropwort가 무성한 도랑을 건너간다. 독미나리 도랑이 마치 피라냐가 가득한 해자처럼 갯벌 가장자리를 빙 둘러싸고 있다. 독미나리는 영국에서 가장 위험한 식물 중 하나로, 초봄에 다른 식물보다 더 일찍 싹을 틔운다. 겨울이 끝났지만 들판은 여전히 칙칙한 갈색과 회색인 시기에 오싹하도록 선명한 초록빛을 띠는 독미나리는 유난히 두드러진다. 아무도 먹을 엄두를 못 내는 풀인 만큼 온 세상이 굶주린 시기에도 거리낌 없이 눈에 띄는 빛깔을 자랑한다.

도랑을 건너자마자 발밑에 눈양지꽃이 밟힌다. 수십 년 넘게 모래가 날아와서 쌓인 야트막한 둔덕에 주로 나는 식물이다. 연둣빛이 감도는 회백색 잎사귀가 땅에 납작 달라붙어 있다. 지금은 그냥 넘어가지만 겨울을 대비해 위치를 기억해 둔다. 느슨하게 쌓인 모래를 파기만 해도 쉽게 뿌리를 꺼낼 수 있을 테고, 사구와 달리 여기서는 뿌리를 채취해도 괜찮다. 사구를 지탱해 주는 잡초나 마람풀 뿌리를 함부로 파내면 방파제 구실을 하는 사구가 무너질 수도 있다. 뿌리를 채취할 때는 생태학적 고려와 토지 소유주의 허가가 필요하다. 역사 기록에 따르면 눈양지꽃은 아우터헤브리디스 제도에서 구황식물로 높이 평가받았다고 한다. 이 고장 특유의 비옥한 저지대 초원 마허르machair에서 채취한 눈양지꽃 덕분에 많은 가구가 살아남을 수 있었다.

마침내 갯벌에 도착했다. 만조 시에도 물이 좀처럼 닿지 않는 뒤쪽 20야드는 풀이 무성하게 자라 있다. 나는 오랫동안 식물을 식별해 온 만큼 눈썰미가 뛰어나다. 이젠 책이나 컴퓨터 화면을 들여다보려면 돋보기가 필요하지만, 그래도 **지채** 덤불은 백 걸음에 하나씩 찾아낼 수 있다. 사람들은 풀밭이라고 하면 다 똑같은 녹색 땅뙈기라고 생각하지만, 풀밭 한 뼘에서도 여러 종류의 식물을 발견할 수 있다. 지채는 특유의 초록빛과 잎 모양으로 금방 알아볼 수 있다. 잎 아래쪽이 땋아 내린 것처럼 서로 겹쳐져 있어서 열대식물인 부채파초의 잎사귀를 떠올리게 한다. 이른 봄에 작은 지채 새싹을 뽑으려면 먼저 찾아야 할 것이 있다. 메말랐지만 여전히 꼿꼿하게 씨앗 몇 개를 매단 채 겨울을 무사히 넘긴 갈색 지채 잎자루다. 씨앗이 줄기에 직접 붙어 있는 갯질경이와 달리 작은 지채 씨앗은 잎자루에 하나하나 달려 있다. 머리카락처럼 가늘긴 해도 내 눈을 피해 갈 수는 없다. 썩어 가는 갈색 잎자루를 떼어 내면 그 아래 진흙 속에서 싱싱하고 푸른 싹이 새로 나온다.

계속 자랄 수 있게 한 포기마다 잎을 몇 장씩 남기려고 주의하면서 두 주먹 가득 새싹을 딴다. 대략 200그램 정도다. 이렇게 채취한 싹은 냉장고에 두면 한 달 정도 보관할 수 있다. 지채는 야채라기보다 허브에 가깝다. 나는 이 '풀'을 먹으라며 건네주고 사람들의 표정 변화를 지켜보는 걸 좋아한다. 다들 처음에는 살짝 불안해하며 입에 넣지만, 일단 씹기 시작하면 얼굴이 환해지고 깜짝 놀란 듯 눈이 반짝인다. 킥킥 웃거나, 믿기지 않는다는 듯 고개를 내젓거나, 어리둥절해서 '어!' 하고 외치기도 한다. 지채는 싱싱한 고수와 거의 똑같은 맛이 나기 때문이다. 부추나 파처럼 잘게 썰어 샐러드나 카레에 넣어도 좋다. 온실에서 키워 마트에서 파는 매콤하고 시들시들한 허브와는 맛이 완전히 다르다.

내가 지채를 먹기 시작한 것은 이 맛있는 식물에 관해 한참을 조사하고 나서였다. 어느 친구가 지채는 유독 물질인 시안화수소를 함유하고 있으니 잎자루 맨 아래 흰 부분만 먹으라고 조언했기 때문이다. 나로서는 동의할 수 없었다. 조심해야 한다는 건 맞지만, 천연 독의 공포는 과대평가된 측면이 강하고 자연계 전체의 맥락을 고려하지 않은 경우가 많다. 나는 정체가 확실하지 않거나 의심스러운 식물은 절대로 먹지 않지만, 개별 식물의 성분을 분석하는 과학 연구가 항상 자연의 실체를 반영하진 않는다는 것도 알고 있다.

지채는 풀처럼 생긴 지채목 지채과 식물로, 학명은 Triglochin maritima다. 갯장포를 비롯해 다양한 속명이 있는 만큼 유일무이한 학명을 알아 두는 것이 좋다. 학명을 알고 있으면 민물 내륙 습지에 나는 물지채Triglochin palustris와 구별할 수 있다. 위키백과 웹사이트에도 (무려 1929년의 참고 문헌을 인용하여) 이렇게 언급되어 있다. "지채는 시안화물을 생성할 수 있는 유독성 식물이다. 소의 신체를 손상시키는 것으로 알려져 있으며, 생잎은 말린 것보다 더 독성이 강하다." 인터넷 과학 지식의 폐해란!

나는 심층 조사에 들어갔다. 학술지에 발표된 논문을 조사한 결과 지채는 탁시필린taxiphyllin과 트리글로키닌triglochinin이라는 시안생성글리코시드를 함유하고 있으며, 특히 트리글로키닌은 말린 지채 100그램당 평균 0.3~3.8그램까지 함유된 것으로 나타났다. 트리글로키닌 함량은 지채에 새잎이 나는 봄과 건조한 8월 늦여름에 증가하며 서식지에 따라서도 차이가 있는 것으로 보인다. 담수 유역에서는 3.8그램으로 최고점에 이르지만, 염수 유역에서는 0.3그램까지 떨어지며 많아도 0.9그램을 초과하지 않는다. 이를 통해 시안생성글리코시드 함량은 때와 장소에 따라 크게 변동한다는 걸 알 수 있다. 또 식물이 취약한 시기, 즉 겨울이 끝나 연하고 어린 새싹이 포식자를 끌어당기는 시기와 물이 부족해지고 초식동물이 다시 배고파지는 건기에 집중된다는 점도 드러난다.

하지만 사실 시안생성글리코시드를 함유한 식물이라고 해서 시안화수소를 함유한 것은 아니다. 시안생성글리코시드는 필요할 경우 시안화수소로 변환할 수 있는 천연 식물성 화학물질이다. 나는 또한 부분적으로 침수된 지채의 '시안화수소 생성 잠재력'이 건조하고 굳은 땅에 서식하는 발육 부진 지채의 20~50퍼센트에 불과하다는 것도 알아냈다. 따라서 식물이 규칙적으로 습기를 취하면 독성이 훨씬 약해지고, 가뭄과 과도한 방목에 처하면 독성이 훨씬 강해진다.

식물은 바보가 아니다. 오히려 35억 년 가까이 화학을 활용해온 연금술의 대가라고 할 수 있다. 식물은 한자리에 붙박여 도망칠 수 없는 만큼 화학에 많은 투자를 했지만, 자부심이 강한 만큼 항상 유독성 화학물질로 완전무장 한 상태를 유지하진 않는다. 그런 전술이 경우에 따라서는 오히려 식물 스스로에 해로울 수 있기 때문이다. 언제나 무장한 채로 지낸다면 얼마나 스트레스가 심하겠는가? 따라서 대부분의 식물은 기본 방어 시스템(지채의 경우 유독 가스)을 준비해 두고 공격받거나 동물에게 먹히려 할 때 촉매 효소를 통해 방어 시스템을 활성화한다. 그리하여 적절한 효소(지채의 경우 β-글루코시다아제)가 시안생성글리코시드를 활성화하면 시안화수소가 만들어진다.

내가 살펴본 논문들은 주로 수의학 분야였다. 농부들이 유독성 식물로 소를 방목하게 될까 봐 우려하기 때문이다. 따라서 지채 연구는 대체로 인간이 아니라 소를 염두에 두고 이루어졌다. 소의 위는 인간과 다른 반추위 구조로, 음식물을 산으로 분해하는 대신 박테리아를 통해 퇴비화한다. 소의 소화 과정은 더 길고 더 오랜 시간이 필요하므로, 반추위에는 여러 개의 주머니가 있다. 소가 지채를 먹으면 미생물에 의해 반추위 속의 물과 화학반응을 일으켜 트리글로키닌이 분해되고, 그리하여 시안화수소가 생성된다. 반면에 말은 시안생성글리코시드를 함유한 식물의 영향을 거의(혹은 전혀) 받지 않는다. 반추위가 없고 위도 하나뿐인 말의 소화 구조로는 시안생성글리코시드를 시안화물로 전환하기 어려워서다.

지채의 유독 성분은 체내에 누적되지 않기 때문에, 소 한 마리가 싱싱한 지채를 먹고 사망하려면 한꺼번에 체중의 0.5퍼센트 정도를 먹어야 한다. 이를 근거로 계산해 볼 때, 체중이 70킬로그램인 인간이 (소와 같은 소화기관을 지녔다는 가정 하에) 위독해지려면 이른 봄이나 여름 건기가 끝날 무렵 민물 습지에서 채취한 지채를 350그램 먹어야 한다. 슈퍼마켓에서 파는 손질 부추 한 봉지가 20~30

그램 정도니까, 체중 70킬로그램인 인간은 20그램짜리 열일곱 봉지(또는 30그램짜리 열한 봉지)만큼의 지채를 한꺼번에 먹어야 치사량을 섭취하는 셈이다. 고수를 **무지하게** 좋아하는 사람이라면 그럴 수도 있겠지만, 그래도 현실적으로 불가능한 얘기다. 소와 달리 인간에게는 반추위가 없으니까. 게다가 레드불을 열한 캔 연거푸 마시거나 화덕피자 열일곱 판을 한꺼번에 먹어도 탈이 나기는 마찬가지일 것이다. 나는 '소셜 미디어 과학' 대부분이 비슷한 문제점을 지닌다고 생각한다. '팩트'에 가려진 진실을 분별할 수 있는 맥락이나 지혜가 없으면 종종 큰 그림을 놓치게 된다. 온라인에서 나타난 오류가 몇 번이고 계속 반복되면서 사람들이 부정확한 내용을 믿는 경우가 많아졌다.

이 점을 명심하면서 나는 지채 두 줌을 바구니에 넣고 계속 갯벌을 가로질러 걸어간다.

평평한 갯벌을 걷는데 맨발이 살짝 튕겨 나오는 느낌이 든다. 양말과 장화는 돌아오는 길에 찾아가려고 바위 뒤에 벗어 두었다. 지금 내 발밑에 밟히는 식물들은 다육식물로, 혹독하고 건조한 소금밭에서 자신을 보호하기 위해 조직 내에 다량의 수분을 저장하고 있다. 발을 내디디면 부드러운 촉감이 느껴지며, 입에 넣고 씹으면 아삭거리고 촉촉한 데다 소금기가 있어서 간간하니 맛있다. 나는 맨발로 걷는 게 좋다. 발이 직접 땅에 닿으면 케냐에서 보낸 어린 시절의 자유로운 느낌이 되살아나고 발아래 대지를 더욱 뚜렷이 인식하게 된다. 한 걸음 내디딜 때마다 점심거리가 펼쳐진다. 갯질경이 잎, 가지를 뻗은 해홍나물 덤불, 갯개미취 새싹. 여름철에 접어들어 잎이 메마른 육지 식물과 달리 신선하고 아삭거려서 먹는 즐거움이 있는 식물들이다. 어느새 갯벌로 밀물이 새어 들어온 터라 수로를 뛰어넘어야 한다. 미끄러지지 않게 조심하면서, 아슬아슬한 가장자리를 따라 난 뿌리줄기들을 쳐내서 좁은 통로를 만들며 걸어간다. 아래로는 발가락 사이에 진흙이 파고들고, 위로는 이미 무릎까지 진창에 빠졌는데 더 깊이 빠질지도 모르겠다.

바다와 강이 만나는 만이 눈에 들어온다. 이곳에서는 바다와 강이 구분되지 않는다. 서부영화 속 변경주선인장의 축소판처럼 보이는 화사한 녹색 식물이 갯벌 여기저기 쑥쑥 돋아나 있다. **퉁퉁마디**다. 내가 무척 좋아하는 식재료이긴 하지만, 슈퍼마켓에서 구할 수 있는 갯벌 식물이 왜 이것밖에 없는지는 도무지 모르겠다. 슈퍼마켓에 자주 가진 않아도, 여름이면 가끔 이스라엘에서 공수된 퉁퉁마디가 투명한 플라스틱 상자에 하나씩 담겨 있는 걸 볼 수 있다. 지금 내 주위에는 제철을 맞은 현지 재래종 갯벌 식물로 가득한 염습지가 몇 에이커나 뻗어 있는데 말이다.

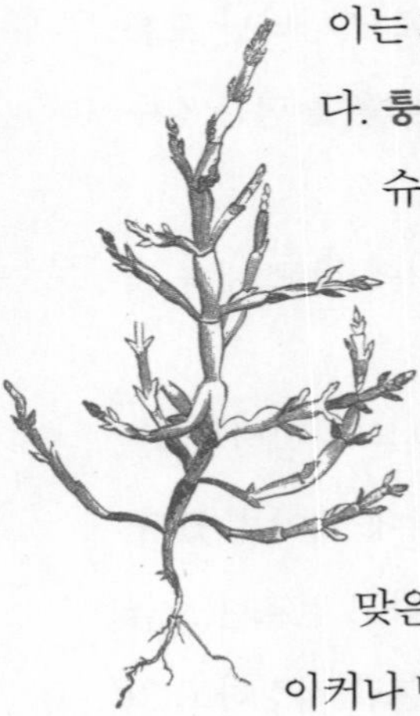

가지치기용 가위로 퉁퉁마디를 딱 한 봉지만 잘라 낸다. 너무 많이 채취하지 않도록 조심해야 한다. 퉁퉁마디는 일년생 식물이니 다음해에도 채취하려면 번식할 수 있을 만큼 적당히 남겨 두어야 한다. 나는 무엇을 채취하든 항상 주의를 기울인다. 탐욕스러운 자유방임적 채취는 습지를 파괴할 것이다. 반면 신중한 솎아내기는 주변 식물들이 더 크고 건강하게 자라나도록 한다. 자연이 공짜로 내주는 것을 받을 때도 존중하는 자세를 보여야 한다.

곶 가장자리를 따라 돌아가는 길을 걸으며 햇볕에 바랜 뼈처럼 새하얗고 구불구불한 **산토닌쑥**을 딴다. 손가락으로 짓이기면 엄청나게 강렬하고 향긋한 냄새가 나는 식물이다. 나는 산토닌쑥을 약초처럼 사용하는데, 조금만 써도 큰 효과를 볼 수 있다. 산토닌쑥은 압생트로 유명한 향쑥, 주술사의 환각에 쓰이던 참쑥, 라임병 치료에 사용되는 개똥쑥과 서던우드의 친척뻘이다. 쑥속 식물은 오래전부터 말라리아와 기생충을 치료하는 데 사용되어 왔다. 산토닌쑥도 곤충 기피제로 효과가 좋지만, 나는 주로 소귀나무 성분을 바른다. 내게는 소귀나무 냄새가 더 좋게 느껴져서다. 침구에 향을 내는 데 사용하는 베이럼나무bay rum tree와 비슷한 냄새가 나서 어린 시절 추억을 떠올리게 한다. 화학물질을 피하고 야생 잡목림을 만들어서 벌레를 즐겨 먹는 새들이 둥지를 틀게 하면 정원 살충제는 거의 필요 없다. 하지만 집과 그 아래 정글의 경계가 되는 화단에 장미나무가 몇 그루 있는데, 말벌이 진딧물 단속을 제대로 하지 않으면 가끔씩은 쑥 스프레이를 뿌려 줘야 한다.

오늘 마지막으로 수확하는 식물은 갯능쟁이다. 그러니까 다양한 종류의 갯능쟁이 말이다. 갯능쟁이, 가는갯능쟁이, 창갯능쟁이는 모두 해변과 마람풀이 만나는 곳에 뒤섞여 난다. 때로는 서로 구분하기 어렵지만, 화살 모양의 잎이 바깥쪽으로 퍼져 나고 은백색 가루가 골고루 묻어 있는 이 식물들이 전부 명아주과에 속한다는 건 분명하다. 버터를 약간 넣고 데치면 시금치 비슷하지만 쇠 맛은 전혀 나지 않는 환상적인 야채다. 갯능쟁이는 채취하는 보람이 있는 식물이기도 하다. 무더기로 나는 데다 장소에 따라서는 몇 피트 높이로 자라는 만큼 순식간에 한 다발 모을 수 있다. 익히면 양이 확 줄어들긴 해도 오늘 채취한 양이면 일주일은 충분히 먹을 테고, 혹독한 바닷가 환경에 익숙한 식물인지라 냉장고 안에서도 오래간다.

바구니의 무게 때문에 돌아오는 길이 더 길게 느껴진다. 집에 도착할 무렵 나는 이미 기진맥진하다. 하지만 식물은 싱싱할 때 가장 맛있는 법이니 바로 전부 씻어서 다듬어 놓는다.

맷은 쐐기풀, 엉겅퀴, 애기수영 치즈를 만들고 남은 유청으로 브라운 치즈를 만든다. 그 무엇도 버리면 안 되니까. 유청을 인덕션 레인지로 곱게 졸이면서 부드럽게 휘저으면 알갱이가 생기면서 마마이트 치즈 같은 짭짤한 갈색 스프레드가 완성된다. 도토리 가루 크래커에 발라 먹어도 좋고, 물기를 제거한 후 간간한 양념 삼아 음식에 뿌려도 좋다. 마침내 발을 올려놓고 귀리 비스킷과 브라운 치즈, 갓 절인 퉁퉁마디를 먹은 후 피곤함과 만족감을 느끼며 소파에 뻗어 정신없이 잠든다.

20장

하지의 햇살 아래

식물이란 얼마나 관대한 존재인가.
인간은 그들을 누릴 자격이 없다.

—크리스토퍼 헤들리Christopher Hedley(의료 약초학자)

태양신의 언덕

6월 21일, 케언패플 힐

오늘 오전 4시 30분이 하지였다. 올 한해 중 낮이 가장 긴 날이라는 얘기다. 바쁘고 긴 하루였다. 온종일 컴퓨터로 비대면 진료를 보았다. 만성질환을 앓는 사람에게 집중하고 그의 말에 귀 기울이며 진정으로 곁에 있어 주려면 정신적, 감정적 에너지가 필요하다. 저녁에 케언패플 힐을 오르는데 아직도 한낮처럼 햇살이 내리쬔다. 깨끗하고 산소가 풍부한 공기가 느껴진다. 숨 쉬는 너도밤나무 위로 뻗은 비탈을 올라가니 나도 숨통이 탁 트인다.

하늘이 맑아서 동쪽으로는 북해, 북쪽으로는 하일랜드의 산맥, 서쪽으로는 아란섬에서 가장 높은 고트펠 봉우리까지 시야가 확 트인다. 케언패플 힐은 5000여 년 전의 조상들과 우리를 이어 주는 특별한 장소다. 도랑을 들쭉날쭉하게 에워싼 흙 울타리 형태의 헨지henge에는 24개의 커다란 기둥 구멍이 뚫려 있다. 아마도 고대에는 참나무 몸통 기둥이 박혀 있었을 테고 그 위는 거대한 나무 상인방으로 연결되어 있었으리라. '스톤헨지'가 아니라 스코틀랜드식 '우드헨지'였던 것이다. 한가운데에는 사람들이 언덕에 모였을 때 의식용 불을 피웠을 화덕이 있다.

원주민 조상들이 이 땅에 어떤 영적 의미를 부여했을지, 이곳과 어떤 정서적 관계를 맺었을지 궁금하다. 춘분이나 추분 새벽, 케언패플 힐에 서서 동쪽을 바라보면 해가 먼저 트랩레인 로Traprain Law 언덕 위로 떠올랐다가 '아서왕의 자리Arthur's Seat'를 거쳐 헐리 힐까지 일직선으로 움직이는 것을 볼 수 있다. 뚜렷한 지질학적 지표, 중요한 시기의 천체, 고대의 기념물을 한데 연결하며 수천 년간 사용되어 온 이 길들이 조상 대대로 강력한 의미를 지닌 신성한 경관을 구분하기 위한 것이라고 믿는 사람도 있다. 케언패플 힐, '아서왕의 자리', 트랩레인 로까지 자연적으로 등거리에 놓인 세 곳의 '성지'를 연결하는 길이 바로 로디언 라인Lothian Line이다. 트랩레인 로는 신화에 나오는 로스왕이 태어난 성채였다고 한다.

내가 살고 있는 웨스트로디언 카운티의 지명은 켈트인의 전사신이자 무역의 신인 루구스Lugus에서 유래한 것으로 추정된다. 루구스는 룩, 로호(아일랜드어), 루 또는 레우(웨일스어), 흘로트 또는 료트(노르웨이어)라고도 불린다. 로디언이라는 명칭이 아서왕 전설에 나오는 로디언과 오크니 제도(경우에 따라서는 노르웨이가 포함되기도 한다)의 왕 로트(로스)에게서 온 것이라는 설도 있다. 게일어로 로흐Lugh는 로스Loth와 비슷하게 들린다. 로스왕이 로흐 신의 이름을 따서 명명되었는지, 아니면 왕 자신이 신이었는지는 세월의 안개 속에서 수수께끼로 남았다.

케언패플은 중요한 장소였다. 여러 건물이 증축되면서 다섯 시대에 걸쳐 중요하게 활용되었고, 결국에는 동심원 모양의 구덩이, 도랑, 둑이 있는 하나의 거대한 돌무더기로 완성되었다. 고고학적으로 도랑은 보통 방어나 배수를 위해 파는 실용적 시설이지만, 종교적 신념의 영향도 있었을지 모른다. 도랑이 흙으로 쌓은 성벽 바깥쪽이 아니라 안쪽에 있다는 점에서 실용적 시설이 아니라 에너지를 전달하는 통로였다고 추측하는 사람도 있다.[1] 태양신 로흐(즉 로스)가 지구로 에너지 광선을 보냈다고 믿는다면, 춘분이라는 중요하고도 강력한 시기에 태양 에너지를 가두거나 집중시키기 위해 해가 뜨는 방향인 동쪽에 용수로 비슷한 원형 도랑을 파는 것도 충분히 가능했으리라. 또는 새로운 하루가 시작될 수 있도록 햇빛을 모아 동쪽으로 돌려보내려고 했을지도 모른다.

고대 역사 저널리스트인 필립 코펜스는 이렇게 적었다.

> 로스는 태초에 자신이 창조한 땅을 마치 호주 원주민의 '꿈의 시대' 전승처럼 그 위로 '걸어가면서' 가지고 놀았다. 이 땅에 '로스의 땅', 즉 로디언이라는 이름 말고 그 어떤 이름을 붙일 수 있었겠는

가? 로디언의 신성한 세 언덕은 태양신의 힘을 드러내기 위해 존재했고, 인간도 그에 따라 살아가야 했다.[2]

이 유적지에서는 청동기시대부터 초기 기독교 시대까지 매장 및 화장 의식이 이루어졌으며 그 흔적이 여러 개의 돌무더기에서 발견된다. 웨일즈와 컴브리아에서는 돌도끼 머리 두 개와 원통형 항아리, 뼈로 만든 핀, 몽둥이, 의식용 가면이 발굴되었다. 그 사람들은 누구였을까? 이 바람 부는 언덕 위에서 무엇을 하고 있었던 걸까?

그 답은 영원히 알 수 없겠지만, 나는 이 땅을 통해서 조상들과의 깊은 유대감을 느낀다.

이곳 들판은 수 세기 동안 방목지로 쓰여 원시 초원으로 알려진 서식지를 형성했다. 만발한 꽃들이 내 영혼을 즐겁게 해 준다. 작은 **삼색제비꽃**(팬지라고도 불리는)이 짤막한 풀숲 사이로 빠끔이 내다본다. 언뜻 보면 조그만 얼굴 같은 검은색 무늬가 있는 연노랑 꽃잎 뒤로 멋진 보라색 꽃잎이 드러난다. 약초학에 따르면 삼색제비꽃은 건조해진 몸의 균형을 바로잡는 효능이 있다. 서쪽 비탈을 따라 황야갈퀴덩굴heath bedstraw이 하얀 거품 같은 꽃 무더기를 늘어뜨린다. 토끼풀밭에는 한때 '유럽의 차'라고 불리던 작고 부드러운 청보랏빛 황무지꼬리풀heath speedwell 꽃이 붉은 애기수영 꽃술, 어수선한 향기풀 꽃밥, 뾰족한 갈색 꿩의밥 꽃과 경쟁하듯 피어나 있다.

따사로운 햇살 아래 잔디밭에 누워 있노라니 부지런

한 호박벌이 윙윙거릴 때마다 진동하는 꽃 속의 작디작은 세계에 코끝이 닿을 듯하다. 바람개비처럼 팔랑대는 참새귀리 꽃 위로 개묵새가 고개를 늘어뜨린다. 노란 머리 장식을 달고 신나게 줄 지어 춤추는 서양벌노랑이와 근엄한 분위기의 흑갈색 질경이 이삭이 대조를 이룬다.

이 긴 여름날을 담아낸 하지의 허브 차를 만들려고 황야갈퀴덩굴, 황무지꼬리풀, 삼색제비꽃을 딴다. 3주 전보다 훨씬 몸 상태가 좋아진 듯하다. 피부가 다시 촉촉해지고 머리카락에도 윤기가 흐른다. 햇빛이 뼛속까지 스며들면서 서서히 에너지가 돌아오는 느낌이다.

거대한 뿌리

6월 28일, 데이질리아

커다란 뿌리 사진들을 보며 군침을 흘리고 있다. 오늘 도착한 신간 《민중의 식물: 남아프리카의 유용한 식물 안내서》 때문이다. 식재료나 약으로 쓰이는 남아프리카 식물들에 관한 책인데,[3] 팔뚝만큼 굵은 뿌리를 들어 올리거나 아기만 한 덩이줄기를 껴안고 웃는 사람들 사진으로 가득하다. 놀라우면서도 한편으론 질투가 난다! 영국에는 그렇게 큰 뿌리나 줄기가 없으니까. 우리 집 잔디밭에는 꽃 피기 직전의 산당근이 많지만, 이 야채는 뿌리가 얇은 데다 섬유질이 많고 질기다는 것을 나는 이미 쓰라린 경험을 통해 알아냈다. 올해는 산당근 한 뿌리가 흙 속에 미세한 경사로를 파서 장미와 원추리, 허브를 심으려고 깨끗이 잡초를 뽑아 둔 화단에 침투했다. 잎만 봐도 잔디밭에 있는 동족들의 잎보다 네 배나 더 큰 놈이다. 하얀 꽃 무더기 아래 묻혀 있을 거대하고 즙 많은 괴물 당근을 생각하면 벌써부터 배가 고파진다.

코미디 시리즈 〈블랙애더〉에서 내가 가장 좋아하는 장면 중 하나는 하인 볼드릭이 블랙애더 경의 전 재산을 거대한 순무에 투자하는 순간이다.[4] 그 우스꽝스러운 장면의 의미를 이젠 더 잘 이해할 것 같다. 종종 굶주림에 시달리던 중세 소작농에게, 터무니없도록 거대하게 부풀어 오른 덩이뿌리를 손에 넣는다는 건 생각만 해도 황홀한 일이었으리라!

시험 삼아 거대한 **산당근**을 캐 보지만 역시나 뿌리는 돌처럼 딱딱하다. 할 수 없다. 그 대신 산당근 잎을 다져 파슬리 대용품으로 쓰기로 한다. 저녁 식사는 수영과 박하 소스를 뿌린 송어 구이, 다진 산당근 잎을 곁들인 느타리버섯, 질겨진 바늘꽃 싹에서 연한 부분만 골라 데친 것이다.

시멘트와 꿀벌

6월 29일, 이스트로디언

쇠채아재비 새순이 맛있다는 새로운 사실을 발견했다! 키 크고 우아한 민들레처럼 보이지만 조밥나물처럼 줄기에 잎이 달린 이 식물은 바닷가 모래땅을 좋아한다. 나는 쇠채아재비 씨앗을 모아 여기저기 뿌리며 게

릴라 가드닝을 한다. 봄이 늦어지면서 해안 식물도 영향을 받았다. 갯능쟁이는 평소보다 한 달 정도 늦었고 퉁퉁마디도 가지가 많이 나지 않았다. 하지만 바다풀은 늦어진 시간을 따라잡으려는 듯 빠르게 자라나서 묵직한 이삭을 매달고 있다. 나는 퉁퉁마디, 가는갯능쟁이, 해홍나물을 몇 킬로그램 채취한다. 그런 후 다음번 치즈 실험에 쓸 솔나물을 채취하며 숲속 길로 돌아간다. 머지않아 남는 염소젖이 생길지도 모른다는 소식을 들었기 때문이다.

길을 따라 반스 네스로 내려간다. 모래땅에 야생화가 피어난 너무나 아름다운 초원이다. 화창한 오후면 새파란 에키움 불가레, 연노란 양지꽃, 보랏빛 백리향이 무더기로 피어나 눈부시게 화려하다. 원래는 선녀낙엽버섯을 찾을 생각이었지만 날씨가 너무 건조해서 그냥 산책을 즐기기로 한다. 빙 돌아가는 길로 가파른 언덕을 오르니 황량한 사구가 끝나고 또 다른 서식 환경이 나온다. 꽃이 만발한 딱총나무 숲 사이로 좁은 오솔길이 구불구불 이어지는데, 향기가 너무 짙어서 숨을 쉴 때마다 꽃에 코를 갖다 대는 것 같다. 감각의 천국이다. 검자줏빛 딱총나무 열매는 일 년 내내 음식에 풍미를 더해 주는 소스와 진액의 중요한 재료인 만큼, 나뭇가지에 열매가 잔뜩 맺힐 가을철에 꼭 다시 찾아오겠다고 마음속으로 다짐한다. 딱총나무를 둘러싼 울렉스의 뾰족한 가시가 포식자인 사슴을 막아 준다. 이 향기로운 통로를 따라 걷다 보니 기쁨에 가슴이 벅차오른다. 허벅지에 닿도록 자라난 풀줄기가 꽃을 피우고, 꽃에 맺힌 씨방이 따사롭고 평온한 저녁 햇살에 은빛으로 빛난다.

언덕배기를 따라 구불구불 이어진 담장에 이끼로 뒤덮인 오래된 화강암 덩어리들이 솜씨 좋게 쌓여 있다. 담장 안에서 갑자기 시끄러운 트럭 소리가 들려오자 문득 방금 전에 본 시멘트 공장 표지판이 떠오른다. 호기심에 담장 안을 넘겨다본다. 그러지 말았어야 했다. 충격적인 광경이다. 지독하게 황폐하고 살풍경한 모습에 심장이 새까맣게 타버리는 것 같다. 마구 파헤쳐진 구덩이가 어찌나 넓고 깊은지, 유린당한 대지는 더 이상 비명조차 지르지 못한다. 담장 밖의 목가적 자연과 담장 안에서 일어나는 신성모독이 경악스러운 대조를 이룬다.

집에 돌아와서도 시멘트 공장의 상처 입은 땅을 본 충격에서 벗어나지 못하고 있다.

그 배후에 있는 회사를 구글로 검색해 본다. 이 회사는 환경 정책을 공개하고 있다. 기사에 따르면 지난 5월에는 시멘트 공장에서 쓰는 비닐봉지를 바꿨다고 한다. 원료의 50퍼센트가 재활용 플라스틱이며, 그 자체도 재활용 가능한 비닐봉지로 말이다(건설업자들은 폐기물을 굳이 분류하기보다 그냥 내버리곤 한다는 점은 넘어가자). 하지만 이 공장은 시멘트를 일 년에 100만 톤이나 생산한다!

회사에 환경 정책이 있다는 점은 칭찬할 만하지만, 그렇다 해도 이곳에서 지난 2월 18일 "외로운 꿀벌에게 편안한 집, 영양가 있는 먹이, 상쾌한 물을 제공할 꿀벌 호텔 두 개와 여러분의 집에 뿌릴 야생화 씨앗 열 봉지를 제공하는" 공모전을 주최했다는 사실은 아이러니하다.[5] 시멘트 공장은 꿀벌 감소에 영향을 미치는 서식지 파괴의 전형적 사례이기 때문이다. 담장 밖에는 원시 초원이 펼쳐져 있는데, 담장 안에서는 지표면에 거대한 구멍이 뚫려 서식지가 완전히 사라졌다. 꿀벌 호텔 공모전에 관한 회사의 보도 자료에는 이렇게 적혀 있다.

> 오는 2월, 타맥Tarmac은 환경에 크나큰 악영향을 미치는 영국 내 꿀벌 개체 수 감소에 대한 경각심을 심어 주기 위해 '꿀벌 보호'의 메시지를 전파합니다.
>
> 영국에 서식하는 250여 종의 꿀벌은 18만 종이 넘는 식물과 농작물의 꽃가루받이에 중요한 역할을 합니다. 하지만 기후변화, 살충제, 질병, **야생화 초원을 비롯한 서식지 훼손** 등의 요인으로 꿀벌 개체 수가 급격히 감소하고 있습니다. 꽃가루받이 일꾼들에게 사랑을 보여 주세요.

이 회사도 상황의 심각성을 아는 게 분명하다. 웹사이트를 자세히 읽어 보니 지속 가능성을 고려하여 어떤 연료와 봉투를 사용할지 고민하고 가끔씩 씨앗을 뿌리거나 벌통을 설치하기도 하는 것 같아 다행이다.[6] 하지만 그런 조치가 이미 자연에 가해진 파괴를 벌충할 수 있을까? 그럴 리가 없다.

인간에게 집이 필요하다는 건 안다. 학교, 병원, 직장, 도로, 그리고 활주로도. 그래도 어떻게든 시멘트 사용을 줄일 방법이 있지 않을까? 하지만 문득 이 집을 지었던 때가 기억난다. 우리는 대형 콘크리트 슬래브 대신 작은 콘크리트 패드에 기초를 세우고 싶었지만, 엔지니어들이 안 된다고 거절했다. 레미콘 트럭이 콘크리트를 타설

하는 걸 지켜보기가 고통스러웠다.

오늘 저녁은 식욕이 생기질 않는다. 그래도 맷이 생선 뼈 육수와 산당근 뿌리, 회향 꽃, 천일염으로 만든 수프를 조금 먹는다.

엘더플라워 술

7월 1일, 린리스고

일어나자마자 석잠풀 차를 끓여 마신다. 온몸이 벼룩에 물린 자국투성이다. 난생 처음으로 우리 집 페럿들에게 벼룩이 생긴 것이다. 아침 식사 전에 페럿 우리를 샅샅이 청소하고, 집 안 곳곳을 뛰어다니며 화학 성분 살충제의 친환경적 대체물인 규조토를 아낌없이 뿌려댄다. 석잠풀은 내가 아는 한 항히스타민제에 가장 가까운 식물이며 벌레에 물렸을 때 탁월한 효과가 있다. 나는 원래 반려동물을 키울 생각이 없었지만, 재입양이 필요했던 페럿 말리를 만나자마자 홀딱 반해 버렸다. 말리는 죽을 때까지 나와 함께 살았다. 동물을 깊이 알아 가다 보면 인간과 다른 형태의 지능, 지식, 의식에 관해 배울 수 있다. 사람에 따라서는 식물의 의식을 이해하기 전에 동물을 이해하는 것이 더 쉬운 첫걸음일지도 모른다. 자연과 생태계 전체에는 인지적 민첩성이 깃들어 있다. 한 시간 동안 하던 일을 멈추고 번잡한 마음을 가라앉히며, 주변을 면밀히 관찰하고 지켜보기만 해도 알아차리게 되는 사실이다.

놀랍게도 나는 말리의 딸인 더피와 텔레파시가 통하는 것 같다. 더피가 처음으로 새끼를 배었을 때 이상한 일이 일어났다. 나는 하루 종일 외출했다가 집에 돌아오자마자 더피를 살펴보고 진통이 시작되었다는 걸 알아차렸다. 그래서 더피의 머리를 한번 쓰다듬어 준 다음 물러나서, 출산 시에 대부분의 동물이 원하는 것처럼 혼자서 조용히 있게 해 주려고 했다. 그런데 더피가 내 손을 잡아 다시 둥지로 끌어당겼다. 더피는 내가 곁에 있어 주기를 원했고, 내가 슬며시 물러나려고 할 때마다 똑같은 행동을 되풀이했다. 진통은 예상보다 몇 시간이나 더 걸렸지만, 이른 새벽에 더피는 마침내 뒷다리로 내 손가락을 감싸 쥐고 그것을 지렛대 삼아 첫 새끼들을 낳았다. 페럿은 무척 경계심이 강해서 너무 가까이 다가오는 사람은 주저 없이 물어뜯곤 한다. 하지만 더피는 내 손을 전혀 두려워하지 않았다. 항상 내 손을 자기가 있는 둥지로 끌어당기려 했고, 새끼가 태어난 순간부터 내가 돌보게 해 주었다. 정말로 나는 종종 더피가 무슨 생각을 하는지 알 수 있고, 게다가 더피 쪽에서도 마찬가지인 것 같다!

느지막한 브런치로 차가운 사슴고기 구이에 나도산마늘과 함께 익힌 느타리버섯, 로즈힙 시럽과 버섯 케첩에 졸인 갯능쟁이를 곁들인다. 게저는 혼자서 먹음직스러운 냄새가 나는 헝가리식 밥구야시babgulyás(콩 스튜)와 초리소 튀김을 먹는다. 식사 뒤에는 **엘더플라워**를 따러 린리스고로 간다. 게저는 해마다 엘더플라워 술을 대량으로 담근다. 5, 6년간 숙성하면 맛이 정말 끝내준다. 게저가 너무 달지 않게 술을 담그는 기술에 숙달한 덕분이다. 날마다 피어나는 인동덩굴 꽃봉오리도 딴다. 인동덩굴 꿀술은 우리 집에서 가장 사랑받는 음료니까.

게저와 함께 집으로 돌아와 근사한 허브 화단에서 토끼풀을 딴다. 말려서 차를 끓일 생각이다(붉은토끼풀은 이미 갈색으로 변했다). 대충 손질한 덩굴시렁 위로 늘어진 개장미나무에 섬세한 분홍색 꽃이 가득 피었다. 바람이 불 때마다 장미꽃잎이 색종이 조각처럼 우수수 떨어져 내린다. 꽃잎이 다 떨어지기 전에 따 모아야 할 텐데. 이렇게 연한 꽃은 생화 1킬로그램을 말리면 150~200그램 정도로 줄어들기 때문에, 일 년 마실 허브 차를 만들려면 꽃잎을 정말 많이 따야 한다.

옷 사이즈가 또 하나 줄었다.

21장

꽃과 열매

자연에서 가장 공평한 것은
꽃도 흙과 거름 속에서 피어난다는 사실이다.

—D. H. 로렌스, 《팬지Pansies》

금지된 꽃

7월 2일, 힐하우스

식물은 꿀벌뿐만 아니라 우리 인간도 매혹하기 위해 꽃을 피우는 걸까? 나는 크리스티나의 집 뒤꼍 햇볕이 내리쬐는 잔디밭에 누워 있다. 작고 흰 밀짚모자를 쓴 채 깔개를 덮고 잠든 마야를 바라보면서. 이제 생후 3개월이 막 넘은 마야는 상냥하고 통통한 아기 천사다. 항상 방글방글 웃는 데다 성격도 차분하고 순하다. 마야의 지능이 발달하고 자의식이 모란 꽃잎처럼 펼쳐져 나가는 모습은 정말로 인상적이다. 아직 대화는 나눌 수 없지만, 그래도 모녀간에 피어나는 정다운 친밀감이 너무나도 사랑스럽다! 마야는 노곤한 더위 속에 정신없이 잠들어 있다. 눈을 꼭 감고 있는데, 꿈이라도 꾸는지 눈꺼풀이 조금씩 떨린다. 만발한 꽃으로 둘러싸인 작은 정원 안은 온통 짙은 꽃향기로 가득하다. 마야는 거대한 꽃과 나비 꿈을 꾸고 있을까? 날씨가 무덥다. 눈앞에서 호박벌들이 나른하게 윙윙거리며 풀밭에 피어난 데이지 꽃을 탐색한다. 인간은 꿀벌과 달리 꽃을 먹고 살 수는 없지만, 그래도 정원은 아름답다. 나는 데이지를 몇 송이 따서 점심 식사를 장식한다. 살짝 데쳐 낸 통통마디를 잔뜩 올린 주름버섯과 쐐기풀 프리타타다.

선선한 늦은 오후에 집으로 돌아와서 활짝 핀 재래종 프로방스 장미꽃을 딴다. 나는 식물 추출물 제조회사를 위해 오래되고 향이 짙은 품종 몇 가지를 재배한다. 내 정원에서 드물게 야생이 아닌 식물 중 하나다. 엘더플라워를 더 따고 샐러드에 넣을 쥐오줌풀 잎도 좀 따지만, **디기탈리스**는 건드리지 않는다. 디기탈리스 잎은 예쁘긴 하나 독성이 있어서 심장을 느리게 하는 강심제로 작용한다!

디기탈리스 곁에 앉아 있으면 저녁 산들바람을 타고 들려오는 속삭임이 있다. "당신이 온갖 꽃을 넣어 만드는 허브 차는 완전히 무해해 보이지. 그 꽃들에 어떤 힘이 숨어 있는지 누가 알겠어?" 높이 솟은 디기탈리스 줄기가 나를 내려다보며 이렇게 속삭인다.

정말로 그렇다. 우리는 허브 차를 순한 음료수 정도로 생각하는 경향이 있다. 하지만 특정한 질환과 체질에 따라 진하게 끓이면 허브 차도 그 어떤 약 못지않게 강력한 효능을 발휘할 수 있다. 위염 환자는 머쉬멜로우 잎차를 마시면 충혈된 장 내벽을 보호하고 진정시킬 수 있다. 위산을 조절하려면 느릅터리풀을, 염증을 진정시키려면 캐모마일을 첨가한다. 조화로운 블렌딩을 위해 약간의 감초 뿌리로 균형을 맞춰보자. 설사가 빨리 멈추게 하려면 블랙베리 잎과 줄기 껍질을 달인 차를 마시면 된다.

디기탈리스의 영어 이름foxglove은 원래 '민중의 장갑folk's gloves'이었는데, 여기서 민중이란 요정을 가리킨다. 슬프게도 나처럼 약초를 잘 알고 인간 이외의 세계에 민감한 사람들은 흔히 마술사나 '마녀'로 여겨져 박해받았다. 가부장적 종교를 옹호하는 성직자들이 마술사를 고발하기도 했다. 악마가 들렸다고 고발당한 사람의 90퍼센트는 여성이었다. 자기에게 해를 입혔다고 생각되는 친구나 이웃을 마녀로 몰아 복수하려는 사람들도 있었다. 이런 억압의 대부분은 권력 문제이자 지독하게 여성 혐오적인 박해였다. 역사가들이 밝혀낸 바에 따르면 스코틀랜드에서 1563년부터 1736년(스코틀랜드에서 마술 금지법이 폐지된 연도)까지 마술 혐의로 기소된 사람은 3837명에 달한다.[1] 우리가 얻을 수 있는 정보는 대체로 재판 기록에 국한되기에 실제로 죽은 이들은 더욱 많았을 것이다. 약 67퍼센트는 목을 졸라 죽이거나 화형에 처하는 방식으로 처형되었고, 마술을 쓴다고 판정된 사람들 중 84퍼센트는 여성이었다. 왜 항상 남성 마술사보다 '마녀'가 더 많은 걸까? 그중 3분의 1은 내 또래였고, 3분의 1은 로디언 출신이었다. 소름 끼친다.

스코틀랜드에서의 마술에 관한 에든버러대학의 온라인 설문조사와 쌍방향 지도를 통해 놀라울 정도로 상세한 정보를 얻을 수 있다.[2] 우리 집에서 1마일도 떨어지지 않은 웨스트로디언의 힐하우스 코티지에 앤드로 턴불이라는 마술사가 살았다고 한다. 그는 켈트인의 오월절에 해당하는 벨테인 축제 다음날인 1617년 5월 2일 린리스고에 구금되었지만, 아쉽게도 그 이후의 기록은 남아 있지 않다.

하천을 따라 난 오솔길을 걸으며 산미역취를 딴다. 오늘날 우리가 누리는 자유가 새삼 다행스럽게 느껴진다. 우리는 표현의 자유, 마음대로 돌아다닐 권리, 투표권 등이 얼마나 큰 특권인지 쉽게 잊곤 한다. 내가 열한 살 때까지만 해도 영국 여성이 은행 계좌를 개설하려면 남편이나 아버지의 허가를 받아야 했다. 그렇게 오래전 얘기도 아니다! 편견으로부터 우리를 보호하기 위한 법이 있긴 하지만 편견은 여전히 존재한다. 때로는 노골적이고 때로는 지극히 미묘한 형태로. 사람들은 인종, 종교, 계급, 성별, 성적 취향, 정치, 복장, 억양 등 다양한 영역에서 서로를 규범의 틀에 끼워 맞추려 한다. 양극화의 시대인 지금 논쟁은 순식간에 악의적으로 변한다. 우리가 더 편협해진 걸까, 아니면 소셜 미디어가 사람들 사이의 차이를 기존 미디어보다 한층 더 증폭시키는 걸까? 모든 사람이 편의적인 공식에 끼워 맞춰지는 것은 아니다. 미국의 이론가 데이비드 핼퍼린의 말마따나 "경악시키고, 깜짝 놀라게 하고, 미처 생각지 못한 것을 생각하도록 이끌어 주는" 퀴어 이론의 렌즈로 세상을 다시 보려는 사람이 많아진다면,[3] 우리는 서로간의 온갖 차이에 더 관대해질 수 있을 것이다.

꽃은 다양성에 관해 우리에게 많은 가르침을 준다. 꽃의 다양성이 발달한 것은 꽃가루받이 동물과 협력해야 하는 필요성 때문이었다. 진화야말로 새 시대의 혁명이다.

과일이 주는 기쁨

7월 4일, 토피첸

오늘 아침 맷이 '나뭇잎 협회'라는 지역 식물학 기록 모임과 함께 외출했다가 **베스카딸기**를 가지고 돌아왔다.

모임 회원 중 한 명이 토피첸 성당 정원에서 낡고 이끼 낀 돌담가의 따스하고 양지바른 한구석에 무성하게 자라난 베스카딸기 덤불을 발견했다. 그곳 정원에 난초가 자라는 것을 알고 있던 맷은 일행의 주의를 난초로 돌리려고 했지만 소용없었다. 사람들이 굶주린 비둘기 떼처럼 딸기를 먹어 대서 하루 종일 그 자리에 머물러야 할까 봐 두려울 정도였다고 한다. 하지만 산책이 끝나고 다시 가 보니 미처 못 본 딸기가 잔뜩 있어서 1킬로그램 넘게 따 가지고 돌아왔다는 것이다.

딸기가 어찌나 맛있는지 말로 다 표현할 수 없을 정도다. 마지막 남아 있던 사과까지 다 먹어 치운 4월 22일 이후로 처음 먹는 싱싱한 과일이다. 다행히도 야생 푸성귀에는 비타민 C가 풍부하게 들어 있으며, 심지어 종지나물 잎에는 오렌지의 5배(100그램당)에 달하는 비타민 C가 들어 있다. 그렇다 해도 과일과 잎은 맛과 질감에서 비교가 안 된다!

어찌나 기쁜지 한 줌씩 마구 입에 쑤셔 넣고 싶다. 최대한 자제력을 발휘해 딸기를 두 그릇에 나누어 담고 자작나무 수액 시럽을 뿌린 다음, 서랍에서 숟가락 두 개를 꺼내 온다. 한 입 한 입 음미하며 아껴 먹노라니 어느새 입가에 체셔 고양이 빰치게 흐뭇한 미소가 떠오른다. 그때 문득 딸기가 익었다면 빌베리도 곧 익겠다는 생각이 스쳐 지나간다!

식사를 마친 후 소형 욕조를 꺼내고 장화를 신는다. 덥고 건조한 날이지만, **빌베리**를 따려면 도랑에 들어가야 할 때가 많기 때문이다. 뒷길에 가 보니 역시나 지난달에 꽃이 진 울렉스 산울타리를 배경으로 높은 둑에 달라붙은 덤불 잎 아래 보라색 구슬같이 작은 열매가 엿보인다. 아직 덜 익은 것도 많지만, 따스한 햇살 아래 윙윙거리는 호박벌을 벗 삼아 과당 가득한 빌베리를 80그램 정도 따 먹으며 행복에 젖는다.

스코틀랜드의 빌베리는 블루베리의 친척뻘인 야생 빌베리다. 크기는 블루베리보다 훨씬 작지만, 수분이 많은 블루베리에 비해 훨씬 더 강렬한 풍미를 자랑한다. 앞으로 몇 주 동안은 가급적 매일 모든 빌베리 덤불을 확인하는 것을 잊지 말아야겠다.

오늘 저녁 식사도 딸기다. 이번에는 직접 만든 끝내주는 엘더플라워 아이스크림 한 덩어리를 곁들인다. 올해 처음 딴 엘더플라워, 자작나무 수액 시럽 약간, 아크레이 농장에서 가져온 염소젖 남은 것에 카라긴 젤을 약간 넣어 아주 조금만 만들었다. 남은 딸기는 다른 사람들에게 나눠주기로 한다. 맛있는 음식이 손닿는 데 있다는 건 저항하기 너무 힘든 유혹이니까!

제철 당분

7월 5일, 데이질리아

오늘 아침 집 안을 정리하다가 내 아들 케일럼의 옛날 공책을 발견했다. 허브 차 한 잔과 차가운 사슴고기 구이에 퉁퉁마디, 덕다리버섯과 느타리버섯을 곁들여 아침을 먹으며 공책을 읽어 본다. 적힌 제목을 보니 여덟 살이나 아홉 살쯤 '자연 속의 화학'을 공부하면서 필기한 내용인가 보다. 이런 대목이 눈에 들어온다.

> 식물은 광합성이라는 과정을 통해 양분을 얻는다. 광합성이란 이산화탄소와 물의 화학적 결합으로 물과 당을 형성하는 과정이다. 광합성을 하려면 클로로필이라는 촉매와 햇빛에 의한 활성화가 필요하다. 식물의 당은 전분과 셀룰로오스를 형성한다. 전분과 셀룰로오스는 모두 탄수화물이다. 인간의 경우 당분이 혈액에 흡수되면 태양의 온기가 방출되어 에너지로 변한다.

"태양의 온기가 방출되어 에너지로 변한다"라는 마지막 문장이 마음에 든다. 전분은 사실 식물의 생명력이 땅속으로 숨어드는 추운 계절이나 우기에 우리에게 에너지를 주는 겨울철 당분임을 잘 보여 주는 문장이다. 따뜻한 계절이나 건기에는 식물이 당분을 셀룰로오스로 저장한다. 셀룰로오스는 우리에게 섬유질을 제공하지만 소화가 잘되지 않는 성분이다. 우리가 먹는 연한 잎에는 평균적으로 10~12퍼센트(질긴 정도에 따라 달라진다)의 셀룰로오스가 함유되어 있다.

순수한 당분은 자연 상태에서 희귀하며 제철이라 할 시기도 없지만, 현대인은 일 년 365일 당분을 구할 수 있다. 당분은 제철 과일에 함유되어 있는 만큼 서유럽의 야생식 달력에서는 여름만이 제철인 셈이다. 스코틀랜드에서는 6월 말에 첫 베스카딸기가, 7월에 라즈베리와 구스베리가 익는다. 가을이면 빌베리, 크랜베리, 마가목 열매, 블랙베리, 꽃사과가 익으며 겨울이 시작되는 11월에는 가시자두, 산사나무 열매, 로즈힙이 남는다.

제철이 아닐 때는 어디서 당분을 얻을 수 있을까? 아마도 벌꿀일 것이다. 여름이 끝나면 벌집은 꿀로 가득 차고, 꿀벌은 벌집에 저장된 꿀로 겨울을 난다. 하지만 봄철에는 벌집도 거의 비어 있으리라. 수액 시럽을 만들 수도 있지만, 겨우 100밀리리터의 시럽을 얻기 위해 자작나무 수액 10리터를 몇 시간씩 팔팔 끓일 만큼 튼튼한 솥부터 만들어야 가능한 얘기다. 그렇게 만든 시럽은 어찌나 귀한지 한 번에 1작은술 이상 쓸 엄두가 안 난다(참고로 자작나무 수액birch sap 시럽은 '쌍년 후려치기bitch slap 시럽'으로 자동 수정되는 만큼 소셜 미디어에 관련 글을 올릴 때면 두 배로 조심해야 한다!).

결국 당분도 제철 식품이며, 활동량이 가장 많아지는 여름과 가을의 한정된 기간에만 (대부분 과당 형태로) 섭취할 수 있다. 따라서 일일 권장량인 연간 하루 30그램 이하로만 섭취한다 해도 겨울과 봄에는 자연의 법칙을 완전히 벗어나는 셈이다. 그로 인해 비만과 당뇨병 증가라는 암울한 결과가 나타난다.

요즘 들어 당분이 비만 위기의 주범이라는 기사를 많이 접한다. 특히 사탕수수, 사탕무, 옥수수에서 추출한 정제당이 문제다. 초콜릿과 과자는 말할 것도 없고 병과 깡통에 든 음료, 전자레인지에 데워 먹는 반조리 식품, 케이크, 비스킷, 소스 등 사람들이 먹는 온갖 가공식품에 당분이 숨겨져 있다. 생각만 해도 속이 메슥거릴 정도다.

자연에서 채취한 식단으로는 현대인이 섭취하는 만큼의 당분을 결코 얻을 수 없다는 생각이 든다. 그리 멀지 않은 과거에는 우리가 먹는 다른 모든 음식과 마찬가지로 당분에도 자연의 법칙이 적용되었다. 하지만 이제는 24시간 영업하는 주유소에서부터 영화관 로비에 이르기까지 어디서나 하루 종일 당분을 구할 수 있다. 우리가 운전하거나 영화를 볼 때 당분 중독에 대한 빠른 해결책이 필요할지 모른다는 사실을 일깨워 주듯 당분은 상점 계산대 바로 옆에 진열되어 있으며, 실제로도 중독성이 강하다. 한때는 희귀했던 이 별식은 다른 그 무엇과도 비교할 수 없을 정도로 체내의 화학 작용에 큰 영향을 미친다.

나는 채취인인 만큼 과일을 통해 자연적으로 당분을 섭취하지만, 그렇게 섭취할 수 있는 당분이 과연 얼마나 될까? 그리고 과일로 당분을 섭취할 수 있는 기간은 얼마나 될 것인가?

부족원 열두 명이 딸기를 채집하는 모습을 상상해 본다. 그들도 분명 그 자리에서 열매를 몇 입씩 삼켰을 것이다. 맛있는 딸기를 따서 바로 입에 집어넣지 않을 수 있는 사람은 없을 테니까. 그러고 나서는 야영지로 가져갈 열매도 땄을 것이다. 덕분에 아침 시간을 즐겁게 보내긴 했겠지만, 자잘한 딸기를 작은 바구니 하나 이상 따기는 어려웠으리라. 야생 딸기는 현대의 개량종 딸기보다 훨씬 크기가 작아서 따 모으려면 시간이 오래 걸린다. 게다가 열매가 한꺼번에 다 익는 것도 아니며, 나무 자체도 한 곳에 줄지어 빽빽하게 나는 게 아니라 산비탈 여기저기 흩어져 있기 마련이다. 맷과 내가 야생 딸기를 한 번에 1킬로그램쯤 딴다면 엄청나게 뿌듯할 것이다.

그들은 야영지로 돌아와 수확한 딸기를 나머지 부족원들과 나눠 먹었을 것이다. 베리류는 금방 상하기 때문에 바로 먹어야 한다. 냉장하지 않으면 하루 만에 곰팡이가 피는 종류도 있다. 베리를 많이 딴 해에는 열매를 돌에 올려 양지바른 곳에서 건포도처럼 바싹 말렸을 테고, 바구니 바닥에 뭉개진 열매는 얇게 펴서 '과일 육포'를 만들었을 것이다. 먹어 버리고 싶은 유혹만 견딜 수 있다면 당분은 꽤 오랫동안 보존할 수 있다!

현실적으로 부족원 네 명이 각자 한 바구니씩 블랙베리를 따와서, 전체 부족원 열두 명이 블랙베리 네 바구니를 나눈다고 가정하면 한 사람당 3분의 1바구니를 먹게 된다. 내 계산에 따르면 모든 야생 베리를 합쳐 한 사람당 연간 10킬로그램을 딸 것으로 추정된다. 슈퍼마켓에서 파는 플라스틱 통에 담긴 블랙베리가 200그램이므로, 10킬로그램이면 연간 50통에 해당하는 양이다. 6월부터 9월까지 4개월 동안 대부분을 소비한다고 가정하면, 120일 동안의 베리 섭취량은 하루 평균 83그램이 된다. 플라스틱 통 하나의 절반에도 못 미치는 분량이다. 블랙베리 일일 할당량의 당분 함량을 계산해 보면 120일 동안 매일 4그램의 당분을 섭취하는 셈이다. 현재 영국 정부는 일 년 365일 **하루 30그램 이하**의 당분을 섭취하라고 권고한다. 현대인의 당분 섭취량(대부분 정제당)과 조상들이 과일을 통해 섭취했던 당분 섭취량에는 엄청난 차이가 있는 것이다!

덤불에 열리는 베리뿐만 아니라 체리, 자두, 사과, 배처럼 나무에 열리는 과일도 있다. 우리 조상들이 알았을 야생 과일은 오늘날의 크고 즙이 많은 개량종이 아니었다. 귀룽나무 열매와 댐슨자두는 재배종 체리와 자두보다 과육이 작고 씨가 크며 덤불이나 나무에 매달린 채 익는다. 꽃사과, 배, 털모과, 서양모과는 대체로 첫서리가 내릴 때까지는 작고 단단하다(첫서리를 맞고 나서야 물러진다). 이런 과일들은 추운 계절에도 계속 나무에 달려 있어서(나는 12월에도 먹을 만한 꽃사과를 발견하곤 했다) 겨울철 식량 보충에 요긴하다. 하지만 내가 하루에 섭취하는 과당을 지금의 두 배인 8그램으로 늘리고 당분 섭취 기간을 12월 말까지 연장하더라도, 내 당분 섭취량은 현대 일일 권장량의 3분의 1에도 미치지 못한다.

가끔은 어느 용감한 선조 채취인이 야생벌 둥지를 찾아서 꿀을 탈취하기도 했다. 암벽화를 통해 인간이 4만 년 전부터 야생 꿀을 채취했으며 기원전 7000년경에는 짚이나 도기로 벌통을 만들었음을 확인할 수 있다. 영국양봉가협회에 따르면 현대식 벌통에 사는 꿀벌들은 대체로 여름이면 평균 27킬로그램의 꿀을 생산할 수 있다고 한다.[4] 한편 자연양봉트러스트는 나무에 벌집을 짓고 사는 야생 꿀벌의 경우 15~22킬로그램을 생산할 수 있다고 추정한다.[5] 전통적으로 자연 양봉에서는 벌꿀의 3분의 1은 꿀벌이 먹도록 남겨 두기 때문에 대체로 10~15킬로그램 정도를 수확하게 된다. 따라서 내가 상상한 수렵·채취 부족의 경우 연간 1인당 벌꿀 할당량은 약 1킬로그램 또는 토기 항아리 세 병 정도일 것이다. 조상들이 매년 얼마만큼의 야생 벌집을 찾아내고 채취했을지는 상상하기도 어렵다. 벌집은 나무 높이 지어지곤 하며 벌들은 자기네 둥지를 지키려고 했을 테니 정말 위험한 일이었으리라.

어쨌든 간에, 제철이 아닌 당분 섭취는 일일 권장량 이하라 해도 우리 몸에 심각한 영향을 미친다. 나는 가끔씩 즐기던 초콜릿을 전혀 먹지 못하게 되어도 괜찮을지 걱정했지만, 희한하게도 지금은 전혀 당분이 그립지 않다. 더 중요한 것은 유전성 당뇨 때문에 매주 혈당을 체크하는 맷의 혈당 수치가 3월부터 쭉 정상 범위에 머물러 있다는 사실이다.

베리 말리기

7월 6일, 토피첸

맷이 토피첸에 가서 베스카딸기 400그램을 더 따 왔다. 겨울 대비를 위해 든든한 건조기로 말려 두어야 하겠지만, 싱싱한 과일을 먹는 짜릿한 기쁨에 취해 자꾸만 입에 집어넣게 된다.

토요일에 인버네스로 갈까 생각 중이다. 그곳에 야생 빌베리, 월귤, 크랜베리가 가득 열리는 숲이 있기 때문이다. 하지만 아직 열매가 익지 않았다면 쓸데없이 연료와 시간만 낭비하게 된다. 나는 휘발유 사용량을 줄이고 가급적 이 주변에서 난 음식을 먹고 싶다.

지금도 이 주변을 돌아다니며 여러 덤불에서 따 온 빌베리가 냉장고 안에 쌓여 가고 있다. 제철이 지나도 간식으로 먹을 수 있게 말려 두는 게 좋겠다.

점심으로 붉은대그물버섯 볶음과 사슴고기 버거, 완두순과 똑같은 맛이 나는 살갈퀴 싹 샐러드를 먹고 나서 건조기를 챙긴다. 아래쪽에는 베리를, 위쪽에는 꽃을 넣는다. 토끼풀과 개장미, 향인가목, 프로방스 장미 꽃잎, 인동덩굴, 엘더플라워, 우단담배풀 꽃을 뒤섞어 몇 쟁반씩 말린다. 겨울에 만들 허브 차에 여름의 정수를 담아내기 위해서다. 휘발성 오일이 타지 않게 약불로 맞춰 놓았지만, 그럼에도 늘 약간씩은 증발하기 마련이다. 덕분에 환상적인 냄새가 난다.

갓 나온 버섯

7월 8일, 토피첸

지난번 토피첸에서 베스카딸기를 따온 지 이틀 만에 600그램을 더 땄다. 예의 양지바른 교회 정원 한구석에서 총 2킬로그램의 딸기를 수확한 셈이다. 빌베리는 아직까지 240그램밖에 못 땄지만, 이제 겨우 제철이 시작되었으니 두고 볼 일이다.

아침 식사로는 내가 가장 좋아하는 청머루무당버섯에 나도산마늘과 산당근 잎을 넣고 요리했다. 바깥에 자라는 나도산마늘은 무더위 때문에 바싹 말라 버렸지만, 촉촉하고 수분 가득한 줄기는 냉장고 안에서 놀라울 정도로 싱싱한 상태를 유지했다.

지난달에 쓴맛을 보고서도 어제 또다시 산당근을 캐 보기로 했다. 이번에는 잎이 두툼하고 풍성한 것을 골랐다. 캐 보니 크기는 보통 당근과 비슷했지만 너무 억세고 질겨서 가느다란 곁뿌리조차 먹기가 불가능했다. 너무 실망스러웠다. 촉촉하게 구운 당근이 정말로 먹고 싶었는데.

요즘 들어 큼직하고 아삭아삭한 채소가 너무 먹고 싶다. 당근이나 애호박, 작은 오이 말이다. 스코틀랜드의 자연에서는 절대로 얻을 수 없는 즐거움이다. 그래도 산당근 잎을 많이 뜯은 덕분에 파슬리는(싱싱한 것이든 말린 것이든) 완벽하게 대체할 수 있게 되었다.

청머루무당버섯은 이번 주에 막 나왔지만, 잘 살펴보면 버섯은 가을뿐만 아니라 일 년 내내 난다는 걸 알 수 있다. 무당버섯 종류는 쉽게 알아볼 수 있는데, 분필처럼 하얗고 연약한 기둥과 살짝 건드리기만 해도 아몬드 조각처럼 산산이 부서지는 갓 때문이다. 무당버섯속은 황토색, 주홍색, 자주색, 진홍색, 보라색, 녹색 등 다양한 색깔의 갓을 자랑하며, 심지어 청머루무당버섯은 갓에 은색, 회색, 분홍색, 보라색이 전부 모여 있어 꺼져 가는 석탄불처럼 보이기도 한다. 물론 원칙에서 벗어난 괴짜는 항상 있기 마련이다. 청머루무당버섯은 무당버섯속에서 유일하게 갓이 유연하고 잘 부서지지 않는 종류이기도 하다!

맷의 생일

7월 10일, 배스게이트 힐스

토요일 우편물로 야생 꿀 한 병이 도착했다.

나는 줄곧 어디에도 온전히 소속되지 못하고 부평초처럼 살아왔지만, 자연에 대한 사랑을 통해 마침내 '동족들'을 찾았다. 3년만 있으면 내 평생의 절반을 스코틀랜드에서 지내게 된다. 마침내 이곳에 뿌리를 내렸다는 느낌이 든다. 식물이 그렇듯 나도 뿌리 위로 높이 자라날 수 있겠지만, 꽃을 피우기 위해서는 내가 속한 공동체에 확고히 뿌리를 내려야 한다. 보는 이의 눈에 인정받지 못하면 꽃은 무의미한 존재다. 그것이 벌이든 나든 간에.

오늘 오후에는 도토리 가루와 크랜베리로 케이크를 구워서 선물 받은 꿀을 바른다. 맷의 생일 케이크다. 게저에게 한 조각 권했더니 맛만 보겠다며 반 조각을 가져간다. 게저는 이제 맷과 나와 함께 식사하기를 꺼린다. 자기는 언제든 슈퍼마켓에 갈 수 있으니 우리가 힘들게 채취한 음식을 빼앗고 싶지 않다나. 식단을 공유하지 않는 건 이래서 문제다. 나는 항상 함께 식사하면서 느껴지는 동지애를 즐겼는데 말이다. 게저와 나는 이른 저녁 배스게이트 힐스로 나가서 또다시 베스카딸기를 딴다. 옛 은광 위의 환상열석을 지나는 길을 따라 걸으며 커다란 바구니 가득 청머루무당버섯도 딴다.

레이디스 맨틀

7월 12일, 데이질리아

태양이 이글거린다. 장미, 회향, 어수리 등 정원의 모든 식물이 꽃을 피웠다. 잔디밭은 흰 토끼풀 꽃 무더기로 뒤덮여 눈밭처럼 보인다. 나는 겨울에 차를 끓이려고 토끼풀을 따서 말린다.

오늘은 레이디스 맨틀 잎도 한 바구니 딴다. 맛이 없고 입에 넣으면 퍼석퍼석하기 때문에 식재료로는 거의 쓰이지 않는 식물이다. 야생식의 해를 시작하고 체중이 급격히 감소하면서 내 배와 팔다리 피부가 축 처졌다. 그래서 독특한 효능이 있는 레이디스 맨틀 잎으로 온몸을 탱탱하게 해 줄 향유를 만들려고 한다.

레이디스 맨틀의 학명은 알케밀라 불가리스Alchemilla vulgaris다. '연금술'을 뜻하는 중세 라틴어 알키미아alchimia와 아랍어 알케멜리치alkemelych에서 나온 이름이다. 조상들은 레이디스 맨틀 잎에 마법처럼 맺히는 이슬이 평범한 금속을 금으로 바꿀 수 있다고 믿었다. 사실 '마법의 이슬'은 레이디스 맨틀이 배출한 과도한 수분이 구슬처럼 맺힌 것에 불과하다. 식물은 남아도는 수분을 증발시킬 수 없을 경우 잎 가장자리의 특수한 물구멍을 통해 배출하기 때문이다. 내가 키우는 몬스테라도 물을 너무 많이 주면 똑같이 이슬이 맺힌다.

레이디스 맨틀에 맺힌 '마법의 이슬'은 벨벳처

럼 부드러운 잎의 톱니 모양 가장자리에 작은 진주가 달린 것처럼 보인다. 손바닥 모양으로 갈라진 잎을 뒤집어 보면 진주와 보석을 박고 자수를 놓은 엘리자베스 시대의 풍성한 망토가 떠오른다. 레이디스 맨틀 잎 추출물은 피부를 탱탱하고 부드럽고 촉촉하게 해 준다고 여겨져서 화장품으로 쓰이기도 했다, 장미과에 속하는 레이디스 맨틀의 잎에는 실제로 수축과 조임 효과가 있는 타닌 성분이 풍부하다. 동유럽에서는 레이디스 맨틀을 '처녀성 풀'이라고 불렀는데, 결혼 전에 동정을 잃은 신부가 첫날 밤 이 식물의 잎을 짓이겨 질 안에 넣으면 신랑에게 들키지 않는다고 믿었기 때문이다.

내가 읽은 영국의 옛 약초 책에서는 이런 사용법이 언급되지 않는다. 아마도 영국 여성들은 나무랄 데 없는 행실을 자랑했나 보다! 하지만 나 같은 중년층에게 레이디스 맨틀은 미용 성형 시술의 완벽한 대안일 수 있다. 훌륭한 주름 개선 아이크림의 원료가 되고, 노화로 인한 목덜미의 닭살을 없애 줄 뿐만 아니라, 약초학자 존 제러드가 주장하길 밤마다 레이디스 맨틀 잎을 밀대로 두드려 가슴에 감아 두면 "나이 든 처녀의 메마른 젖꼭지도 아가씨처럼 탱탱해진다". 제러드는 1597년에 이렇게 적기도 했다. "레이디스 맨틀은 젊은 처녀의 젖가슴을 유지시켜 주며, 너무 크거나 처진 가슴도 작거나 탄탄하게 만들어 준다."[6]

잎을 살짝 짓이겨 큰 항아리에 담는다. 내용물이 완전히 잠길 때까지 아몬드 기름을 붓는다. 식용은 아니니 옛날 방식 그대로 돼지기름을 쓰는 대신 사치스럽게 아몬드 기름을 쓰기로 한다. 한 달 동안 그대로 두었다가 잎을 걸러 낸다. 진한 초록색으로 변한 아몬드 기름의 무게를 측정하고 그 무게의 30퍼센트에 해당하는 밀랍을 넣은 다음, 밀랍이 녹을 때까지 뜨거운 물로 은근히 중탕한다. 아몬드 기름이 증발하지 않도록 불을 끄고, 항산화제 역할을 하는 로즈메리 에센셜 오일을 몇 방울 떨어뜨린 다음 병에 부어 굳히면 부드러운 연고가 된다. 끝내준다!

철새의 방문

7월 13일, 데이질리아

갑자기 여름 제비들이 도착했다. 집 주변을 날아다니며 둥지 틀 자리를 찾는다. 흰턱제비는 처마 밑 둥지에서 첫 번째 새끼를 낳았다. 아마도 두 번째 새끼를 계획하고 있으리라. 아직 보송보송한 새끼들이 서로 바싹 붙어 홈통 위에 앉아 있다.

풀꽃이 피어나고 초목이 무성하다. 집 앞의 작은 개울은 정글로 뒤덮여서 이웃집도 전혀 보이지 않는다. 삐걱대는 나무다리 위에 서 있으면 열대지방 어딘가에 있는 듯 느껴질 정도다. 고대의 외알밀 종자가 발아하여 작은 낱알이 맺히고 있다. 그렇다면 과거 스코틀랜드에서도 외알밀이 자랐다는 얘기다!

질기고 쓴맛이 나는 잎이 늘어났지만 그래도 아직까지는 샐러드를 많이 먹고 있다. 오늘은 비름과 식물로 흰명아주, 갯능쟁이, 퀴노아의 친척뻘인 굿킹헨리Good King Henry를 발견했다. 시금치 비슷한 맛이 난다. 뼈를 발라 새알 하나를 넣고 아삭하게 튀긴 산토끼 요리와 함께 먹으려고 굿킹헨리 잎을 데쳤다. 싱싱한 푸성귀 맛 덕분에 식욕도 식물처럼 쑥쑥 자라났다!

맨발

7월 14일, 초원

밤새 마음이 어지러웠다. 마치 햄스터 한 마리가 뇌 뒤쪽에 달린 쳇바퀴를 빙빙 맴돌고 있는 것 같다. 잠자는 동안에도 내 머리는 계속 환자들을 생각하고, 약초 처방전과 시를 쓰고, 우주의 거창한 질문들을 숙고한다는 것을 알게 되었다. 가끔은 기진맥진해서 깨어나기도 하지만, 그보다는 하루 어느 때보다 맑은 정신으로 직면한 과제의 해답을 확신하며 눈뜨는 아침이 더 많다. 지금은 5시 45분이다. 케언패플 힐 뒤에서 떠오르는 태양이 오늘도 황금빛 찬란한 하루가 되리라는 걸 암시하고 있다. 차분한 빛 속에서 집 밖으로 나와 잔디밭처럼 두텁고 하얀 토끼풀 꽃 무더기 위에 엎드려 눕는다. 며칠 전부터 쭉 이러고 싶었다. 시원하고 편안하다. 가이아의 달콤하고 싱그럽고 알싸한 내음을 깊이 들이마신다. 우리 사이를 가로막는 그 무엇도 없다. 방수포, 깔개, 플라스틱, 고무, 밑창, 타이어 따위의 단열재도 없다.

벌집 밖에서 잠자던 호박벌 한 마리가 깜짝 놀라 나를 향해 다리를 흔들어 댄다. 호박벌의 복슬복슬한 털은 공기를 가두어 단열재 구실을 하며, 체온을 조절하여 추운 아침에도 잘 버틸 수 있게 해 준다. 하지만 아직 날개를 햇볕에 말리지 못한 벌은 날아가지 못하고 요란하게 윙윙거릴 뿐이다. 나는 풀밭에서 갓 따낸 허브로 차를 끓이고 베스카딸기를 따 먹는다. 둘 다 영혼을 위한 천상의 음식이다.

내게는 언제 어디서나 맨발로 걸어 다니는 친구가 있다. 그의 마음을 알 것 같다.

오늘 저녁에는 오랫동안 고대해 온 현장 조사를 위해 내 친구 우카시 우차이가 사는 폴란드로 날아간다. 우카시는 제슈프대학 생명공학부 교수이자 식물학과장이다. 그는 열렬한 초원 지킴이로, 해마다 아직 멸종 위기에 처하지 않은 고대 종자를 골고루 모아서 사람들이 새로운 야생화 서식지를 만들 수 있게 나눠 주고 있다. 그가 폴란드의 초원과 그곳에서 나는 야생식을 조사해 보자며 나를 현장 연구자로 초청했다.

영국에서는 목초를 심는 사람들이 다시 늘어나고 있지만, 20세기 동안 상업적 농업, 도시 확장, 열악한 토지 관리 관행으로 목초지의 97퍼센트가 사라졌다. 현재 영국에서 전통적인 초원과 목초지가 남아 있는 지역은 국토의 1퍼센트에 불과하다.[7] 그중 4분의 3은 규모가 3에이커 미만이니 축구 경기장의 1.5배도 안 되는 셈이다. 던펌린에 있는 아마존 물류 센터 하나에만 이런 초원을 7.5개는 집어넣을 수 있다!

우카시는 나더러 자기 집에 머물라고 했다. 나도 꼭 가 보고 싶었던 곳이다. 피에트루샤 볼라Pietruza Wola는 남카르파티아산맥의 디노프스키 산기슭에 있는 지역이다. 우카시는 그곳에 17헥타르에 이르는(앞서 언급한 아마존 물류 센터의 두 배에 가까운 규모다) 야생 정원을 조성했다. 내가 여기서 4에이커 규모 정원의 생태를 복원하려는 것과 마찬가지로, 우카시도 재래종 동식물 서식지를 최대한 많이 만들려고 한다. 그 일부는 '보호구역'으로 지정된 유서 깊은 삼림지대다. 세심하게 관리되는 관목 숲, 나무가 우거진 벌판, 야생화 초원이 있다. 우카시는 연못 세 개를 파고 해체된 다리에서 나온 거대한 콘크리트 블록을 군데군데 놓아서 인공 암반 서식지를 만들었다. 그의 프로젝트가 어떻게 진행되고 있는지 살펴보고 폴란드의 전통적인 채취 식품도 맛볼 수 있으면 좋겠다.

22장

낙원에서 보낸 여름

세상에 더 이상 아름다운 것은 없다고 말하지 말라.
나무의 형태나 나뭇잎의 떨림에는 항상 경이로운 무언가가 있다.
—알베르트 슈바이처, 《살아 있는 모든 것을 위하여For All That Lives》

폴란드에서의 첫날

7월 15일, 피에트루샤 볼라

눈을 뜨니 하늘이 눈부시게 파랗다. 아침 식사는 석잠풀 차 한 잔과 호두 한 줌이다. 폴란드 남부에는 견과류, 특히 호두나무가 풍부하다. 재래종 호두나무는 아니지만 곳곳에 저절로 자라는 야생 종이며, 많은 사람이 가을에 호두를 수확하여 다락방에 저장한다. 나는 호두를 맷돌에 올려놓고 돌멩이로 깨뜨리려 하는데, 셋 중 하나는 꼭 빗나가서 방바닥에 미끄러지고 만다! 스코틀랜드에서 겨우내 노심초사 아껴 먹어야 했던 견과류를 마음껏 먹을 수 있다니 흐뭇하다.

우카시의 전통식 목조 오두막 밖에는 정원이 펼쳐져 있다. 벌써부터 따스한 햇살이 쏟아져 내리고 곤충들이 바쁘게 움직인다. 야생화가 서로 경쟁하듯 도처에 만발했다. 산울타리 밖으로 튀어나온 포도송이는 아직 익지 않아서 단단하고 시퍼렇지만, 바로 옆의 라즈베리 열매는 완벽하게 무르익어서 실컷 따 먹을 수 있다! 모랫둑 위에서 우아한 달맞이꽃과 산당근이 행복하게 어우러지고, 모랫둑을 둘러싼 데이지daisies가 '낮의 눈day's-eyes'을 활짝 뜨며 태양을 반긴다. 파란색 수레국화와 보라색 검은수레국화 꽃밭 가장자리에는 에키움 불가레가 삐죽삐죽 솟아 있고, 그 사이로 붉은 양귀비 꽃이 점점이 비집고 들어온다. 사방이 현란하다 못해 불협화음을 이루는 색채들로 가득하다.

한구석에서 요란한 윙윙 소리가 들려온다. 꿀벌 떼가 맹렬하게 몰려들어 무수히 열린 하얀 오디를 빨아 먹고 있다. 내가 서 있는 이 폴란드식 낙원의 생명나무인 모양이다. 알고 보니 꿀벌들은 욕심꾸러기에게는 오디를 나눠 줄 생각이 없나 보다. 마치 5분 타이머라도 내장된 것처럼 내가 제한 시간을 넘기는 즉시 따끔한 벌침을 쏜다. 두 번을 쏘이고 나니 곧바로 욕심내면 안 되겠구나 싶다.

오후 2시 30분에 먹구름이 몰려들고 비가 쏟아진다. 폭우가 쏟아지는 가운데 작은 현관 지붕 아래 앉아 있노라니 어린 시절 겪은 동아프리카의 몬순이 떠오른다. 우카시가 갈퀴덩굴 '커피'를 마셔 본 적이 없다기에 나는 온몸에 들러붙는 갈퀴덩굴 씨앗을 따 모은다. 노릇노릇하게 구워서 우카시의 터키식 구리 커피포트로 끓이니 맛있는 음료가 된다.

비가 그치고 나서 드라이브하러 나간다. 도중에 차를 세우고 들판 가두리를 따라 자란 야생 큰노랑꽃갈퀴Vicia grandiflora의 검은 꼬투리를 딴다. 우카시가 운전하는 동안 나는 꼬투리를 까서 안에 있는 조그만 콩을 꺼낸다. 그리스의 프랑크티Franchthi 동굴은 4만여 년 전부터 인류가 살았던 곳인데, 이 동굴에서 발견된 유해를 통해 초기 인류가 적어도 1만 3000년 전에 야생 렌틸콩Evrum lens을 먹었다는 사실이 밝혀졌다. 학명을 통해 영국에서 발견된 얼치기완두Vicia tetrasperma/Evrum teraspermum와 연관된 식물임을 알 수 있다. 이곳 폴란드의 큰노랑꽃갈퀴는 우리의 얼치기완두보다 훨씬 더 커서 인상적이다.

긴 풀줄기마다 통통한 에스카르고달팽이가 가득하다. 제철이 아닐 때 에스카르고달팽이를 잡는 건 불법이지만 5월에 달팽이를 잡아 냉동해 두었다고 우카시가 설명한다. 나는 고맙다는 표정을 지으려고 애쓴다. 하지만 다디단 붉은 체리가 알알이 열린 야생 벚나무를 발견하자 정말로 고마운 마음이 든다. 우리는 오후 내내 우카시의 땅을 탐험하며 보낸다.

저녁 식사로는 암사슴 안심 토막에 나도산마늘, 오리잎채진목 열매, 꾀꼬리버섯, 붉은대그물버섯을 곁들여 요리한다. 우카시가 저장해 둔 기름이 없다고 해서 나는 그냥 프라이팬을 뜨겁게 달구어 고기를 구운 다음 물을 약간 넣고 익힌다. 흰명아주와 털별꽃아재비 잎을 한 무더기 데치고 발효시킨 붉은젖버섯으로 장식해서 차려 낸다. 마음이 든든하다. 풍성한 견과류와 너그러운 자연 덕분에 이 따사로운 유럽 땅에는 먹을거리가 넘쳐 난다.

꿀벌과의 승부

7월 16일, 제프니크

아침 식사는 야생 체리다. 정말로 맛있다!

집 뒤꼍으로 가니 거대한 통나무 더미를 돌아 숲으로 들어가는 오솔길이 손짓한다. 나는 커다란 두 개의 텔레키아 스페키오사 덤불 사이로 걸어간다. 거대한 황금빛 꽃이 목향을 닮았다. 무수한 꽃등에와 나비가 숭배하듯 꽃 주위를 맴돈다. 나도 아기 침대 위의 음악 모빌 태엽을 처음으로 감아 주었을 때의 마야만큼 넋을 놓고 그 광경을 바라본다. 이렇게 많은 나비를 한꺼번에 보기는 처음이다. 숫자만 많은 게 아니라 종류도 놀랍도록 다양하다. 갈색 굵은 크림색 띠와 가느다란 주황색 띠가 있는 나비, 크림색 줄무늬와 미세한 점이 있는 황갈색 나비, 짙고 탁한 갈색에 주황색 바둑판무늬가 있는 나비, 갈색과 크림색 동심원 무늬가 있는 연갈색 나비, 갈색 반점이 있는 주황색 나비, 형광연두색 나비, 미세한 녹색 무늬가 있는 흰색 나비, 레이스 같은 무늬가 아른거리는 검은색 나비. 영국에는 나비가 60여 종밖에 남지 않은 반면 폴란드에는 아직 160여 종이 있다.

나중에는 계곡에 내려가 나도산마늘 비늘줄기를 파낸다. 진흙땅을 리드미컬하게 막대기로 파헤쳐 길고 하얀 비늘줄기를 찾아내는 일은 묘하게 즐겁다. 배가 고파져서 집으로 돌아와 냄비 요리를 만든다. 암사슴 고깃덩어리에 나도산마늘 비늘줄기와 뿌리, 향을 내기 위한 병꽃풀과 서양톱풀, 호두, 오리잎채진목 열매, 꾀꼬리버섯, 물가엉겅퀴와 이웃집 정원에서 딴 실유카 꽃을 넣고 뭉근하게 끓인다.

벌의 습성을 빠르게 배워 가고 있다. 오디를 따는 가장 좋은 방법은 매일 오후 2시 30분쯤 쏟아지는 소나기를 기다리는 것이다. 벌은 날개가 젖으면 날 수 없기에 해가 나오고 빗방울이 마를 때까지 가만히 있어야 한다. 나뭇잎 아래로 숨어든 벌들이 밖을 내다보며 기다리는 동안 나는 얼른 희고 연한 **오디**를 한 그릇 가득 딴다. 벌들을 무시하는 건 아니지만 한편으로 그들을 제압한 것 같아 으쓱한 마음도 든다. 유치하긴 해도 승부에 이겨서 얻어 낸 열매가 더 달콤한 법이니까!

새로운 발견

7월 17일, 제프니크

우카시가 야생식 워크숍을 여는 날이라 일찌감치 제프니크로 출발한다. 견과류와 베리를 실컷 먹고 갈퀴덩굴 '커피'를 한잔 마신 후 도시락을 싼다. 그런 다음 마을까지 2킬로미터를 걸어간다. 쓰레기가 전혀 없다는 게 인상적이다. 사람들이 차에서 내던진 음료수 깡통과 폴리스티렌 음식 포장재가 넘쳐나서 보기 흉하고 야생동물에게도 위험한 영국과는 전혀 다르다.

제프니크는 450년 된 고대 참나무 야기엘론('왕실의 나무'라는 뜻이다)이 있는 성 파라스케비 교회를 중심으로 조성된 도시다. 워크숍에서는 아침 식사가 진행된다. 나는 쐐기풀, 컴프리, 방가지똥, 양배추엉겅퀴를 잘게 다져 반죽과 섞은 다음 야생초 튀김을 만든다. 먹음직스러운 냄새가 나지만 꾹 참는다! 분홍바늘꽃, 라즈베리, 긴박하, 제라늄을 넣고 차도 끓인다.

나중에는 숲속에서 처음 보는 식물인 구상난풀을 발견한다. 광합성을 하지 않고 주변 나무에 붙어 있는 균류에 기생하여 영양분을 얻는 흥미로운 도둑 식물이다. 숲이 건조해서 균류가 많지는 않지만, 어느 나무 그루터기에 '울퉁불퉁한 선반'이라고도 불리는 대합송편버섯이 가득 돋아 있다. 짙은 녹색 벨벳으로 뒤덮인 것 같은 매혹적인 모습이다. 일단 나무 그늘을 벗어나니 폴란드에는 벌레가 정말 많다는 걸 알게 된다. 말파리를 비롯해 온갖 벌레들이 풍토에 적응하지 못한 스코틀랜드인의 살갗에 덤벼 물어 댄다. 나는 벌레를 쫓으려고 쑥국화를 짓이겨 나온 기름을 머리카락에 문지른다. 짓이긴 병꽃풀로 목걸이와 팔찌를 엮어서 두른 내 모습이 숲의 요정처럼 보이지 않으려나?

우카시와 나는 한가운데 늑대 발자국이 선명한 진흙 길 뒤의 긴 풀 무더기 속에 멈춰 서서 초록색 메뚜기를 잡는다. 말라위에서 보낸 어린 시절 이후로 처음 먹는 메뚜기다. 우리는 워크숍 점심 메뉴에 유럽쌍살벌 애벌레도 넣기로 한다. 유럽쌍살벌은 해마다 우카시의 차고에 작은 벌집을 짓는데, 그 안에는 육즙 가득한 애벌레가 수십 마리나 들어 있다. 흰개미처럼 살짝 레몬 맛이 난다고 한다. 반면 '이탈리아 줄무늬 벌레'로 더 잘 알려진 검은색과 빨간색 방패벌레는 튀겨 먹어도 고약한 맛이 난다!

오후에는 고대에 경작되던 잡초가 여전히 밀 이삭과 뒤섞여 자라는 강변 서식지를 찾아간다. 진분홍색 꽃잎을 자랑하는 결절완두콩tuberous pea과 큰참새귀리는 폴란드에 기근이 들 때 먹던 식물이다. 연보라색 꽃이 피는 수키사 프라텐시스, 뿌리가 굵고 검은(시베리아의 야쿠트족은 이 뿌리를 끓여서 타닌을 제거한 다음 먹었다) 오이풀, 식용은 아니지만 풍경에 아름다움을 더해 주는 제라늄과 황야갈퀴덩굴도 있다. 습지엉겅퀴, 히말라야물봉선, 새삼이 뒤섞인 풀밭 위로 날아다니는 근사한 흑백 줄무늬 나비(희귀종인 제비꼬리나비다)를 보니 감탄이 절로 나온다. 강가로 내려가니 비누풀, 베르바스쿰 니그룸, 쑥국화, 블랙 허하운드, 가시나무, 흰명아주, 마디풀, 흰여뀌 등이 뒤섞인 무성한 수풀이 우아한 산미역취로 감싸인 라바테라 덤불과 경쟁을 벌인다. 햇볕에 바싹 말라 딱딱한 길에는 우산잔디와 억센 솜털우엉woolly burdock이 듬성듬성 자라고 있다.

강 건너편의 주인공은 눈양지꽃 위로 우뚝 솟은 결절뿌리처빌bulbous chervil이다. 친척뻘인 나도독미나리를 꼭 닮아 섬뜩하게 생긴 식물이다. 줄기 아래쪽에는 무시무시한 보랏빛 도는 빨간 반점이 있고, 독이 있는 잎도 으스스할 만큼 비슷해 보인다. 적어도 스코틀랜드에서는 키가 2미터나 되는 나도독미나리를 본 적이 없지만 말이다. 하지만 나도독미나리 뿌리도 첫해까지는 연하고 독이 없어서 먹을 수 있다. 우카시의 친구 보이테크에 따르면 잎이 지고 난 6월 초부터 통통한 덩이뿌리가 땅속에서 싹을 내면서 맛이 떨어지는 9월까지가 가장 수확하기 좋은 시기라고 한다. 전분이 많은 이 덩이뿌리는 씨알이 무척 굵어서 병충해가 심한 해에 시골 사람들이 감자 대용으로 재배하기도 했다는데, 가끔은 '순무 뿌리' 처빌이라고 불리기도 한단다. 나 같으면 '볼드릭' 처빌이라고 부를텐데!

동유럽의 맛

7월 18일, 제프니크

오늘 아침은 서둘러야 한다. 어젯밤 피곤한 나머지 워크숍에서 만들 음식을 계획하지 못했다. 멧돼지 등심을 두툼한 베이컨처럼 길게 썰어서 나도산마늘과 함께 휘리릭 볶은 다음 식자마자 나뭇잎에 싸 가지고 집을 나선다. 나중에 베리류나 푸성귀를 추가할 생각이다. 고칼로리 간식으로 호두 한 줌과 말린 오디 몇 개를 챙겨 제프니크 마을로 향한다.

워크숍의 아침 식사는 모닥불에 구운 플랫브레드다. 우카시가 쐐기풀, 별꽃, 자주광대나물, 엉겅퀴 등의 야생초를 다져서 플랫브레드 속을 채우니 파이와 비슷한 칼조네로 변신했다. 아르메니아에서는 '진글야로프 모자zhingyalov hats'라고 부르는 요리다.

점심은 조지아 요리인 프칼리pkhali다. 끝내주게 맛있다. 쐐기풀, 물가엉겅퀴, 광대수염, 산미나리를 다지고 데쳐서 물기를 짜낸 다음, 같은 양의 다진 호두를 섞고 둥글게 뭉쳐서 잠시 말린다. 프칼리는 원래 석류 씨앗으로 장식하지만 오리잎채진목 열매로 장식해도 충분히 예쁘다. 우카시는 조지아의 야채를 기록하면서 현지 주민들에게 직접 프칼리 만드는 법을 배웠다. 나 역시 그의 열성에 공감한다. 언젠가 우리 모두에게 다시 필요할지도 모르는 지식이니까.

자연에의 몰입

7월 19일, 피에트루샤 볼라와 타르고위스카

폴란드 시간으로 월요일 아침 5시지만 스코틀랜드는 아직 4시다. 안개가 자욱하고 공기가 서늘하다. 창문 밖 세상은 어제 내린 비로 여전히 축축하다. 이 작은 목조 오두막은 활기찬 들판에 자리 잡고 있는데, 밖을 내다보면 50미터만 더 가도 숲이 시작된다는 걸 알려 주려는 듯 자작나무 보초병이 당당하게 서 있다. 세상은 아직 잠들어 있지만 새 몇 마리가 노래하기 시작했으니 곧 깨어날 것이다. 집 안에는 아직 불이 켜져 있다. 복도 저편에서 우카시의 무겁고 규칙적인 숨소리가 들려온다. 스코틀랜드 소나무담비의 친척인 바위담비 한 마리가 내 머리 위 지붕에서 둥지를 재정비하며 널빤지를 긁어 대는 소리도 들린다.

아직은 졸릴 시간인데도 잠이 완전히 깨 버렸다. 어제 나눈 대화가 솔숲에서 피어오르는 산안개처럼 머릿속을 맴돌고 있다. 오늘 아침 따라 자연의 존재감이 강하게 느껴진다. 창밖을 내다보면 생명의 무한한 복잡성이 펼쳐지고, 자연계의 지능은 경외감을 불러일으킨다. 지구에 처음 살았던 인간들은 자연을 숭배하지 않았다. 그들이 이해하지 못하는 것을 설명하기 위해 하나 혹은 여러 명의 인격신을 만들어 내야 했다. 아니다. 그들 역시 지구 도처에 충만한 생명의 본질적 지능을 느끼고, 보고, 듣고, 존중했다. 그들은 인류가 무생물의 세계에서 우연히 진화했다고 생각지 않았다. 현세의 삶에 가려져 있긴 하지만, 우리는 지구와 깊은 연결을 맺으며 살아가고 있다. 그러니 어떻게 지구의 생명력을 인식하지 못하거나 그것이 모든 생명체 속에 숨 쉬고 있음을 깨닫지 못할 수 있겠는가?

나는 생각에 잠겨 잠시 멈춰 선다. 무의식중에 어제 벌레에 물린 곳을 긁어 댄다. 카르파티아산맥의 모든 흡혈 벌레가 진하고 철분이 풍부한 스코틀랜드인의 피 냄새를 맡고 수 마일 밖에서 날아와 잔치를 벌인 모양이다. 으깬 석잠풀을 담가 둔 물병에서 물을 따라 마신다. 서서히 발효되기 시작한 녹색 잎과 보라색 꽃 가장자리에 자잘한 거품이 일어난다. 석잠풀은 천연 항히스타민제에 가까운 야생초이니 가려움증은 곧 가라앉을 것이다.

모든 식물은 우리에게 선물을 준다.

여뀌는 확실히 그렇다! 이 붉고 얼얼하게 매운 식물을 발견한 것은 축축한 진흙탕 무더기를 이루며 습하고 그늘진 숲속으로 구불구불 이어지는 길 한가운데에서였다. 줄기를 따라 울룩불룩한 붉은색 혹이 나고, 마디풀과 메밀 종류가 다 그렇듯 마디가 져 있다. 여뀌의 학명인 Persicaria hydropiper는 '복숭아나무 같은 잎이 달린 물 후추'라는 뜻이다.

맛이 기막힌 물가엉겅퀴 잎을 몇 줌 따 먹는다. 물가엉겅퀴의 학명인 Cirsium rivulare는 '시냇가에서 자라기를 좋아하는 엉겅퀴'를 뜻한다. 물가엉겅퀴는 스코틀랜드 재래종이 아니지만 나로서는 그랬으면 좋겠다. 맛이 상큼하고 식감이 좋으며 어린잎은 가시 없이 매끈하다.

큰 연못에는 물밤의 일종인 **네마름**이 떠 있다. 듣기만 해도 많은 것이 짐작되는 이름이다. 이런 이름이 붙은 것은 딱딱하고 모서리가 무섭도록 뾰족한 다이아몬드 모양의 씨앗 껍질이 마름쇠를 연상시키기 때문이다. 마름쇠란 사방으로 날카롭고 뾰족하게 튀어나온 작은 금속 조각 형태의 무기다. 고대 로마 병사들은 마름쇠를 트리불루스tribulus, 즉 '뾰족한 쇳조각'이라고 부르며 적군의 진격을 늦추기 위해 땅에 뿌려 놓곤 했다. 일본 사무라이들도 마키비시라는 마름쇠를 가지고 있었다. 하나라도 밟았다가는 고생깨나 했을 것이다!

이곳의 숲은 생강 냄새로 가득하다. '유럽 야생 생강'이라고도 하는 저지대 식물 유럽족도리풀이 땅을 뒤덮고 있어서다. 족도리풀속 식물은 향신료로 쓸 수도 있지만 실제로는 거의 사용되지 않는다. 말리지 않고 생으로 먹으면 설사를 할 수 있기 때문이다. 집 뒤 곁에 가 보니 원추리가 줄지어 피어 있다. 원추리 꽃은 먹을 수 있지만 피고 나서 24시간만 지나면 시들어 버린다.

어느새 태양이 카르파티아의 숲에 내린 안개를 걷어 낸다. 황금빛 햇살이 대기를 가득 채우며 만물에 생명을 불어넣는다. 출근길 차량의 점점 커지는 굉음 대신 메뚜기 울음소리, 지저귀는 새소리, 벌들이 윙윙대며 열매 주변을 맴도는 소리가 평온한 정적을 깨뜨린다. 몇 시간 더 있으면 무더위가 기승을 부려 기진맥진해질 것을 알기에, 나는 다시 숲속으로 들어간다.

브런치를 먹은 후 우카시와 함께 얇게 썬 사슴고기, 호두, 말린 베리로 도시락을 싸서 소풍을 나간다. 감자밭을 빙 둘러 가다 보니 흰명아주, 말냉이, 피 이삭, 강아지풀 등 저녁거리가 넘쳐 난다. 맛있는 배추과 야채인 냉이의 독특한 씨앗 꼬투리도 눈에 띈다. 거꾸로 된 하트 모양 꼬투리가 옛날에 돈주머니를 만들던 숫양 음낭과 닮았다. 우리는 마침내 타르고비스카 근처의 숲 변두리에 차를 세운다. 비버들이 집을 재건축하느라 바쁜 늪가에서 야생 블랙커런트 덤불로 가득한 공터를 발견하고 자리를 잡는다. 우카시는 내게 산마늘을 보여 주고 싶어 한다. 잎이 넓은 유라시아산 부추속 식물로, 나도산마늘이나 대부분의 야생 리크와 달리 봄이 지나고 나서도 한참 채취할 수 있다. 늪의 모기들이 하도 물어 대는 바람에 산마늘 잎을 씹어서 뱉어 낸 즙을 내 얼굴과 귀에 바른다. 모기 기피제로 효과적인 것 같다. 돌아오는 길에 우카시가 식용 가능한 쇠똥구리를 발견했지만 넣어 올 데가 없어서 잡지 않았다. 덕분에 쇠똥구리를 먹어야 하는 곤경을 간신히 벗어났다!

곰과 숲의 고장인 남카르파티아산맥으로 향하는 길에 잠시 멈춰 애기풀이 자라난 석회암 황야와 1에이커나 펼쳐진 황금빛 텔레키아 스페키오사 꽃을 감상한다. 초저녁 무렵에는 폴란드 남부를 한 바퀴 돌아와서 베토니와 오이풀이 허리까지 자라고 벌레가 꾸물꾸물 기어다니는 들판에 다다른다. 내가 모르는 식물 하나가 눈에 띈다. 구름처럼 보송보송한 크림색 꽃이 무더기로 피어 있다. 조흰뱀눈나비가 즐겨 찾는 반들꿩의다리다. 그 양쪽으로 등골짚신나물과 작은 주황색 벌레로 뒤덮인 숲당귀가 자라고 있다.

야외에서 멋진 하루를 보내고 돌아온 다음에는 마른 프라이팬에 기름을 발라 사슴 안심을 익힌다. 애기괭이밥과 구운 둥굴레 뿌리, 민들레 샐러드, 갈퀴덩굴 커피를 곁들여 낸다. 우카시는 한술 더 떠서 2018년산 '샤토 드 우카시'를 한 병 딴다! 그가 직접 야생 포도로 빚은 귀한 와인이다.

스코틀랜드에 비하면 이곳에서는 자연 속에서 살아남기가 훨씬 쉬울 듯하다. 우리 조상들은 대체 왜 햇볕이 잘 드는 지역을 떠난 걸까?

카르파티아산맥의 낙원

7월 20일, 키초라

아침 식사로는 멧돼지와 달팽이 스튜에 푸성귀와 둥굴레 덩이뿌리를 잔뜩 쪄서 곁들인다. 데워 먹을 수 있게 스튜를 만들어 놓고 어제 채취한 흰명아주와 말냉이를 넣기만 하면 되니 매우 간편하다. 우카시의 숲에 드디어 균류가 나타나기 시작했다. 희고 섬세한 싸리버섯 덩어리와 1마일 밖에서도 맡을 수 있을 정도로 악취가 나는 말뚝버섯 몇 개다.

오전 늦게 우카시가 나더러 특별한 것을 보여 주겠다고 한다. 베글루프카에 있는 이교 참나무 '다프 포가닌Dąb poganin'이다. 몸통 둘레가 거의 10미터에 달하여 폴란드에서도 한 손에 꼽히게 큰 참나무다. 정말 놀랍다. 나도 모르게 곧바로 나무에 손을 얹게 된다. 대부분의 고목과 달리 믿을 수 없도록 건강한 나무다. 손바닥 아래에서 나무 위로 솟구쳐 오르는 생명력이 느껴진다. 나는 경외감에 빠진다.

우리는 키초라kiczora의 여러 초원을 둘러보러 간다. 왈라키아어로 '무성한 산'을 뜻하는 키체라chicera에서 나온 지명이다. 야생 벚나무로 둘러싸인 산비탈에 흐드러지게 피어난 야생화를 보니 이곳에 정말 어울리는 이름이구나 싶다. 정수리까지 자라난 풀을 헤치고 콧구멍 가득 차오르는 온갖 꽃향기를 맡으며 산을 오른다. 나는 식물들의 공간에 들어선다. 기쁜 마음에 그들의 이름을 외쳐 부르며 일일이 인사를 건넨다. 대초원의 정령을 위해 내가 직접 만든 마법의 주문을 외워 본다.

등갈퀴나물, 각시갈퀴나물, 서양톱풀, 개박하, 치커리,
왕관갈퀴나물, 노랑갈퀴, 양귀비, 베토니.
　　서양벌노랑이, 큰노랑꽃갈퀴, 블랙 타임, 쇠채아재비,
　　베르바스쿰 니그룸, 덴시플로룸, 개꽃, 등골짚신나물.
센토레아 스카비오사, 에키움 불가레, 불란서국화,
산당근, 수레국화, 달맞이꽃, 숲당귀, 비누풀.
　　수키사 프라텐시스, 크나우티아 아르벤시스, 어수리,
　　레온토돈 히스피두스, 넓은김의털, 쥐오줌풀, 새삼, 참새귀리.

50년 전 어린 시절 이후로 이런 초원에 와 본 적이 없다. 초원은 정말로 살아 있다. 고개를 까닥이는 꽃과 알알이 맺힌 씨앗이 풀 위로 물결을 이루는 따뜻한 열기 속에 흔들린다. 수천 마리 꽃등에와 꿀벌의 윙윙대는 음악에 맞춰 부드럽게 일렁이는 향기로운 바다 가운데 서 있는 것 같다.

산꼭대기 풀밭에 앉아 숨을 고르고 메모를 하며 경치를 감상하는데, 화려한 다섯점박이 나방 한 마리가 내 손에 내려앉는다. 몸 크기가 풀물로 얼룩진 내 손가락 굵기 정도밖에 안 되는 작지만 근사한 나방이다. 진회색 두 날개에 주홍빛 반점이 다섯 개씩 찍혀 있다. 이 지역에 나비가 이렇게 많은 것은 생물다양성이 풍부한 초원들이 집중되어 있기 때문이다. 반면 2012년 야생식물 보호단체인 플랜트라이프에서 발표한 〈우리의 사라져 가는 식물상〉 보고서[1]는 영국 전역에서 야생화가 사라지고 있음을 보여 준다. 이 보고서에 따르면 1930년대 이후 야생화 초원의 무려 97퍼센트가 사라진 것으로 나타났다. 유럽 어디서나 비료 과잉, 유기, 도시화로 인해 초원이 감소하는 중이지만, 이곳 키초라에는 여전히 낙원이 살아 있다.

숨을 깊이 들이쉬어 본다.

초원에서는 깊은 슬픔과 넘치는 환희를 동시에 느낄 수 있다.

수풀 속 은신처에 숨은 어린아이처럼 행복하게 햇볕을 쬐며 졸다가 일어나 산꼭대기를 둘러본다. 그늘에 숨은 베스카딸기 몇 그루는 여전히 맛 좋은 열매를 달고 있지만 이들도 곧 떨어져 버릴 것이다. 산을 올라감에 따라 서식 환경이 달라지고 식물군도 변화한다. 산꼭대기는 건조하고 쑥국화, 등골짚신나물, 레이디스 맨틀, 서양고

추나물이 노랗게 피어 있다. 우리는 수목 한계선을 따라가며 야생 체리와 라즈베리를 실컷 따 먹는다. 가시자두나 엘더베리는 아직 익지 않았지만, 다시 산기슭에 내려오니 향기로운 박하 사이로 아름답게 만발한 분홍빛 카네이션 꽃이 눈에 띈다.

쏜살같은 시간

7월 21일, 다시 크라쿠프로

견과류 팬케이크로 배를 채우고 나서 크라쿠프공항으로 가는 고속도로를 따라 북쪽으로 달린다. 폴란드의 거목 컬렉션에 추가하기 위해 야누슈코비체에 있는 '크리스천 오크'를 방문한다. 나무는 소규모 건축 회사의 정원 바로 옆에 있다. 어제 방문한 이교 참나무가 교회 정원에 있었다는 걸 생각하면 아이러니한 일이다! 나무 뒤 도랑은 서양메꽃으로 가득하다. 막대사탕 같은 분홍색과 흰색 꽃이 톱니 모양 잎이 달린 토멘틸tormentil과 선사시대 식물인 쇠뜨기를 타고 올라간다. 서카르파티아산맥의 타트라 고원 주민들은 쇠뜨기 새싹을 먹곤 했다. 그 뒤로는 호장근이 침입종임을 숨기려는 듯 교묘히 모습을 감추고 있다.

나도 모르게 풀숲에 숨겨진 말벌 집을 밟았다. 성난 말벌 떼가 순식간에 내 손등을 두 방이나 쏘았다. 다행히 흙길에 질경이가 우거져 있어서 씹은 다음 상처에 붙일 수 있었다.

공항으로 가는 도중 우카시의 친구인 보이테크, 즉 보이치에흐 시만스키 박사의 집에 잠시 들른다. 보이테크는 야생식 채취의 효율성을 주제로 박사 논문을 쓰기도 했다. 그의 정원은 온갖 크기의 화분들로 가득하다. 화분마다 서양쐐기풀, 벗풀, 밤나무, 내가 첫눈에 반한 우산잎괭이밥 등 인상적인 식물이 자라고 있다. 안타깝게도 아직 이야기하지 못한 것들이 많은데 남은 시간은 너무 짧다.

우카시가 둥근빗살괴불주머니, 옐로우 래틀yellow rattle, 시클위드sickleweed로 가득한 널따란 석회암 초원을 지나 나를 공항까지 태워다 주는 동안에도 온갖 생각들로 머리가 복잡하다. 시클위드는 내가 처음 접한 미나리과 식용 식물로 스코틀랜드에서는 기록된 바가 없다. 어느새 끝나 버린 폴란드에서의 여름을 뒤로 하고, 나는 견과류와 말린 베리가 든 간식 상자를 들고서 집으로 돌아가는 비행기를 타러 달린다.

23장

풀과 곡식

이 세상 만물은 우리가 세심한 주의를 기울이는 순간
그 자체로 신비롭고 멋지고 형언할 수 없이 장엄한 세계가 된다.
설사 그것이 풀잎 하나에 불과하더라도.

—헨리 밀러, 《헨리 밀러의 창작 강의Henry Miller on Writing》

식물성 사랑

7월 27일, 데이질리아

돌아온 스코틀랜드는 폴란드보다 한 시간이 늦다. 아침 일찍 눈이 뜨이더니 다시 잠들기가 어렵다. 자리에서 일어나자 새벽바람을 타고 들려오는 가이아의 속삭임이 나를 부른다.

맨발로 집 밖에 나선다. 발가락 사이에 와 닿는 풀과 흙의 감촉을 느끼며 시원한 공기를 깊이 들이마시니 절절한 사랑의 마음이 느껴진다. 식물성의 사랑. 오늘 아침만큼은 나무와 덤불, 약초를 향한 나의 사랑이 아니라 나를 향한 그들의 사랑이다. 우리는 정말로 공통점이 많다. 나는 이파리 하나를 어루만지며 새삼 우리 몸속을 흐르는 액체에 경탄한다. 녹색 엽록소는 탄소, 수소, 산소, 질소 분자가 **마그네슘** 이온을 중심으로 공전하고, 혈액 속의 붉은 헤모글로빈은 똑같은 분자들이 **철**을 중심으로 공전한다는 차이가 있을 뿐이다. 잎이 입 모양 기공을 열었다 닫으면서 이산화탄소를 흡수하고 산소를 방출하는 동안(하지만 과학자들은 이것을 호흡이라고 부르지 않는다!) 내 폐는 산소를 들이마시고 이산화탄소를 내뿜는다. 우리는 지구의 영원한 음양 순환 속에서 서로 생명을 주고받는다.

인간은 식량, 산소, 나아가 목숨 자체를 지구상의 식물에 전적으로 의존하고 있다. 어머니가 생명을 주는 존재라면 식물계야말로 진정한 '어머니 자연'이다. 인간이나 동물은 광합성으로 당과 탄수화물을 만들 수 없으며 산소를 배출할 수도 없다. 심지어 육식동물도 식물을 먹고사는 초식동물을 잡아먹어야 한다. 깨어 있는 매 순간 태양의 방대한 에너지를 양분으로 전환하면서 대기에 산소를 공급하는 건 우리에겐 불가능한 일이다. 우리는 대지와 식물에 기대어 살아가고 있다. 자연이 우리와 연결된 탯줄을 끊어 버린다면 살아남을 인간은 단 한 명도 없으리라.

자연 앞에서 나는 매혹되고 홀딱 반하고 넋을 잃는다! 올해 여름은 내게 사랑의 여름이 될 것이다.

자연을 **연인**으로 여긴다는 표현이 이상하게 들릴 수도 있다. 하지만 이는 단순히 감정의 문제가 아니라 나 스스로 대지와의 관계를 숙고한 결과다. 내가 모색하는 것은 에코섹슈얼리티(지구를 성적·감정적 애정의 대상으로 여기는 급진적 환경운동. 나체로 목욕하거나 식물과 성관계를 갖는 등 자연 물신주의를 바탕으로 에로틱한 활동을 펼친다—옮긴이)가 아니라 자연과의 **좋은** 관계다. 우리는 '자연 애호가'라는 말을 쉽게 입에 올리곤 하는데, 인류가 생존하려면 가이아와의 관계를 회복하고 그야말로 사랑하는 배우자처럼 친밀하게 여겨야 한다.

흔히 영국은 '자연 애호가'의 나라라고들 한다. 800만 명 이상의 영국인이 동물, 새, 삼림 등을 보호하기 위한 환경보호 단체에 소속되어 있다. 그러나 런던자연사박물관의 생물다양성 보존 지수[1]에 따르면 수 세기에 걸친 농업, 건축, 산업, 인구 밀집으로 인해 이제는 영국 생물다양성의 42퍼센트만이 온전한 상태로 남아 있다(전 세계 평균은 77퍼센트다).

영국은 자연 다큐멘터리에 대한 열성과 수백만 명의 환경보호 단체 회원에도 불구하고 자연과의 유대감이 가장 약한 국가 중 하나이며,[2] 자연을 사랑한다는 구실로 안락의자에 앉아서 자연을 파괴하는 데 선두 주자다.

함께 시간을 보내지 않는 연인과는 관계를 유지할 수 없다. 그런 연인과의 관계는 깨어지기 마련이다. 누구든 상대에게 받기만 해서는 안 되고 **줄** 수도 있어야 한다. 안 그러면 관계는 금세 일방적인 것이 되며 심지어 학대로 변질될 수 있다. 인간이 연인을 대하듯 자연을 대하지 않는다면, 레밍처럼 자기 파괴로 치닫는 우리의 습성을 바꾸기 위해 필요한 유대감을 어떻게 끌어낼 수 있겠는가? 인간이 지구를 자신의 배우자처럼 소중히 여기더라도 계속 화학물질을 뿌려 댈 수 있을까? 사람들이 이 아름다운 세상을 깊이 사랑하게 하려면 어떤 모습을 보여 주어야 할까? 아니면 현재 수준의 소비와 오염은 사람들에게도 해로울 수밖에 없다고 이성적으로 설득하는 데 전념해야 할까? 내 경험에 따르면 세상을 바꾸는 것은 오직 열정뿐이다. 나도 답을 알고 싶다.

칼로리 계산

· 7월 28일, 데이질리아

배고프다, 배고프다, 배고프다. 집에 음식이 있긴 하지만 오늘은 버섯이나 고기를 먹고 싶지 않다. 내 몸이 지긋지긋하다며 거부한다. 견과류, 베리류, 봄에 먹던 싱싱한 푸성귀가 그립지만, 이제 식물들은 꽃을 피우고 씨앗을 맺는 데 집중하고 있다. 문득 다시 지방과 탄수화물이 먹고 싶어진다. 나는 이 문제를 소셜 미디어에 포스팅했다. 많은 사람이 내 글을 읽고 무엇을 먹으면 좋을지 제안해 주었지만, 그중에 지방이나 탄수화물이 함유된 먹을거리는 하나도 없었다. 이 시기에는 야생에서 구할 수 있는 지방이나 탄수화물이 없으니까.

영국 국민보건서비스NHS 홈페이지에 따르면 "평균적인 남성이 건강 체중을 유지하려면 하루에 약 2500칼로리를 섭취해야 한다. 평균적인 여성의 경우 하루에 약 2000칼로리다. 이 수치는 연령, 체격, 신체 활동 수준 등 여러 요인에 따라 달라질 수 있다."[3]

내가 올해 들어 음식으로 섭취한 칼로리를 계산해 보기로 한다. 다음 표의 수치는 해당 음식 100그램을 기준으로 한다.

육류, 견과류, 달걀을 제외하면 800칼로리 정도로, 지나친 저

음식	열량 (kcal)	탄수화물(당질) (g)	지방 (g)	단백질 (g)	비고
도토리 가루	501	57.4(54.7)	30.2	7.5	
우엉 뿌리 (소금 치지 않고 익힘)	88	21.2(19.3)	0.1	2.1	1컵=125g(110kcal)
생 꾀꼬리버섯	38	6.9(3.1)	0.5	1.5	1컵=약 25kcal
민들레 뿌리	45	9.2(5.7)	0.7	2.7	1컵=25kcal
완숙 달걀	155	1.1(1.1)	10.6	12.6	다진 삶은 달걀 1컵 =약 136g / 큰 달걀 1개=약 50g
수란	143	0.7(0.7)	9.5	12.5	
익힌 주름버섯	28	5.3(3.1)	0.5	2.2	1컵=약 156g
생 주름버섯	22	3.3(2.3)	0.3	3.1	
헤이즐넛	628	16.7(7)	60.8	15	다진 헤이즐넛 1컵 =약 115g(722kcal)
생 덕다리버섯	31	7(4.3)	0.2	1.9	1컵=약 70g
생 느타리버섯	33	6.1(3.8)	0.4	3.3	
찐밤	131	27.8(27.8)	1.4	2	
군밤	245	53(47.9)	2.2	3.2	군밤 약 12개=100g
송어 (말려서 요리)	150	0(0)	5.8	22.9	필레 1개=약 143g (편차 심함)
사슴 안심 구이	149	0(0)	2.4	29.9	
호두	654	13.7(7)	65.2	15.2	1컵 혹은 반으로 쪼갠 호두 50개=약 100g

칼로리 식단임을 바로 확인할 수 있다. 달걀은 계절성이 강하고 오래 보관하기 어려운 음식이다. 견과류도 제철 음식이고 보관하기는

좋지만 무거워서 가지고 다니기 불편하다. 여기저기 숨겨 두었다가 연말에 돌아와서 챙겨갈 수는 있겠지만 말이다. 민들레와 우엉 뿌리가 전분이 많음에도 저칼로리라는 사실에 놀랐다. 이 고장에서 일 년 내내 구할 수 있는 고칼로리 음식은 사냥한 야생동물과 생선뿐이다. 나도 철새처럼 이주를 해야겠다!

지채 카레

7월 30일, 데이질리아

오늘 오후에는 양지바른 갯벌에서 즐거운 몇 시간을 보냈다. 육지 식물들은 이제 씨앗을 맺는 데 집중하느라 메마르고 질겨졌다. 그렇다 보니 즙이 많은 퉁퉁마디, 갯질경이, 갯개미취와 해홍나물을 잔뜩 채취할 수 있어서 정말로 기쁘다.

바닷가로 내려가기 전에 붉은사슴 고기와 메추리알을 훈제 기구에 넣어 두었다. 거의 온종일 햇볕에 놔둔 고기라서 바로 요리해야 한다. 아직도 고수 씨앗처럼 싱싱하고 알싸한 향이 나는 지채 씨앗을 따서 카레를 만들어 보기로 했다.

지채 씨앗과 말린 어수리 씨앗을 곱게 간다. 벌써부터 지채 꽃이 지고 있어 올해 씨앗도 수확할 준비가 되었지만, 지금 쓰는 건 작년 씨앗이다. 월계수 잎 대용으로 쓰는 소귀나무 잎과 매콤하고 쌉쌀한 맛이 나는 산토닌쑥도 조금씩 넣는다. 코팅 프라이팬에 향신료 반죽을 넣고 타지 않도록 가끔씩 뒤집어 가면서 노릇노릇하게 굽는다. 눌어붙지 않게 물을 조금 붓고 깍둑썰기한 붉은사슴 고기를 넣어 볶는다. 카레가 끓는 동안 매운 큰키다닥냉이와 여뀌를 잘게 다져 넣는다. 여뀌 잎을 많이 넣지 않도록 조심한다. 물 후추water pepper라는 별명이 괜히 붙은 것이 아니니까. 스코틀랜드에서 고추와 가장 비슷한 야생식물이다!

풀 이삭

7월 31일, 데이질리아

얼마 전부터 초원에서 여물어 가는 풀 이삭을 눈여겨보고 있다. 마지막으로 빵을 먹은 지도 정말 오래되었다.

밀을 먹는 것과 관련된 흔한 속설이 있다. "우리가 곡물을 먹기 시작한 것은 1만~1만 2000년 전 농경이 시작된 이후부터"라는 것이다. 우리는 밀을 '나쁜' 농작물로 생각하는 경향이 있으며, **진정한** 팔레오 식단을 따라야 한다는 사람들은 곡물을 기피한다.

이는 잘못된 이론이다. 실제로 내가 최근에 읽은 모든 고고학 논문은 모잠비크의 중석기시대 석기에서 다량의 전분 입자가 발견되어 늦어도 10만 5000년 전의 초기 호모 사피엔스가 수수와 같은 풀 씨앗에 의존했음이 밝혀졌다고 지적한다. 그들은 기름야자, 나무바나나, 비둘기콩, 야생 오렌지, 아프리카감자도 먹었다.[4]

이탈리아 남부의 팔리치에서 발견된 맷돌은 약 3만 2670년 전 인류가 야생 귀리, 다양한 볏과 풀, 도토리뿐만 아니라 여러 미확인 식물종을 먹었음을 보여 준다.[5] 리비아 북부의 후와 프티 석회동굴에서는 약 3만 1000년 전에 보리와 염소풀, 그리고 13종의 미확인

식물을 제분하기 위해 맷돌을 사용했다.[6]

약 2만 3070년 전 마지막 최대 빙하기에 이스라엘의 오할로 II 고고학 유적지에서 살았던 고대 인류는 최소 142개의 분류군 이외에도 다양한 포유류, 조류, 설치류, 어류 및 연체동물을 먹었다.[7] 작은 낟알을 맺는 풀 중에 가장 많이 발견된 종은 참새귀리였고, 그다음으로는 야생 보리, 뚝새풀, 각시미꾸리광이, 보리풀, 바다보리, 야생 엠머밀 등이 있다.[8]

올해 우리가 먹은 식물종을 합산하는 작업은 아직 시작하지도 않았지만, 분명히 수백 종은 될 것이다. 그러고 보니 인간이 얼마나 창의적으로 다양한 음식을 시도할 수 있으며 또 항상 그래 왔는지를 실감하게 된다.

오늘은 친구 퍼거스가 보내 온 우편물이 도착했다. 사슴 지방과 유산균 발효 나도산마늘 가루, 그리고 단풍나무 수액 시럽이다. 일주일 전에 단풍나무 수액 설탕이 떨어진 터라 타이밍이 딱 맞았다. 지방은 각별히 반가운 선물이다.

내일 날씨가 좋으면 첫 번째 풀 이삭을 수확해서 빵을 구울 것이다. 오늘 밤에는 도토리 가루를 만들려고 한다.

저녁에 맷이 **오리새** 한 다발을 집으로 가져온다. 이삭을 꼼꼼히 살펴보니 낟알 사이로 검고 가느다란 돌기가 튀어나와 있다. 나는 즉시 이 작은 자실체를 알아본다. 맥각이다! 이번 수확물은 전부 포기해야 한다.

맥각은 LSD의 전구체로, 지혈제인 에르고타민의 원료이기도 하다.[9] 중세시대에는 아무도 이 균사체에 감염된 호밀을 먹으면 나타나는 광증과 질병의 원인을 깨닫지 못했다. '성 안토니오의 불'이라고도 하는 맥각에 중독되면 광증을 일으킬 뿐만 아니라 혈관이 수축되면서 손발에 괴저가 생겨 떨어져 나가게 된다. 맥각 빵, 파스타, 케이크를 먹는 건 생각할 수도 없는 일이다!

24장

풍요와 슬픔 사이

지나가는 계절 속에 깃들어 살라.
그 계절의 공기를 호흡하고, 음료를 마시고, 과일을 맛보고,
대지의 영향에 몸을 맡기라.

—헨리 데이비드 소로, 《월든》

루나스탈

8월 1일, 웨스트로디언

8월 1일의 루나스탈Lùnastal(또는 루그나사드Lughnasadh)은 처음 딴 과일을 바치며 수확철의 시작을 축하하는 날로, 현재는 남부의 전통 수확제인 라마스 데이Lammas Day와 통합되었다. 이날은 성스러운 우물 방문, 잔치, 결혼과 약혼, 장터, 기마 행렬, 경마, 통나무 던지기와 같은 운동 경기 등 다양한 기념행사가 열렸다. 베리맨Burryman은 행운을 가져다준다는 잘 들러붙는 우엉 열매를 옷에 촘촘히 붙인 채 사우스 퀸즈페리를 활보하고, 여성들은 방목장에서 본가로 돌아와

결혼을 한다. 8월부터 9월 말까지 이어지는 수확 집중기는 9월 22일 켈트인의 마본Mabon 축제와 보름달에 가장 가까운 일요일(올해는 9월 23일)에 열리는 기독교 수확제로 끝을 맺는다.

또다시 계절의 수레바퀴가 돌아간다. 하지와 추분의 중간에 접어든 것이다. 풀 이삭이 고개를 숙이기 시작했다. 잘 여물었으니 수확해도 된다는 신호다. 반면 오리새는 밀과 마찬가지로 똑바로 서 있다. 맥각병이 발생하기 전까지만 해도 곡식을 얻을 수 있으리라고 기대해 왔던 식물이다.

내 생각에 스코틀랜드의 진정한 한여름은 하지가 아니라 가을이 다가오기 직전인 루나스탈이다. 베스카딸기 수확은 얼마 전에 끝났는데, 덤불 하나에서만 작은 열매를 4킬로그램이나 땄다. 재래종 라즈베리와 야생 구스베리도 무르익어서 지난 한 주 동안 매일 열매를 따 먹었다. 이제는 씨앗과 곡식에 관심을 돌릴 때다. 소리쟁이, 쐐기풀, 엉겅퀴, 어수리 같은 개척종이 씨앗을 퍼뜨리는 것을 막고 더 다양한 야생화가 뿌리내릴 수 있도록 루나스탈 전에 초원을 낫으로 베었어야 했다. 하지만 우리가 처음 풀을 헤치고 들어갔을 때 맷이 튼실한 오리새 이삭을 발견했고, 나도 굳이 베어 내기보다 그대로 두었다가 낟알을 모으는 데 동의했다. 맥각병만 아니었다면 밀가루처럼 빻거나 쌀처럼 밥을 지을 수도 있었을 것이다.

차를 끓이고 약을 짓기 위해 채취하는 약초의 종류가 바뀌어 간다. 잎이 노랗게 물들고 꽃이 지고 씨앗이 맺히기 전에 얼른 잎과 꽃을 따 놓아야 한다. 쐐기풀과 지채 씨앗은 이미 여물어 채취할 수 있다. 산사나무 열매나 꽃사과처럼 단단한 열매와 뿌리는 가을이 끝나는 10월까지 기다려야 한다.

루나스탈은 무역과 여행, 예술과 공예가 필요한 시기의 시작이기도 하다. 전부 루구스 신이 보호하는 분야다. 옛 스코틀랜드 부족들은 여름이 끝날 무렵 한데 모여 겨울에 필요한 식량 수확을 서로서로 도왔다. 친구들이 보내온 온갖 음식 소포를 보면 지난 몇 년 동안 우리가 어떻게 식량을 채취해 왔는지 알 수 있다. 균류가 재활용 작업에 들어가기 전에 무르익은 것들을 전부 수확하고 저장하는 일은 우리 모두의 공동 노력으로 이루어진다.

랍의 가족은 농장에서 올해 두 번째 풀베기를 하느라 정신없이 바쁘다. 겨우내 가축에 먹일 건초를 만들어야 한다. 7월 말의 건조한 폭염이 끝난 뒤로 루나스탈까지는 밤마다 수확 기계와 트랙터가 윙윙거리는 소리로 시끌벅적했다. 더 멀리 떨어진 밭에서는 가을보리 수확이 시작되었다. 올해는 봄이 늦게 시작되어 보리 수확도 2주 정도 늦어졌다.

나는 새 청바지를 사야 했다. 내 몸이 다시 12사이즈가 되다니, 생각도 못한 일이다.

대박을 터뜨리다

8월 8일, 앨더플레이스 포레스트

오늘은 일찍 일어났다. 맷과 함께 아가일 앤 뷰트의 앨더플레이스 포레스트에 가기로 한 날이다. 웨스트로디언 지역은 너무 건조하다 보니 앨더플레이스 포레스트의 축축하고 오래된 이끼 쿠션에 둥지를 튼 버섯들이 그리워진다. 안타깝게도 게저는 다리를 다쳐서 갈 수 없다. 버섯 따기를 워낙 좋아하는 사람이라 시무룩해지긴 했지만, 자기만 안다는 버섯 서식지를 내게 구글 핀으로 공유해 주었다. 긴 하루가 될 것 같아서 점심으로 조지아식 프칼리를 만들고 냉동해 둔 훈제 달걀도 챙겼다.

케임 난 센간(개미들의 길)을 뒤로하고 트리 드로하이덴(세 개의 다리) 오솔길을 따라가다 보니 금세 자작나무와 소나무 아래 자리 잡은 버섯들이 보인다. 먹을 수 없는 가짜 꾀꼬리버섯(소나무 아래에만 자란다)과 맛있는 진짜 **꾀꼬리버섯**(소나무 말고 자작나무 아래에도 자란다)의 차이를 확인해 본다. 가짜 꾀꼬리버섯은 찢어 보면 안쪽도 노란색이지만 진짜 꾀꼬리버섯은 겉만 노랗고 속살은 하얗다. 그러나 책으로 배울 수 없는 진짜 차이는 바로 질감에 있다. 가짜 꾀꼬리버섯을 만지면 노인의 늘어진 뺨을 건드리는 것 같지만, 진짜 꾀꼬리버섯을 쥐면 통통한 아기 엉덩이를 꼬집는 느낌이다!

나는 버섯이 어디 있는지 본능적으로 느낄 수 있다. 정말로 버섯이 나를 부르는 소리가 들린다. 우리는 재빨리 오솔길을 떠나 산비탈을 올라간다. 나는 맷과 갈라져 여기저기 무더기로 난 버섯을 따기 시작한다. 가끔씩 맷의 위치를 확인하려고 잔가지가 꺾이는 소리에 귀를 기울이기도 한다. 산비탈을 거의 다 올라가서 바위를 넘자 눈앞에 푸른 이끼로 뒤덮인 골짜기가 나타난다. 골짜기 가득 꾀꼬리버섯이 돋아나 고요한 균류의 삶을 살아가고 있다. 그야말로 금광 빰치는 대박이다. 버섯이 얼마나 많은지 우리 둘 다 아찔할 지경이다.

한 시간 동안 버섯을 따고 나니 그만 따도 될 것 같다. 버섯이 아직도 많이 남았지만, 우리 둘 다 바구니를 묵직하게 채웠으니 한 달은 먹을 수 있으리라. 차를 세워 둔 곳까지 내려올 즈음엔 버섯의 무게로 팔이 아프고 신나서 히죽거리느라 얼굴이 땅긴다. 우리는 버섯을 차에 싣고 소풍을 떠난다. 비는 오지 않고 여름 스코틀랜드의 흡혈귀인 각다귀도 없다. 버섯도 많고 바구니도 넘치고 행운과 즐거움도 가득한 완벽한 하루다!

집에 돌아올 때쯤에는 피곤하지만, 그래도 기분 좋은 피곤함이다. 종아리가 아프긴 해도 행복하다. 배가 고프다는 게 기쁘고 몸이 노곤한 것도 기쁘다. 꾀꼬리버섯 볶음에 이어 싱싱한 라즈베리와 블랙커런트에 자작나무 수액 시럽을 뿌린 디저트로 간단히 저녁을 먹고 나니 정말 만족스럽다.

슬픈 소식

8월 10일, 데이질리아

아침 식사는 예쁘고 노란 꾀꼬리버섯, 말린 밤, 바닷가에서 채취한 즙 많은 퉁퉁마디(냉동해 두면 상당히 오래간다)다. 야생 조류의 산란기가 지났기 때문에 이제 달걀은 먹지 않으려고 한다. 하지만 내가 기르는 암탉 네 마리는 더 이상 산란기가 아니라는 사실을 이해하지 못한 것 같다. 앞으로 녀석들이 낳는 달걀은 남들에게 나눠 줘야겠다.

점심으로 어제 비크레익스의 양치류 속에서 찾은 싱싱한 우산 광대버섯을 한 접시 가득 먹었다. 부른 배를 두드리고 있는데 게저가 슈퍼마켓에서 산 닭 날개 튀김을 들고 집에 돌아온다. 평소에는 그리 즐기지 않는 음식이지만 매콤달콤한 냄새를 맡으니 군침이 돈다. 달콤한 맛이라고 하니 문득 휴가 날짜를 잘못 잡았다는 생각에 나 자신이 원망스러워진다. 내가 떠나 있는 동안 이 근처 베리가 전부 다 익어 버릴 텐데!

며칠 뒤에 휴가를 떠날 예정이다. 일주일 동안 아름다운 애플크로스Applecross 반도로 올라가려고 한다. 적어도 9500년 전부터 인간이 살아온, 스코틀랜드의 가장 오래된 거주지 중 하나다. 미든midden(선사시대의 쓰레기장을 뜻하는 고고학적 명칭이다)과 취사장 유적을 통해 당시 사람들이 조개류(특히 삿갓조개), 붉은사슴, 새, 대구, 고등어, 해덕 등을 먹었다는 것이 밝혀졌다. 내 야생식 저장고 없이도 휴가를 보낼 수 있는 완벽한 장소일 듯하다!

컴퓨터 앞에서 어제 메모한 내용을 정리하다 보니 머리가 어지럽다. 신문 기사를 읽으니 정신이 번쩍 든다. 기후변화에 관한 정부간 협의체IPCC의 6차 보고서가 오늘 발표되었다.[1] 7년에 한 번씩 발표되는 이 보고서는 전 세계 과학자 수천 명의 탐사, 설문조사, 연구를 정리한 결과물이다. 결론은 한마디로 기상이변에 따른 인간 생활의 극단적 혼란을 막을 시간이 얼마 남지 않았다는 것이다. IPCC 보고서를 살펴본 과학자들은 지금 행동하지 않으면 7차 보고서가 나올 2028년에는 때가 늦을 것이라고 예측한다. 나는 밖에 산책하러 나가는 대신 이 문제를 더 깊이, 더 다각도로 다룬 글들을 읽어 보기로 한다.

지구 온난화로 평균 기온이 1.5도 오를 경우 전 세계가 식량 생산에 어려움을 겪으면서 많은 사람이 음식을 제대로 공급받지 못하게 된다. 기온 상승, 습도 증가, 산불, 빙하의 융해와 소실, 강우 패턴 변화, 강물 고갈, 잦은 가뭄으로 주요 작물 대부분의 수확량이 감소할 것이다. 생각만 해도 가슴이 찢어진다. 온난화가 콩을 비롯한 일부 작물에는 이롭고 북쪽 지역에서는 식물 생장기를 연장할 것이라고 주장하는 사람들도 있지만, 안타깝게도 이런 이점보다는 전반적인 피해가 훨씬 더 클 것이다.

내가 열두 살 때 레이철 카슨의 환경과학 저서 《침묵의 봄》[2]을 읽은 기억이 난다. 충격적이고 가슴 아픈 책이었다. 하지만 1975년만 해도 세계 인구는 40억 명에 불과했다. 2050년이면 세계 인구가 100억 명에 달할 것으로 예상되는 지금, 인류 전체를 먹여 살리려면 향후 30년 동안 세계 식량 생산량을 50퍼센트 늘려야 한다. 2050년까지 매년 7400조 칼로리가 추가로 필요한데, 현재의 농업 방식에 따르면 인도 면적의 두 배에 달하는 땅을 매년 새로 경작해야 한다는 얘기다.

내가 찾은 설문조사에 따르면 영국인의 63퍼센트는 제철 식품을 더 많이 구입하고 탄소 발자국을 줄이길 바라지만, 현재로서는 33퍼센트만이 제철 식품을 구매하고 있는 것으로 나타났다.[3] 놀랍게도 44퍼센트는 과일과 채소의 제철을 '전혀 모른다'고 인정했다. 영국인의 3분의 1은 영국과 아일랜드에서 아보카도를 재배할 수 있다고 생각하며(그렇지 않다), 17퍼센트는 양송이버섯이 일 년 내내

나오는 것이 아니라 가을에만 재배할 수 있다고 생각한다.[4]

가격 상승과 식량 부족으로 인한 주요 작물 공급 문제를 예방하려면 현재 농업과 축산업 전반의 관행이 크게 바뀌어야 한다는 것이 내 생각이다. 또한 광범위한 교육도 필요할 것이다.

IPCC 보고서는 비극적인 내용을 담고 있다. 기후과학자들은 인간들이 '전례 없는' 방식으로 '돌이킬 수 없는' 기후변화를 일으키는 중이라고 믿는다. 안토니우 구테흐스 유엔 사무총장은 이렇게 말한다. "[IPCC 보고서는] 인류를 향한 적색경보다. 이미 경종이 요란하게 울려 대고 있다. 보고서가 증명하는 바는 반박의 여지가 없다. 화석연료 사용과 삼림 벌채에 따른 온실가스 배출로 지구가 질식하고 수십억 명의 사람이 위험에 임박해 있다는 것이다."

안타깝게도 이는 육지에만 해당되는 얘기가 아니다. 나는 더 많은 보고서를 읽다가 미국 정부 산하의 해양대기청NOAA에서 일하는 해양생물학자들이 바다에서 '데드존'을 발견했다는 사실을 알았다. 한 지도는 멕시코만의 텍사스주와 루이지애나주 연안, 특히 휴스턴에서 뉴올리언스 바로 남쪽까지가 심각한 상태임을 보여 준다.[5] 농업과 축산업에서 배출되는 살충제, 제초제, 농약, 분뇨가 바다의 산소 고갈을 초래한 것으로 보인다. 이로 인해 해양 동식물이 생존할 수 없게 되었다. 미국 연안 저산소증 연구 프로그램에 따르면, 여름철 태평양 북서부 오리건주 연안의 저산소와 높은 산성도는 이제 일반적인 현상이 되었다.[6]

한마디로 유기농 재배된 식품을 구입하지 **않으면** 바다를 죽이는 데 기여하는 셈이다.

이런 상황에서 야생식이 중요한 역할을 할 수 있지 않을까? 어쨌든 쐐기풀이 모자랄 일은 절대로 없을 테니까!

저녁 식사는 아침 식사와 거의 비슷하다. 꾀꼬리버섯과 밤에 퉁퉁마디 대신 애기수영 잎을 곁들이고, 참나무로 훈제한 사슴 '판체타'에 앨더플레이스 포레스트에서 따온 싱싱한 그물버섯을 얇게 썰어 올린다. 디저트는 역시나 싱싱한 블랙커런트와 라즈베리지만 이번에는 타르트에 올려서 낸다. 물에 녹인 사슴 지방 약간을 도토리와 밤 가루에 섞어서 타르트 껍질을 만들고, 꿀에 절인 블랙커런트를 쫀득하게 캐러멜화해서 속을 채운다. 정말 맛있다! 하지만 내 위장은 만족해도 내 영혼은 여전히 이 세상이 처한 상황에 슬퍼한다.

붉은 여명

8월 11일, 데이질리아

새벽 5시 37분에 잠을 깼다. 방 안에 환한 빛이 스며들고 있다. 올해의 첫 붉은 여명이다! 웨스트로디언에서 붉은 여명은 여름이 저물어 가고 가을이 시작되고 있음을 뚜렷이 알려 주는 신호다. 옛 속담이 떠오른다.

> 밤의 붉은 하늘은
> 양치기의 기쁨
> 아침의 붉은 하늘은
> 양치기의 근심

올해 환경 보고서를 살펴보니 확실히 붉은 하늘에 관한 경고가 많다. 오늘은 신문을 읽지 않도록 조심하고 있다!

저녁에는 데친 퉁퉁마디와 웍으로 훈제한 고등어에 야생초 살사 드레싱을 곁들여 먹는다. 문득 스코틀랜드 해안에서 언제까지 고등어를 잡을 수 있을지 걱정이 된다.

근무일

데이질리아, 8월 12일

오늘도 신문은 읽지 않기로 한다. 그 대신 일어나자마자 계곡이 내려다보이는 창가 안락의자에 앉아서 붉은 새벽빛 아래 명상을 한다.

오늘 식사는 꾀꼬리버섯 바다스파게티다. 말린 느타리버섯 가루와 도토리 전분으로 만든 걸쭉한 소스를 끼얹고 얇게 썬 부들 순을 곁들였다.

여름휴가

8월 13일, 인버 밀

휴가를 떠난다! 맷과 함께 스코틀랜드에서 최초로 인간이 살았던 애플크로스로 간다. 게저가 집을 지킬 것이다. '잔디 차'를 한잔 마시는 것으로 새날을 시작하고, 평소처럼 떠나기 직전에 정신없이 짐을 싼다. 필요할 수도 있겠다 싶으면 무조건 승합차에 싣는다. 고리버들 바구니(채취한 식량을 담으려고), 그물주머니(채취한 식량을 냉장고에 넣으려고), 아이스박스(생선을 보관하려고), 훈제 기구, 건조기, 낚시 도구, 접을 수 있는 게 잡이 통발, 채취용 칼, 하이킹 부츠, 고무장화, 화목 난로, 장작, 부젓가락, 프라이팬… 부엌 싱크대만 빼고 전부 다!

내가 만든 쐐기풀, 엉겅퀴, 애기수영 치즈도 가져가기로 했다. 우리가 없는 동안 숙성이 잘 안 되거나 상할까 봐 걱정되어서다.

우리는 서해안에서 먹을거리를 채취하며 자급자족할 생각이지만, 만일을 대비하여 사슴 다리, 말린 야생 사과 한 자루, 베어보리와 도토리 가루, 사슴 지방 한 통, 야생 꿀, 자작나무 수액 시럽 한 병, 퉁퉁마디 한 봉지를 가져간다. 버섯 케첩, 산사나무 열매 케첩, 엘더베리 폰택pontack(모두 엘리자베스 1세 시대의 보존 식품인데, 나는 조미료 대신 애용한다)과 2016년에 만든 블랙커런트 잼도 한 병씩 챙긴다.

드디어 출발한다. 첫 번째 목적지는 퍼스셔의 인버 밀이다. 맷은 강을 따라 낮은 길로 가고, 나는 오래된 솔숲을 지나는 높은 길로 간다. 그곳에서 올해 처음으로 큰 **그물버섯** 두 송이(무게가 도합 250그램에 달하는 멋진 놈들이다), 작고 단단한 솔송그물버섯과 우산광대버섯 여러 송이, 큰비단그물버섯과 다양한 무당버섯을 발견한다. 채취할 만한 푸성귀는 거의 없고 고작해야 애기수영 정도다. 얼마 못 가서 나는 매혹적인 검은색과 주황색 송장벌레에 정신이 팔린다. 이끼 위에 턱을 괴고 꼬물꼬물 기어가는 벌레를 바라보노라니 마치 다른 행성의 낯선 세계로 들어가서 벌레의 눈으로 지형을 바라보는 것 같

다. 하지만 그러다 뭔가에 턱을 물리고 곧바로 현실로 돌아온다. 아야! 이게 무슨 일이람.

30분도 안 되어 골프공에 맞은 것처럼 얼굴이 퉁퉁 붓는다. 다행히 식물도 벌레의 침입은 달가워하지 않기에 벌레를 물리치는 에센셜 오일을 방출하고 포식자를 유인하는 향기를 발산한다. 게다가 고맙게도 치유 효과가 있는 진정 성분까지 함유하고 있다. 나는 석잠풀을 씹어서 상처에 붙이고 석잠풀 우린 물을 마시며 따끔거림을 진정시킨다.

이렇게 몇 번씩 여정이 지체되자 버섯 사냥은 중단하기로 한다. 벌써 5시 30분인데 아직도 퍼스셔를 벗어나지 못했으니까! 우리는 결국 두 시간 뒤에 케언곰 산맥을 넘는다. 나는 맷에게 97번 쉼터에 차를 세우자고 한다. 예전에 와 본 곳이라 중앙 분리대 너머 산비탈에 야생 라즈베리가 많이 열리는 덤불이 펼쳐져 있다는 걸 알기 때문이다.

라즈베리를 한 통 가득 따고 나서 한 시간 뒤에는 링곤 포레스트의 주차장에 차를 세운다.

저녁 식사는 온갖 싱싱한 야생 버섯을 잘게 찢어 로켓 스토브와 낡은 스테인리스 프라이팬으로 요리한 후 애기수영으로 장식한 요리다. 더 이상 무엇을 바라겠는가.

나는 승합차 뒤에서 부엉이 울음소리와 나무들의 속삭임에 귀를 기울이며 꾸벅꾸벅 졸다가 금세 곯아떨어졌다. 맷은 깊은 숲속 어딘가에서 나무 사이에 해먹 텐트를 치고 누워 바람에 흔들리며 잠들었다.

식물 효소

8월 14일, 링곤 포레스트

아늑하지만 딱딱한 승합차 뒷좌석에서 잠을 깼다. 옷을 걸치고 소변볼 곳을 찾으러 밖으로 나간다. 주차장 모서리의 두 덤불 사이에 틈새가 있는 것을 발견하고 그리로 들어간다. 두 걸음 들어가니 작은 개울이 나온다. 쉽게 뛰어넘을 만한 개울이지만, 나는 문득 걸음을 멈춘다. 개울가에 크고 싱싱한 **솔송그물버섯**이 솟아나 있기 때문이다. 아니, '있었다'고 해야겠다. 무른 흙 속에 느슨하게 자리 잡은 버섯을 살살 비틀어 꺼내는 데 몇 초도 걸리지 않았으니까. 채취용 칼을 가져오지 않았기 때문에 실수로 버섯 기둥에 흙을 묻히지 않도록 단단한 갓 부분을 붙잡고 꺼낸다.

개울을 뛰어넘자마자 이번에는 구주소나무 아래 한 쌍의 솔송그물버섯이 나를 맞이한다. 방금 전 것보다는 작은 버섯 두 개가 딱 붙어 있는데, 내 아침 식사가 되려고 작정한 모양이다! 조금 더 걸어가니 오래된 소나무들이 두툼하고 축축한 이끼와 썩어 가는 솔잎 가운데 몇 줄씩 가지런히 늘어서 있다. 균류가 자라기에 딱 좋은 서식지다. 일단 양손으로 들고 올 수 있는 만큼 우산광대버섯을 따서 승합차로 돌아간다. 가방을 가져올 걸 그랬다.

잠시 후 프라이팬에 버섯을 올리고 휴대용 스토브에 약불로 익힌다. 맷도 바람결에 실려 온 버섯 냄새를 맡았는지 눈을 게슴츠레하게 뜨고 배가 고프다며 나타난다. 버섯에 나도산마늘 소금만 살짝 뿌렸는데도 맛이 좋다. 이렇게 신속하고도 산뜻한 식사가 가능하다니 의미심장한 일이다. 나는 균류의 효소에 관해 잘 모르기 때문에 좀 더 알아봐야겠다고 마음속으로 다짐한다. 다만 식물 효소는 포식자가 수확하거나 뜯어 먹는 시점에 활성화된다는 건 안다. 종이 봉투에 든 마늘 비늘줄기는 냄새가 별로 나지 않지만, 껍질을 벗기고 알맹이를 으깨면 바로 알싸한 향이 뿜어 나오며 맛이 강해진다. 마늘을 프라이팬에 넣기 5분 전에 다지거나 으깨 놓으면 풍미가 더 좋아진다. 이것 또한 효소의 작용 때문이다.

다른 여러 식물이(아마 균류도 포함해서) 그렇듯, 마늘도 촉매 전환을 거친다. 대부분의 식물은 강력하거나 유독한 화학물질을 세포에 영구 저장해 둘 만큼 어리석지 않다. 그런 물질은 인간과 마찬가지로 결국에는 식물에게도 해로울 수 있으니까. 그래서 식물은 많은 화학물질을 비활성 형태로 저장한다.

효소는 일반적으로 공격당하는 시점에 방출되는 '비활성' 화학물질을 빠르게 '활성' 화학물질로 전환할 수 있다. 마늘Allium sativum은 비활성 화학물질 알리인alliin을 비밀 무기로 저장하고 있다. 마늘을 으깨면 알리나아제라는 효소가 알리인을 알리신으로 전환한다. 알리신은 강력한 항균, 항바이러스, 항진균 효과가 있으며 강렬한 냄새와 맛이 나는 동물 및 미생물 퇴치제다. 이 전략은 식물이 공격당한 순간에는 매우 유용하지만, 결국 사슴 무리는 이동하고 곤충도 날아가기 때문에 몇 시간이 지나면 효소 작용이 멈추고 알리신도 분해된다. 식물은 수확되는 시점에 생리 활성 물질이 가장 많으며, '싱싱한' 채소가 슈퍼마켓에 도착할 때쯤이면 대체로 효소 작용은 멈춘지 오래일 것이다. 뿌리에서 잘려 나간 채소는 서서히 죽게 된다.

나는 여행길에서 음식을 먹을 때 이 점을 많이 고려한다. 식물이나 균류는 채취 단계에서 식사 단계에 이르기까지 최대한 싱싱해야 하며, 요리할 때도 아직 살아 있어 효소와 약효가 있는 생리 활성 물질을 뿜어내야 한다. 물론 유독성 생리 활성 물질도 똑같이 작용하는 만큼, 유독한 식재료를 채취하는 바보짓을 하지 않는다는 전제하에 말이다. 내가 먹는 음식은 생리 활성 물질이 최고로 풍부한 상태여야 한다!

아침 식사가 끝나자 나는 '설거지'를 한다. 여행길에서의 '설거지'란 이슬이 맺힌 긴 풀잎을 한 줌 따서 돌돌 말아 프라이팬과 접시, 수저를 닦는다는 의미다. 스테인리스 프라이팬은 스토브 불을 쬐어 바싹 말린다. 이렇게 하면 팬이 녹슬지 않고 기름 코팅도 달궈져서 오래가게 된다.

방수 처리된 면주머니와 통이 담긴 바구니를 들고 맷과 함께 산길을 올라 탐색에 나선다. 베리류를 찾아볼 생각이다. 빌베리 철은 끝났으니 고작해야 몇 개만 남아 있겠지만, 이제는 월귤이 거의 다 익었을 것이다. 맷은 월귤을 한번도 못 보았다는데 이번에 보여 줄 수 있어서 잘됐다. 내가 아는 한 스코틀랜드에는 야생 월귤 서식지가 드물다. 다행히도 대부분의 사람은 월귤이 너무 씁쓸하고 시큼하다고 생각해서 굳이 따려고 하지 않는다.

하지만 나는 가장 큰 베리 덤불로 가기 전에 두송 열매부터 따고 싶다. 사슴고기 요리에 딱 어울리는 훌륭한 향신료인데 마침 다 떨어졌기 때문이다. 처음 들어가 본 잎갈나무와 자작나무 숲에 넓이 나간 나머지 한 시간이 더 걸려서야 두송 서식지에 도착한다. 짙은 이끼와 큰비단그물버섯이 우리를 유혹한다. 호수로 내려가는 산비탈에서는 처음 보는 빌베리 덤불을 발견한다. 무르익은 열매가 아직도 남아 있다. 나는 빌베리 400그램과 소귀나무 열매 한 무더기를 따고 다시 길을 나선다. 하지만 두송 덤불은 말라죽었고 그 뒤로 이어지는 숲 역시 한도 끝도 없이 벌목된 상태다. 맙소사! 가슴이 덜컹 내려앉는다.

이 지독한 만행을 꾹 참아 넘길 수 있었던 건 오늘 느낀 기쁨 덕분이다. 채취의 장점은 '야생 쇼핑'을 나갈 때마다 기억에 새겨진다는 것이다. 야생식을 찾아다니다 보면 머릿속에 지도가 그려지고, 풍경에 개인적 의미가 생길 뿐만 아니라 기억력도 늘어난다. 나는 종종 이런 식으로 말하곤 한다. "게저, 그리핀 포레스트에 소변보러 들어갔다가 거대한 그물버섯 발견했던 거 기억나지? 그 길로 500야드쯤 더 내려가면 돼." "랍의 밭 옆길을 따라가 봐. 10년 전에 거기서 주름버섯이 엄청 많은 곳을 찾았었거든." 슈퍼마켓에서 쇼핑을 할 때는 확실히 이런 식으로 기억할 수가 없다! 에이번 강변에 있는 야생 사과나무는 내게 야생식의 해에 겨울을 나게 해 준 고마운 나무로 영원히 기억될 것이다.

오후도 반나절이 지났다. 인버네스에서부터 이어지던 울창하고 푸르른 땅이 끝나고 서부의 드라마틱한 산속을 통과하는 구불구불한 길이 시작된다. 폭포가 자살을 기도하는 번지점프 선수처럼 암벽 아래로 떨어져 내린다. 산봉우리 하나하나가 모습을 드러낼 때마다 유서 깊고 강렬한 풍광에 그저 경탄할 뿐이다. 아찔한 급커브를 돌 때마다 속이 뒤집히고 숨이 턱 막힌다. 산의 분위기는 끊임없이 변한다. 한순간 구름에 뒤덮인 높은 베인beinn(봉우리)이 어깨 너머로 둥그런 메알meall(언덕)을 내려다보는가 하면, 다음 순간에는 울퉁불퉁한 스구르sgùrr(바위산)가 하늘을 찌를 듯 높이 솟구친다. 언덕과 산의 게일어 이름은 그곳의 형태, 크기, 색깔, 역사에 관해 많은 것을 알려 준다.[7]

오후 5시 30분쯤 우리는 무시무시한 베알라흐 나 바(소의 고갯길) 아래 도착한다. 이 도로가 건설된 1822년 전까지는 산으로 둘러싸인 반도 지역인 애플크로스로 가려면 바다를 건너야만 했다. 고도 626미터까지 지그재그로 올라가며, 눈이 내리면 이듬해 봄까지 폐쇄되는 일방통행로다. 따라서 애플크로스는 이후로도 북쪽 방향 해안 도로가 놓인 1975년까지 거의 겨울마다 고립되었다.

내 신경으로는 감당할 수 없어서 맷에게 운전대를 넘겨야 했다. 스물다섯 살 때 좁고 바람이 거센 해안 도로에서 마주 오던 트럭에 들이받히는 바람에 차가 절벽 아래로 떨어져 죽을 뻔한 적이 있다. 다행히 목숨은 건졌으나, 그 뒤로 난간이 좁고 특히 가드레일이 없는 도로에서 운전하기가 힘들어졌다. 하지만 일단 질끈 감았던 눈을 뜨고 보니 경치가 환상적이다.

미리 빌려 둔 산장 앞에 차를 세우니 굵직한 흰주름버섯 세 개가 우리를 반겨 준다. 게다가 현관문에서 20미터 지점에는 기회종(서식지 환경이 불균형할 때 나타나는 생물종—옮긴이)인 그물버섯이 숨어 있다. **"여기서 너희가 굶을 일은 없을 거야"**라고 말해 주는 듯하다.

저녁 식사는 빨리 끝난다. 훈제 고등어와 고동색우산버섯(대부분의 버섯이 그렇듯 맛있지만 오래 보관하긴 어렵다) 볶음, 인버 밀에서 따 온 큰비단그물버섯으로 만든 수프다. 여행길에서는 버섯을 냉동 보관할 수 없으니 빨리 먹어 치워야 한다.

풍요

8월 15일, 애플크로스

첫날 아침에 잠시 산책을 나와 가이아를 만나니 살아남을 수 있을지 걱정스럽던 마음이 싹 사라진다. 만 남쪽의 자갈 해안을 따라 쭉 깔린 **마젤란 후크시아** 덤불에 잘 익은 녹색 열매가 주렁주렁 달려 있다. 나무 열매는 보통 처음엔 녹색이다가 붉은색 또는 보라색으로 익게 마련이지만, 후크시아는 남들과 다른 것을 좋아하나 보다. 처음에는 보라색이던 길쭉한 열매가 무르익으면 자줏빛 도는 갈색이 군데군데 섞인 녹색으로 통통하게 부풀어 오른다. 먹어 보면 무화과와 포도가 섞인 맛이 난다. 맷은 어느새 곰처럼 덤불 속으로 사라지고, 나는 덤불 가장자리에 남아서 재빨리 2리터 양동이를 가득 채운다. 몇몇 행락객들이 나더러 열매에 독이 있으면 어떡하느냐고 악의 없는 염려의 말을 던진다. 네 명 중에 모험심이 강한 한 명만이 직접 열매를 맛보겠다고 나선다. 그는 하나를 씹어 넘기더니 함박웃음을 지으며 "생각보다 괜찮은데요"하고 말하지만,

그의 친구들은 내가 분명히 죽지 않았고 아주 건강하다는 사실에도 불구하고 먹어 보려 하지 않는다!

맷과 함께 점심을 먹고 홍합을 잡으러 간다. 간조로 드러난 샌드 만에서 올려다보니 조상들이 살았던 중석기시대 바위 쉼터가 보인다. 9500년 전 사람들처럼 바위에서 딴 홍합을 뜨거운 돌에 올려 구워 먹으니 뭔가 으스스하면서도 감동적이다. 바위 쉼터로 기어 올라가 본다. 거대한 바위 지붕 아래 울퉁불퉁한 벽이 검게 그을려 있다. 오래전 피운 모닥불의 그을음이 돌에 고스란히 스며든 것이다. 그 옛날 고대인들이 머물렀던 곳에 내 손을 얹어 본다. 과거가 눈에 보이지 않을 만큼 가느다란 낚싯줄처럼 느껴진다. 수천 년에 걸쳐 팽팽히 늘어난 채 아주아주 미세하게 진동하는 줄의 존재를 느낀다. 이런 연결감이 시간에 대한 또 다른 관점을 일깨워 준다. 마음이 차분하고 평온해진다.

나는 관목이 우거진 바닷가 초원에서 휴대용 술병에 담아 온 큰비단그물버섯 수프를 홀짝이며 아득히 먼 섬들을 내다본다. 사일 나 클로이헤 모이레Sàil na Cloiche Mòire('큰바위 기슭'이라는 뜻이지만 Cloiche는 바위 외에 고환을 의미하기도 한다) 아래, 안 가르브메알(험하고 둥근 언덕)의 감시 하에 방목되는 양 떼의 배설물이 척박한 토양을 기름지게 만들었나 보다. 덕분에 오늘 주름버섯을 정말 많이 땄다! 정확히 5킬로그램이다. 오늘은 달이 공전 궤도에서 지구와 가장 가까운 근지점에 도달하기 이틀 전이다. 대부분의 버섯은 달과 가까운 상태를 피하기 때문에 근지점 이전에 서둘러 나오거나 아니면 그 이후까지 기다릴 것이다. 그 이유가 무엇인지는 아무도 모른다. 중력의 영향 때문이라는 말도 있지만 정말로 그런지 누가 알겠는가? 맷은 1995년부터 바이오다이내믹 농법으로 버섯을 재배했으며 해마다 재배 과정을 직접 관찰했다.

저녁 식사는 물론 버섯이다. 흰주름버섯과 그 밖의 다양한 버섯에 급속 해동해서 잘게 썬 밤, 어수리 잎, 강판에 갈아 낸 엉겅퀴 치즈를 채워 넣고 굽는다. 엉겅퀴 치즈는 차게 보관하려고 최선을 다했음에도 급속히 변질되는 중이다. 11월 말까지 보관하기는 불가능한 상황이라 버리느니 그냥 먹기로 했다. 애기수영 치즈와 쐐기풀 치즈의 곰팡이를 문질러 닦고 바닷물을 바른 다음, 시원한 바닷바람이 위아래로 순환하면서 건조되도록 젓가락을 받쳐 베란다에 내놓는다. 버섯 구이에 훈제 비둘기와 구운 사슴고기 약간을 넣은 퉁퉁마디와 야생초 샐러드를 곁들이고, 디저트로는 라즈베리와 후크시아 열매를 잔뜩 먹는다.

고등어 낚시

8월 17일, 토스케이그

해안 도로변에 떨어져 있던 사과와 찐 밤, 워터민트, 오레가노를 숯불 버너에 구워 아침 식사로 먹는다. 그런 다음 식량 문제를 해결하기 위해 출발한다.

토스케이그 부두에서 고등어가 잘 잡힌다는 얘기를 듣고 애플크로스에서 남쪽으로 4마일을 달린다. 도착하니 오후 1시 30분이다. 3시 30분이면 조수가 바뀔 것이다. 토스케이그 만의 바위투성이 가장자리에 자리를 잡으니, 여름 더위에 노랗게 바랜 해초 사이로 여전히 밀물이 잔물결을 일으키며 들어오고 있다. 저 멀리 수평선 위로 스카이섬의 청회색 윤곽선이 드러나고, 그 앞에는 아이릭 알라스데어(앨러스테어의 여름 별장) 바위산이 보인다. 만 입구의 깊고 검푸른 물 위로 높이 솟은 산에서 비바람을 맞으며 양 떼를 돌보는 무뚝뚝한 양치기를 연상시키는 이름이다.

이제 내가 새로 산 중고 낚싯대를 꺼낼 때다. 시험 삼아 써 보려고 고등어 미끼도 빌려 왔다. 부두 끝에는 이미 낚시꾼이 자리를 잡고 있다. 초보 낚시꾼인 우리 둘은 전문가의 감독이 절실한 상태인데, 리틀햄프턴에서 온 닉은 알고 보니 관대하고 인내심 많은 사람이었다. 나는 내가 낚시에 문외한이지만 일 년 동안 야생식만 먹는 중이라 **뭔가**를 잡긴 해야 한다고 설명한다. 닉은 내 어처구니없는 이야기에 토를 달기는커녕 내 부족한 식견을 바로 알아보고 즉석 강습을 제안한다. 정말 다행이다! 직결 매듭(낚싯줄 두 개를 연결하는 데 쓰이는 매듭 방식—옮긴이) 묶는 법만 빼고는 이전에 배운 내용을 거의 잊어버렸으니까.

낚시는 인내심이 필요한 활동이지만 내겐 전혀 지루하게 느껴지지 않는다. 낚싯줄 던지는 기술도 조금씩 나아져 간다. 낚싯줄 끝에 느껴지는 감각을 통해 낚시가 바닥에 닿았거나, 해초가 걸렸거나, 물고기가 미끼를 물었다는 정보가 전달된다. 잠시 후 맷의 낚시에 물고기가 걸렸다는 신호가 온다. 낚싯줄을 당기는 힘이 약한 걸로 보아 작은 놈이 분명하다. 낚아 올리고 보니 8센티미터 길이의 명태다. 맷이 도로 놓아주려고 했지만, 명태는 물에 던지기도 전에

이미 죽어 버렸다. 유감스러운 일이지만 그래도 저녁 식탁에 올릴 수는 있으리라.

그다음에는 닉이 대구를 낚는다. 방금 전의 명태보다 훨씬 더 크고 내 발만큼 길다. 그런데 놀랍게도 닉은 대구에서 낚싯바늘을 빼더니 도로 놓아준다. 나라면 맛있게 먹었을 텐데!

나를 동정하는 것처럼 이번에는 내 낚싯대가 움직인다. 낚싯줄을 감아 들이니 눈앞에 은색과 검은색이 도는 물고기가 팔딱거린다. **고등어**다! 신난다. 딱 내가 잡고 싶었던 물고기다. 곧이어 닉이 두 번째 줄로 물고기 두 마리를 낚아 올린다. 피라미는 바로 놓아주고 작은 고등어 한 마리가 남는다. 닉이 낚싯줄에서 고등어를 빼내자 나도 모르게 "이번에도 놓아줄 건가요?"라고 말해 버렸다.

"왜요? 가질래요?"

"네, 주세요! 안 가져가실 거면요." 내가 대답하자 닉이 고등어의 숨통을 끊은 다음 넘겨준다. 닉의 고등어는 내가 잡은 것과 함께 아이스박스에 들어간다.

닉은 낚싯줄 두 개에 미끼인 고등어 덩어리와 위치를 표시하는 작은 주황색 찌를 달아서 꽤 멀리까지 띄워 놓았다. 내가 잡으려는 것보다 훨씬 큰 물고기들을 노리고 물속 깊이 낚싯줄을 던져 두었다. 나는 내 낚싯줄이 닉의 낚싯줄과 엉키지 않도록 조심해서 던지는 요령을 익히는 중이다. 그때 닉이 물고기 한 마리를 낚아 올린다. 처음에는 아기 상어처럼 보였지만 안경을 꺼내 쓰고 보니 돔발상어다.

"이것도 가져갈래요?"라고 닉이 묻자 맷이 "네, 주세요"라고 외친다.

닉은 "껍질을 벗기려면 펜치가 필요할 거예요"라고 조언하더니, 물고기가 계속 꿈틀거리자 이렇게 덧붙인다. "두 손으로 꽉 붙잡고 있어요."

"최대한 덜 고통스럽게 죽이려면 어떡해야 하죠?" 맷이 몸부림치는 물고기를 초조하게 바라보며 묻는다.

"두 눈 사이에 칼을 꽂으면 뇌신경이 끊어져서 금방 죽어요." 정말이지 생각하기도 싫은 일이다. 맷도 별로 내키는 기색은 아니다. 물고기 처분은 맷에게 맡기고 나는 계속 낚싯줄을 던진다.

낚시는 희한하게 마음을 안정시켜 준다. 온갖 잡생각에 빠질 시간이 충분히 있지만 실제로는 그럴 수가 없다. 내 정신은 생소한 물속 세계를 탐색하고 있기 때문이다. 납 낚싯봉이 바다 밑바닥에서 튕겨 나오는 동안 나는 서서히 이곳의 지형을 파악해 간다.

"닉, 당신은 낚시를 많이 하셨죠. 혹시 익숙한 장소에 가면 바다 아래의 지도를 머릿속에 그려 볼 수 있나요?" 나는 동료 낚시꾼을 돌아보며 이렇게 묻는다.

닉은 즉시 내 말을 알아듣고 고개를 끄덕인다. "그럼요. 썰물 때면 걸어 다니면서 도랑과 웅덩이를 살펴보고 해초가 자라는 곳을 확인하죠. 수심이 깊은 곳이나 암초와 수로가 있는 곳도 기억해 두고요. 그리고 밀물이 들어와 낚시를 할 때면 그 모든 장소를 떠올려요."

"버섯과 마찬가지네요." 내가 대답한다. "내 머릿속에는 숲속의 모든 버섯 균사체 지도가 있죠. 버섯이 각각의 나무 주위로 어디까지 퍼져 있는지 머릿속에 그려져요. 어디에서 새로 버섯이 나올지도 알 수 있고요. 건축 도면에 있는 레이어와 비슷해요. 레이어를 켜고 끄면서 지표면 아래를 볼 수 있죠."

나는 낚싯대를 뒤로 휘둘렀다가 다시 한 번 최대한 멀리 내던진다. 그런 다음 낚싯줄을 최대한 물속 깊이 풀어 낸다. 그렇게 깊은 곳까지 나아간 보람이 있었다. 낚싯대가 구부러지더니 이리저리 흔들리는 게 느껴진다. 또 뭔가 잡혔다! 게다가 묵직한 놈이다. 낚아 올려 보니 고등어다. 한 마리도 아니고 두 마리다! 나는 물고기를 들고 사진을 찍는다. 생선 장수에게 산 것이 아니라는 증거를 남겨 두고 싶다.

맷의 낚싯줄이 어딘가 걸렸다. 밑바닥에 아주 단단히 걸린 모양이다. 난감한 상황이다. 낚싯줄을 자른다면 낚싯바늘이 다섯 개나 달린 고등어용 줄을 버리는 셈이다. 이번에도 닉이 구해 주러 온다. 맷에게 손을 수건으로 감싸서 낚싯줄을 칭칭 감은 다음 잡아당기는 요령을 알려 준다. 낚싯줄이 풀리자 나는 안도의 한숨을 내쉰다. 지난번 게저가 낚시하러 갔을 때는 낚싯대를 통째로 바다에 빠뜨렸으니까! 당연하게도 게저는 그 일로 두고두고 놀림을 받았다.

나는 한 번 더 시도해 본다. 오후 5시가 가까웠으니 조수가 바뀌고 한 시간 반쯤 지난 셈이다. 바닷물이 빠져나가면서 해안 위로 쓸려 나오는 해초들이 보인다. 고등어는 깊은 물을 좋아하기 때문에 물이 얕아지면 바다로 나가 버린다. 학창 시절 창던지기(육상 종목을 제외하면 내가 유일하게 좋아하는 운동이었다)를 할 때의 스텝을 떠올리며, 도움닫기까지 해 가면서 최대한 멀리 줄을 던진다. 낚싯줄을 감아 들이면서 낚싯바늘에 달린 깃털이 송사리 떼처럼 움직이도록 낚싯대를 위아래로 흔든다. 그때 갑자기 낚싯대가 확 꺾이면서 낚싯줄이 마구 당겨진다. 큰 놈이 잡힌 게 분명하다. 왼손으로 릴 손잡이를 돌리면서 오른손으로 낚싯대를 잡고 있기가 버겁다. 낚싯줄이 너무 무겁다. 간신히 끌어올려 보니 낚싯바늘 다섯 개 중 네 개에 완벽한 고등어 네 마리가 걸려 있다.

오후 6시 30분이다. 다섯 시간이나 낚시를 했으니 이제 만족스럽게 하루를 마무리해도 되겠다. 반짝거리는 싱싱한 고등어 열두 마리. 초보자치고는 나쁘지 않은 성과다!

저녁 식사는 내장을 제거하고 씻어서 구운 싱싱한 고등어다. 소형 냉장고에 신선하게 보관된 꾀꼬리버섯을 후크시아 열매, 월귤과 함께 볶는다. 나도산마늘 소금을 뿌리니 맛있는 요리가 완성된다. 하지만 고등어 뼈를 깨끗이 발라내려다 보니 시간이 너무 오래 걸려서 한 번 더 데워야 했다.

만찬회

8월 18일, 애플크로스

매일 야생식만 먹고사는 것보다 더 힘든 일이 뭘까? 답은 명백하다. 만찬회를 여는 것!

나는 이 고장에 도착하자마자 레슬리와 토머스 킬브라이드 부부를 찾아갔다. 레슬리는 채취인협회 회원이며 애플크로스에서 채취 산책을 주최하고 있다. 게다가 애플크로스 북단의 펀모어 근처에서 토머스와 함께 손으로 짠 양모를 식물, 이끼, 버섯으로 물들이는 염색 전문가이기도 하다. 킬브라이드 부부는 애플크로스 북단에 도로가 건설되기도 전인 1975년에 이곳으로 이주했고, 소작농으로 자급자족하며 아홉 아이를 직접 가르쳤다. 두 사람은 눈빛을 반짝이며 평생에 걸친 흥미진진한 사연들을 내게 들려주었다. 나는 충동적으로 저녁 식사를 대접하겠다며 잼 팩토리(내가 애플크로스 영지에서 빌린 작은 산장의 이름이다)로 킬브라이드 부부를 초청했다.

찐 밤을 으깨어 둥글납작하게 빚은 뒤 바삭하게 튀겨 만든 '비스킷'에 지난해 만든 블랙커런트 잼을 살짝 얹어 느지막한 브런치를 즐긴 다음, 만찬 메뉴를 계획하기 시작한다. 어제 고등어 열두 마리를 잡아 온 터라 곧바로 고온 훈제 고등어가 머리에 떠오른다. 맷은 돌멩이로 홍합 껍데기를 까는 작업에 착수한다. 야외에 설치한 훈제 기구는 맷에게 맡기고 나는 작은 부엌을 독차지한다.

최종 메뉴는 다음과 같다.

⁑ **음료** ⁑

레슬리와 토머스를 위해 마을 상점에서 구입한 리오하 화이트 와인.
맷과 나는 레슬리가 선물한 자작나무 수액을 마셨다.

⁑ 쐐기풀 잎 칩 ⁑

레슬리가 직접 만들어 가져왔다.

⁑ 서프 앤 터프Surf and Turf 수프 ⁑

고등어와 돔발상어 머리로 낸 육수에 사슴고기와 큰비단그물버섯 그레이비를 넣고 걸러 내어 맑은 콩소메를 만든 다음 졸여서 풍미를 강화했다. 마무리로 찐 홍합과 작은 훈제 큰비단그물버섯, 세로로 두 토막 낸 흰주름버섯을 넣은 뒤 훈연 소금을 살짝 뿌렸다. 그 결과 '땅과 바다가 만난' 깊은 풍미와 함께, 버섯 몇 개만 더했을 뿐이라는 게 믿기지 않을 만큼 구수한 감칠맛을 낼 수 있었다.

⁑ 퉁퉁마디와 꾀꼬리버섯을 곁들인 뜨거운 훈제 고등어 ⁑

밥에게 빌린 양철 훈제 기구에 불붙인 참나무 자투리를 넣고 내 캠핑용 버너(석유 버너가 없기 때문에)로 고온 훈연한 고등어 순살. 워터민트 마요네즈를 곁들인 퉁퉁마디 찜. 오레가노, 워터민트, 마늘 소금을 곁들인 꾀꼬리버섯 볶음. 레슬리가 따 온 스위트 시슬리, 별꽃, 민들레로 만든 맛있는 샐러드. 그리고 훈제 돔발상어 간 한 조각.

⁑ 로즈힙과 후크시아 열매 타르트 ⁑

도토리 가루에 반죽이 잘 뭉쳐지도록 재래종 베어보리를 약간 넣어 파삭파삭한 페이스트리를 구웠다. 집 뒤껼 숲 가장자리에서 채취한 해당화 열매의 씨앗을 제거하고 깨끗이 씻어 솜털을 제거한 '껍질'에 바닷가에서 딴 후크시아 열매를 채웠다. 이 주변에서 채취한 마가목 열매와 로즈힙, 풋사과에 야생 꿀과 자작나무 수액 시럽을 넣고 끓여서 만든 끈끈한 시럽을 타르트에 뿌려 구웠다.

⁑ 허브차 ⁑

인동덩굴과 후크시아, 토끼풀, 장미 꽃잎, 워터민트, 분홍바늘꽃 등 집에서 가져오거나 바닷가에서 딴 몇 가지 풀꽃을 블렌딩했다.

손님이 오니 정말 좋다. 동아프리카에서 지낸 어린 시절, 우리 가족은 모든 여행자에게 밥을 먹이곤 했다. 산장에 도착한 레슬리는 내가 아직 요리 중인 걸 보자마자 자기가 거들어도 될지 묻고, 나는 이렇게 대답한다. "괜찮아요. 그냥 이야기나 들려주세요!"

다시 집으로

8월 21일, 애플크로스

지난 며칠은 정신없이 지나갔다. 나는 이제 고등어 '전문' 낚시꾼이 되어 어제도 여남은 마리를 더 잡아 왔다. 이번에 잡은 고등어는 집에 가져가려고 훈제해 두었다. 다행히도 낚시가 잘될 경우를 대비해 톱밥을 큰 봉지로 하나 챙겨 왔더랬다. 이런 식이면 조만간 우리 집을 짓는 데 쓰인 참나무 자투리가 전부 톱밥이 되어 훈제 기구로 들어갈 듯하다. 완벽한 재활용이다!

베알라흐 나 바 도로의 교통 체증을 피하기 위해 아침 6시에 애플크로스를 떠난다. 메알 로흐 안 호이르(목초지 옆 호숫가의 둥근 언덕) 아래 자욱한 안개는 거대한 스구르 아 허라헤인(급류의 바위산) 그늘을 벗어날 때까지도 걷히지 않는다. 토머스에게 구입하여 무릎에 두르고 있는 묵직하고 따뜻한 모직 담요가 고맙게 느껴진다. 토머스가 직접 키운 양털로 짜고 레슬리가 쑥국화로 회색과 노란 줄무늬를 넣은 정말로 귀중한 물건이다.

안드레아와 루시, 그리고 갓난아기 루치오를 만나러 멀리 떨어진 코월반도의 오터 페리에도 잠시 들른다. 가는 곳마다 도로변에 버섯이 보이는 바람에 평소보다 여정이 길어진다. 마치 숲이 나올 때마다 우리가 들어가지 않고는 못 배기게 하려고 일정 간격으로 그물버섯 망루를 세워 놓은 것 같다. 풀은 다 뜯어 먹히고 헤더heather와 고사리만 무성한 황무지를 지나는 동안 맷에게(원래 과묵한 사람이라 먼저 수다를 떠는 일이 없다) 내가 고안한 여행길 게임 '무인도 식물'을 시켜 본다. 무엇이든 자랄 수 있는 마법 같은 토양과 기후를 지닌 섬에 조난당했는데, 여생에 필요한 모든 것을 공급해 줄 식물을 딱 열 가지만 기를 수 있다고 해 보자. 어떤 식물을 선택하겠는가?

나는 항상 코코넛과 쐐기풀을 가장 먼저 꼽는다. 둘 다 먹을 수 있고 천, 끈, 밧줄을 만들 수 있어서다. 게다가 코코넛은 마실 수 있는 '물'과 기름, 설탕, 이엉과 목재도 제공한다. 쐐기풀은 항히스타민제, 소염제, 관절염 치료제, 안정제, 신장약에 이르기까지 다양한 약효가 있다. 혹시 나와 함께 지낼 남자가 조난당한다면 그의 전립선 건강도 지켜 줄 것이다! 또한 쐐기풀은 다양한 나비와 곤충, 새가 즐겨 먹는 식물이기도 하다.

나머지 여덟 가지 식물은 게임을 할 때마다 달라지지만, 이런 생각에 잠겨 있다 보면 집으로 돌아가는 긴 여정도 덜 고단하게 느껴진다.

솔라스탈지아

8월 23일, 폴른트리 우드

스트레칭을 하고 싶다. 산책, 그리고 심호흡도.

폴른트리 우드에서는 이미 여명이 스러지고 나무 사이로 어둠이 내렸지만, 나는 길을 잘 알고 있어서 어둑한 곳에서 눈을 감고도 찾을 수 있다. 오소리 한 마리가 잠을 깨어 나왔다가 나를 보자마자 굴속으로 숨어 버린다. 미리 점찍어 둔 버섯 서식지를 확인하지만 꾀꼬리버섯 몇 개밖에 보이지 않는다. 방향을 돌려 숲을 지나가는데 갑자기 양송이버섯이 하나 나타난다. 꼭 1페니짜리 흰 롤빵처럼 생겼다. 이렇게 어두운 곳에서는 알아보기 어렵고 내가 예상한 지점도 아닌데, 마치 어둠 속에서 보이는 눈이라도 달린 것처럼 손이 땅바닥으로 향한다.

이 발견은 가이아가 주는 선물처럼 느껴진다. 나를 미소 짓게 하는 작은 신호다. 오늘 밤은 슬픈 일이 있어서 마음이 무겁고 몸도 고단하다. 내가 진료하는 환자가 비탄에 빠져서 그의 고통을 함께 나누어야 했다. 처음으로 시를 썼던 때가 생각난다. 나와 가장 친한 친구의 아들이 교통사고로 사망했던 때다. 전남편은 나더러 그 아이를 만나 본 적도 없으면서 왜 그렇게 슬퍼하느냐고 물었다. 내 생각에 슬픔이란 때로 너무 커져서 개인의 마음을 넘어 집단 무의식의 웅덩이로 흘러드는 것 같다. 애도의 과정을 함께 나누면 그만큼 애도의 양과 무게도 줄어든다.

> 사랑하는 이여,
> 햇볕이 내리쬐는 내 집으로 와요.
> 그대와의 달콤한 추억을 이곳에
> 간직할 거예요.

우리의 신체 조건이 솔직한 감정 표출을 가로막곤 한다는 사실을 새삼 실감한다. 나는 이제 몸만 가벼워진 것이 아니라 마음도 한층 가벼워졌다. 체중이 1킬로그램 줄어들 때마다 한 살 더 젊어지는 듯하다. 하지만 그건 거울에 비치는 내 몸이 그 안에 있는 마음과 더 비슷해졌기 때문일지도 모른다. 어쩌면 나는 몸이라는 매트릭스에 갇힌 슬픔을 껴안고 있었던 걸까? 나를 통과하는 에너지의 흐름이 막혀 있었는데, 체중이 줄면서 뚫린 것 같다. 이제야 내가 얼마나 변했는지, 그리고 작년에는 얼마나 다르게 느꼈는지 깨닫는다. 내 존재가 가뿐해지면서 나는 오히려 형체에 덜 얽매이게 되었다. 감정, 느낌, 기억은 모두 에너지이며, 야생식을 먹으면 그 에너지가 방출된다.

나는 큰 바위에 등을 대고 마른 전나무 바늘잎 위에 앉아 있다. 이곳 숲은 정말 조용하다.

그렇다. 숲은 조용하지만, 이 안식처를 나서는 순간 콤바인이 요란하게 풀을 베는 소리가 공기를 가르며 귓가에 꽂힌다. 이어서 바위를 파내고 옮기는 굴착기 앞의 대형 버킷이 덜컹거리는 소리가 들린다. 쿵, 쾅, 쾅, 저 멀리서 굴착기가 땅을 파고 있다. 더 이상 침묵은 없다. 나는 두 바위 사이로 미끄러져 내려간다. 이끼가 헤드폰처럼 내 머리를 감싸며 소음을 차단해 준다. 나를 지켜 주듯 우뚝 솟아오른 나무 꼭대기를 올려다본다. 여기서 나는 평화롭다.

집으로 돌아오는 길에 오래된 너도밤나무 주위로 돋아난 통통하고 노란 꾀꼬리버섯을 몇 개 딴다. 그 옆에 높이 치솟은 구주소나무 꼭대기에는 회색다람쥐 한 쌍이 사는 너저분한 펜트하우스가 있다. 꾀꼬리버섯은 종종 11월까지도 번식을 하는 특별한 균류다. 집에 도착하자마자 버섯을 볶아 저녁 식사로 먹는다. 애플크로스에서 잡아 훈제한 고등어와 함께 먹으니 갓 딴 버섯답게 아주 싱싱하고 맛이 좋다.

환경보호주의자 알도 레오폴드는 저서 《모래 군의 열두 달》에 "생태학 교육의 단점은 상처 입은 세상에서 홀로 살아가게 된다는 것이다"라고 적었다.[8] 무슨 말인지 알겠다. 자연에 감정을 몰입하며 혼자 시간을 보낼 때마다 강렬한 기쁨과 평화를 느끼지만, 그런 감정 뒤에는 항상 자연 파괴와 훼손에 대한 깊은 슬픔이 있다.

환경과 관련하여 많은 사람이 공유하는 슬픔을 가리키는 신조어들도 있다. 그중 하나가 2003년에 철학자 글렌 알브레히트가 제시한 **솔라스탈지아**solastalgia다. 알브레히트는 솔라스탈지아를 '환경 파괴로 고향이 변해 가는 상황에서, 고향에 살면서도 느끼게 되는 향수병'이라고 정의한다.[9]

알브레히트에 따르면 살아 있는 것들에 본능적으로 애정을 느끼는 생명 애호가들, 그리고 토지나 농업에 의존하는 공동체가 특히 솔라스탈지아를 심하게 느낀다. "과거에는 예측 가능했던 환경에서 확실성이 사라지는" 경험 때문이다. 솔라스탈지아에는 종종 환경에 대한 불의와 직면하여 느끼는 무력감이 따르기도 한다.

나는 기존의 여러 용어에도 깊이 공감하지만, 알브레히트의 이론은 내게 특별히 새로운 관점을 제시한다. 우리는 인류세, 즉 인간이 지구 지질과 생태계에 엄청난 변화를 가져온 시대를 뒤로하고 새로운 시대를 맞이해야 한다. 알브레히트의 말처럼 "인간과 그 밖의 모든 존재가 공유하는 세상에서 인간다움의 모든 면모를 발전시키는 새로운 시대인 공생세Symbiocene로 나아갈 수 있도록 공생의 과학에 근거한 창의적 사고"를 발전시켜야 한다.

마그네슘을 찾아서

8월 27일, 데이질리아

오늘 아침은 붉은 여명도 안개도 없다. 폭염이 계속되면서 여름이 길어지고 있다. 루나스탈은 여름과 가을이 겹치는 시기다. 때로는 여름 같은 날과 가을 같은 날이 하루씩 번갈아 찾아오기도 한다. 나는 다리 경련으로 잠을 깬다. 이런 일이 몇 주째 계속되고 있다. 마그네슘 섭취가 부족한 모양이다.

성인의 마그네슘 일일 권장 섭취량은 남성 400~420밀리그램, 여성 310~320밀리그램이다. 마그네슘이 특히 풍부한 음식은 초콜릿, 아보카도, 견과류(특히 아몬드, 캐슈너트, 브라질너트), 콩, 두부, 호박씨, 정제하지 않은 곡물, 지방이 많은 생선, 바나나, 푸성귀다. 이게 문제였다! 헤이즐넛은 아직 익지 않았고, 우리 집은 바다 근처가 아니라 낚시도 할 수 없다. 이 중에서 내가 지금 먹을 수 있는 음식은 얼마 되지 않는 푸성귀뿐이다.

마그네슘은 뇌 기능도 조절한다고 한다. 요즘 내 기억력은 엉망이다. 간단한 단어도 좀처럼 떠오르지 않아서 '민들레'라는 말을 잊어버리거나 쐐기풀을 보고서 민들레라고 말하는 지경이다. 야채를 더 많이 찾아보거나 아니면 영양제를 먹어야 할 것 같다. 올해는 비타민이나 미네랄 등의 영양제를 전혀 복용하지 않았는데 지금 와서 먹자니 내키진 않지만, 어쩌면 내가 너무 뇌를 혹사시키고 있는 게 아닐까?

야생식의 마그네슘 함유량 정보는 찾기가 지독히 어렵다.

어느 웹사이트를 보니 고등어 100그램에는 마그네슘 60밀리그램이 들어 있다고 한다. 생고등어 한 마리의 무게는 200그램에서 600그램 사이지만 뼈를 발라 내면 평균 350그램이다. 나는 고등어 살을 보통 하루에 한 토막 먹으니 이 기름진 생선에서 마그네슘 60밀리그램을 섭취하는 셈이다.

위키피디아에 따르면 꾀꼬리버섯 100그램에는 마그네슘 13밀리그램이 들어 있다. 적은 양은 아니지만, 내게는 하루에 300밀리그램 이상이 필요하다.

믿을 만한 영양 정보를 찾으려니 힘들다. 얼마 전에 공인된 기준을 토대로 야생식의 영양 성분을 조사하는 연구 기금을 신청했지만 아직까지 승인받지 못했다. 30년 후에는 모두에게 필요한 정보일지도 모르는데!

어쩌면 **쐐기풀**을 더 섭취해야 할지도 모르겠다. 저장해 둔 쐐기풀은 오래되어 생으로 먹을 수는 없지만 차를 끓여 마실 수는 있다. 《마더 어스 뉴스》에 실린 기사를 보니 "최근 연구에 따르면 말린 쐐기풀 잎 20그램을 30분 우려낸 차 0.5리터에는 성별에 따라 일일 마그네슘 권장 섭취량의 20~25퍼센트에 해당하는 마그네슘 76밀리그램이 함유되어 있다"라고 한다.[10]

선사시대 인류는 대체 어떻게 생존한 걸까? 모발 미네랄 검사와 구글 검색이 없던 시절 우리 조상들은 어떻게 했을까? 기이한 다리 통증의 원인이 마그네슘 결핍이라는 걸 그들도 알았을까? 그럴 리는 없다. 하지만 아마도 경험을 통해 마그네슘 함유량이 높은 쐐기풀, 질경이, 야생 귀리, 쇠뜨기처럼 상태를 호전시켜 주는 식물을 찾아 먹었으리라. 조상들도 허브 차를 마셨을까? 중국 톈뤄산에서 6000년 전 신석기시대로 거슬러 올라가는 차나무 뿌리가 발견되었는데, 줄 맞춰 가지런히 심어진 것을 보면 야생식물이 아니라 재배 작물이었음을 알 수 있다.[11] 따라서 정답은 '그렇다'다.

게저와 함께 빌라 포레스트를 한참 걷고 나니 머리가 가벼워진다. 우리는 그물버섯 두 바구니와 작고 단단한 비단그물버섯, 올리브갈색비단그물버섯을 따 가지고 돌아온다. 게저는 언제나 버섯을 찾아다닐 때 가장 행복해한다. 긴 산책을 했더니 원인 모를 다리 경련도 다 나았다. 아무래도 책상 앞에 오래 앉아 있지 말아야겠다!

조용한 하루

8월 29일, 데이질리아

앞으로 90일만 있으면 야생식의 해도 끝난다는 생각을 하니 딸꾹질이 자꾸 나오는데도 기분이 좋다. 흐리고 안개 낀 일요일 아침이다. 조도가 낮아지니 창틀 주변에 낀 거미줄 수십 개가 눈에 띈다. 요즘 거미들이 바쁘게 지낸 게 틀림없다. 거미들도 겨울나기 준비를 하고 있나 보다. 여름의 결실이 다할 무렵이면 가을철 베리가 파리들의 마지막 먹이가 될 테고, 그와 함께 거미들도 마지막 잔치를 열겠지. 아니면 그냥 내가 또 집안일을 게을리한 걸까?

신문 표제들을 훑어본다. 조만간 다시 현대 사회에 진입하려면 슬슬 세상일에 관심을 가져야겠다. 식량 부족에 관한 기사와 텅 빈 슈퍼마켓 진열대 사진이 보인다. 대형 패스트푸드 체인점의 식재료 수급에 문제가 생겼다는 기사도 있다. 무슨 일이 벌어지고 있는 걸까? 한편 디지털 커뮤니티인 〈레스트 레스Rest Less〉에서는 50세 이상의 회원을 대상으로 기후변화에 관한 설문조사를 실시했다. 응답자의 약 4분의 3인 78퍼센트는 정부가 기후변화에 지금보다 더 시급하게 대처하기를 원하며, 65퍼센트는 그로 인해 제품과 서비스가 더 비싸고 구하기 어려워지더라도 상관없다고 했다.

우리 세대가 늙긴 했어도 아직 죽진 않았다!

하지만 나는 지금 수백 년 전의 주부처럼 부엌 선반 상단에 어제 따 온 비단그물버섯과 올리브갈색비단그물버섯 병조림을 가득 쟁여 넣고 있다. 꾀꼬리버섯과 그물버섯 구이에 야생 회향을 곁들인 훈제 비둘기를 저녁으로 먹고 나서 밤늦도록 도토리 껍질을 벗기고 로즈힙 퓌레를 병에 담는다. 어제 게저와 내가 숲에 나간 동안 이웃집 앨런이 가져온 비둘기 여섯 마리를 맷이 훈제용으로 손질해 두었다. 양념과 참나무 훈연 향 덕분에 비둘기가 정말 맛있어졌다.

근무일

8월 30일, 데이질리아

아침 식사는 훈제 비둘기를 곁들인 버섯 모둠(그물버섯, 껄껄이그물버섯, 밤꽃그물버섯, 붉은대그물버섯)과 구운 사과다.

오늘은 진료소가 바쁜 날이라 맷이 연어와 꾀꼬리버섯으로 맛있는 점심 식사를 준비한다.

저녁 식사는 어제와 같은 훈제 비둘기다. 싱싱한 야생 사과와 모과 절임, 알렉산더와 어수리를 곁들였다. 식사를 마치고 나서 어제 만든 로즈힙 퓌레를 마저 병에 담는다. 야생식 채취인들이 토마토 페이스트 대신 사용하는 식재료다!

5부

가을

The Wilderness Cure

25장

씨앗과 꿀

씨앗은 빛도 어둠도 두려워하지 않고
양쪽 다 활용하여 성장한다.

—마츠호나 딜리와요Matshona Dhliwayo, 《승리의 기술The Art of Winning》

견과류 따기

9월 1일, 웨스트 칼더

올해는 풍년까진 아니지만 견과류가 평소보다 많이 열렸다. 게다가 인디언 서머(늦가을에서 겨울로 넘어가기 직전에 일주일 정도 따뜻한 날이 계속되는 현상—옮긴이)도 찾아올 예정이다. 오늘은 견과류를 수확하기로 했지만 바구니는 집에 두고 그 대신 캔버스 배낭을 가져왔다. 견과류를 나르는 일은 무척 힘든 데다 나는 웨스트 칼더까지 가서 숲속 오솔길에 열린 헤이즐넛을 딸 생각이기 때문이다.

오늘날 견과류는 무척 인기 있는 음식이며 일 년 내내 먹을 수 있다. 하지만 과거에 씨앗, 견과류, 곡물은 단기간만 구할 수 있는 음식이었다. 가을에 수확해서 겨우내 먹던 견과류를 현대인이 매일 먹을 수 있게 된 건 국제 무역 때문이다. 견과류의 인기는 심각한 환경 문제를 일으켰다. 뉴멕시코 치와와 사막 끝의 엘파소 외곽을 여행하다가 흙먼지 속에 피칸나무가 자라는 과수원을 보고 깜짝 놀란 기억이 난다. 내 친구 줄리(나는 길라 야생 보호구역에 있는 줄리의 오두막에 묵고 있었다)는 개발되지 않고 자연 상태로 남아 있던 극소수의 강 중 하나인 길라강이 관개용수로 쓰이는 것을 막으려는 투쟁에 나선 참이었다. 견과류 재배에는 엄청난 양의 물이 투입되며, 캘리포니아의 광대한 아몬드 과수원에서는 꿀벌이 떼죽음을 당한다. 수십억 마리씩 들여오는 꿀벌들은 꽃가루받이를 하고 나면 유독성 농약 때문에 죽어 간다. 이 모든 것이 우리가 일 년 내내 아몬드를 먹을 수 있게 하려고 일어나는 일이다.

고대 스코틀랜드에서는 가을이면 씨족 전체가 한데 모여 헤이즐넛을 수확했다. 그래서 지금도 헤이즐넛 껍질이 엄청나게 많이 쌓인 대형 미든이 발견되곤 한다. 개암나무 숲을 거닐며 **헤이즐넛**을 따서 배낭에 담는 동안 나는 고대의 씨족들을 생각했다. 채취만으로는 집단은 고사하고 한두 명조차도 먹여 살리기가 어렵다. 그래서 당시 사람들은 대부분의 시간을 소가족 단위로 보냈다. 견과류 수확기는 겨우내 영양 공급원이 되고 운반하기도 좋은 식량을 모은다는 공동 목표를 위해 대가족이 재결합하는 시기였다. 젊고 건강한 사람들은 함께 시시덕거리며 견과류를 따다가 저녁이 되면 무거운 바구니를 집으로 날랐다. 그 시절에 태어났다면 나도 석양이 질 무렵 노인들과 함께 둘러앉아 견과류 까먹기와 농담 따먹기를 즐겼겠지. 그리고 오늘 저녁에도 친구들과 식탁에 둘러앉아 견과류를 까며 수천 년 전과 똑같은 농담을 늘어놓으리라.

내가 따 온 헤이즐넛은 통통하고 먹음직스럽다. 둥그스름한 열매 겉껍질은 초록빛이고 끄트머리가 레이스 장식을 두른 것 같다. 잘 익은 열매는 블렌더로 갈아서 밤새 물에 담가 두었다가 체에 거르면 헤이즐넛 밀크가 된다. 남은 과육은 조심스럽게 말린 다음 갈아서 올겨울에 쓸 밀가루 대용품을 만든다. 덜 익은 열매는 무르익을 때까지 그대로 두었다가 딱딱해진 껍질을 벗긴다. 열매가 썩어 내 식품 저장고에 곰팡이를 퍼뜨리는 사태를 방지하기 위해서다.

다음날도 밖에 나가야 한다. 전날에 어수리 씨앗이 녹색에서 보라색으로 변한 것을 발견했기 때문이다. 수확할 때가 되었다는 신호다. 가을은 바쁜 계절이다! 나는 어수리 씨앗을 카레, 수프, 처트니 등 평소라면 고수를 넣었을 모든 요리에 사용한다. 맛은 고수 씨와 거의 비슷한데 오렌지 오일에 담근 카다멈 향이 살짝 더해진다. 채취가 인기를 끌면서 버섯과 베리를 놓고 경쟁이 치열해졌지만, 식용 씨앗을 채취하는 사람은 거의 못 보았다. 향신료를 대체할 수 있거나 나아가 완전히 새로운 풍미를 더해 주는 씨앗이 (특히 미나리과 식물에) 많이 있는데도 말이다.

식물은 저장 수명이 긴 씨앗을 맺어 번식한다. 적절한 기후와 환경 조건이 갖춰질 때까지 기다렸다가 싹을 틔우기 위해서다. 씨앗은 다양한 형태를 지닐 수 있지만, 우리가 씨앗이라고 말할 때는 주로 종자, 낟알, 견과류, 콩, 그리고 밀, 귀리, 보리 등의 곡물을 가리킨다. 북반구에서는 주로 8월과 9월에 씨앗을 수확할 수 있다. 일부 풀 종류는 7월 하순에도 수확할 수 있는 씨앗을 맺는다. 인류는 수천 년 동안 불을 피워 조리를 시도하면서 조리 기술을 갈고닦았고, 얼마 지나지 않아 소화하기 어려운 풀씨도 돌절구에 갈아 약간의 액체를 넣고 끓이면 죽이 된다는 사실을 알아냈다. 씨앗을 구우면 씹기 편하고 맛이 더 좋아진다는 것도 알게 되었다. 수렵 · 채취와 농사를 병행하는 인간의 관점에서 볼 때, 씨앗을 조리해서 먹을 수 있다는 사실은 엄청나게 중요한 장점이었다. 오래 저장할 수 있고, 냉장이나 냉동 없이도 상하지 않는 고밀도 칼로리 공급원을 확보하는 셈이었으니까. 그리하여 우리 조상들은 씨앗을 채취하고 말려서 저장했다. 북쪽 지역에서는 겨울을 날 식량을 확보하기 위해, 건조한 지역에서는 가뭄이 들 때를 대비하기 위해.

지난달에 나는 펜둘라사초 씨앗을 몇 봉지 수확했다. 이로써 겨울에 '밀가루'를 만들어 크래커를 구울 수 있게 되었다. 펜둘라사초는 내 땅 변두리에 저절로 자라났다. 처음엔 한 포기였으나 금세 두 포기, 열 포기, 오십 포기로 불어났다! 자리를 꽤 차지하긴 했지만 덕분에 유용한 씨앗을 얻을 수 있었다.

가을에 땅으로 떨어진 씨앗은 동물의 먹이가 부족한 겨울을 견뎌 내고 싹을 틔울 수 있는 봄이 올 때까지 기다려야 한다. 여러 굶주린 동물이 노리는 먹잇감인 만큼, 씨앗은 자체 무장을 통해 최대한 여럿이 살아남을 방법을 찾는다. 이들이 주로 사용하는 방법은 약하거나 경우에 따라서는 강한 독성을 품는 것이다. 모든 씨앗은 살아남기 위해 다소 유독해질 수 있지만, 식물은 항상 놀라운 관대함을 보여 준다. '다소 유독할 수 있다'는 건 **욕심내지 말고 조금만 먹으라**는 의미로, 음식과 관련된 자연의 주된 교훈 중 하나다! 인간은 콩을 불렸다가 물을 따라 내면 대부분의 독소가 제거된다는 것을 깨달았다.

전 세계에서 다양한 콩이 널리 소비되고 있긴 해도, 콩의 독성은 채취 초보자에게 두려울 수 있는 문제다. 심장 박동에 영향을 줄 수 있는 화학물질이 함유되어 있는 만큼 울렉스나 양골담초의 먹음직스러운 꼬투리는 먹지 말아야겠지만, 살갈퀴나 구주갈퀴덩굴의 돌돌 말린 연한 새순을 얼마나 먹어도 될지 고민하는 사람들을 흔히 볼 수 있다. 이는 전적으로 양에 달려 있다. 토끼풀 싹에 들어 있는 카나바닌을 예로 들어보자. 일단 씨앗이 싹을 틔우고 나면 카나바닌 함유량은 미량에서 극미량으로 떨어진다. 실험용 쥐를 근거로 체중이 70킬로그램인 사람의 카나바닌 섭취 치사량을 계산하면 14그램이다. 자주개자리 새싹 1킬로그램당 카나바닌 8~20밀리그램이 들어 있다고 계산하면, 새싹을 0.7~1.5킬로그램 먹어야 섭취할 수 있는 양이다. 자주개자리 새싹 700그램은 슈퍼마켓에서 파는 플라스틱 팩 여섯 개, 1킬로그램은 아홉 개에 해당한다. 하지만 새싹 아홉 팩은 고사하고 두 팩조차 한꺼번에 먹긴 어렵다. 기껏해야 자주개자리 새싹을 갈아서 마시는 경우에나 가능하겠지만, 석기시대에는 녹즙기 사용이 불가능했다는 사실을 염두에 두자.

자연은 다양성, 계절성, 다양성을 선호하며, 인간은 잡식동물로 진화했다. 따라서 매일 똑같은 음식을 대량 섭취해서는 안 된다.

우리 몸은 소량의 자연 독소에는 대처할 수 있지만, 제철이 아닌 음식을 먹거나 과식하기 시작하면 채취인의 도리에서 벗어날 뿐만 아니라 온갖 건강 문제가 발생하기 마련이라고 나는 확신한다.

헤이즐넛은 재래종 견과류 중에서도 가장 먹기 쉽다. 껍질만 벗기면 따로 손질이 필요 없기 때문이다. 배낭에서 떨어진 몇 개를 돌덩이로 깨뜨려 바로 입에 넣은 경험으로 보증할 수 있다. 호두와 밤도 껍데기만 까면 바로 먹을 수 있지만, 나는 풍미가 더 좋은 군밤 쪽을 선호한다.

'씨앗 스낵'은 과자 같이 몸에 해로운 주전부리를 대체할 수 있는 건강하고 훌륭한 간식이다. 샐러드나 빵에 바삭바삭한 고명으로 올려도 좋고, 게다가 맛있기까지 하다. 나는 껍질을 깐 헤이즐넛, 호박씨, 해바라기 씨를 기름을 두르지 않은 프라이팬에 구워 먹곤 했다. 노릇노릇해진 씨앗이 탁탁 튀어 오르기 시작하면 접시에 옮겨 담고 간장을 살짝 뿌린다. 흥건하게 끼얹지는 말고 뜨거운 씨앗이 쉬쉭 소리를 내며 빨아들일 만큼만 뿌려 주면 된다. 중독성이 엄청난 간식이다! 아, 먹고 싶다.

정전

9월 2일, 데이질리아

새벽 4시에 잠을 깨어 몽롱한 상태로 베갯머리 전등을 켠다. 달칵, 달칵. 아직도 전기가 들어오지 않는다. 곧바로 정신이 번쩍 든다. 젠장!

어제저녁 7시에 전기가 끊겼는데, 이러다 냉동고에 있는 음식이 전부 상하기라도 하면 어쩌지? 보험회사에서 얼마를 받을지는 중요하지 않다. 아무리 많은 돈을 받더라도 내가 일 년간 저장해 온 야생식을 대체할 수는 없다.

눈앞에 닥친 재앙을 외면하고 휴대전화 스크롤을 내린다. 소셜 미디어에서 어떤 사람이 화살표와 함께 이런 질문을 적어 놓았다. "만약 당신이 오스트레일리아 원주민인데 모래사막에 거대한 →가 그려져 있다면 어느 방향으로 가겠습니까?" 당연히 '오른쪽'일 것 같지만, 너무 단순한 질문이라 오히려 바로 대답하기가 망설여진다. 사실 정답은 '왼쪽'이다. 화살표처럼 보이는 것은 발가락이 앞을 향한 에뮤의 발자국이며, 에뮤가 걸어간 방향을 따라가려면 왼쪽으로 가야 한다!

문득 예전에 책에서 읽은 원주민 부족 구구 이미티르Guugu Yimithirr 이야기가 떠오른다.[1] 그들의 언어에는 '앞' '뒤' '왼쪽' '오른쪽'이라는 단어가 없다. 세상이 우리를 중심으로 돌아가는 것처럼 전제하는 네 단어 말이다. 그 대신 이 부족은 항상 나침반과 같은 동서남북 방위를 사용한다. "이리 와서 내 동쪽에 앉아"라거나 "북쪽에 있는 책 좀 건네줄래?"라는 식이다. 그들은 주변 세계의 고정된 지점과 연관 지어 자신의 위치를 인식한다. 우리가 어디에 있든, 고층 빌딩의 창문 없는 방이든 바닷가 동굴이든 간에, 깨어 있는 매 순간 방위와의 관계를 기록하는 내면의 놀라운 컴퓨터를 통해 우주에서 자신의 위치를 파악해야 한다. 오전 내내 이런 식으로 내 위치를 인식하려고 시도해 보니 확실히 공간 감각이 예리해지는 듯하다.

우리가 쓰는 언어가 세상을 보는 시각을 어디까지 결정하는지 궁금하다. 예를 들어 나미비아, 발리, 폴리네시아, 멕시코 등 여러 지역의 고대 부족들이 이런 식의 언어적 지리 위치 정보geolocation를 사용했다. 게다가 켈트 언어들에도 땅과 인간의 관계를 묘사하는 단어가 영어보다 훨씬 더 많았다고 한다.

어젯밤에 맛있는 그물버섯과 꾀꼬리버섯 조림, 고온 훈제 연어 스테이크, 그리고 야생 루콜라, 별꽃, 박하, 살갈퀴 샐러드까지 먹었는데도 머리가 살짝 어지러운 듯하다. 스트레스 때문일지도 모른다. 다행히 아침 7시가 되자 전기가 다시 들어온다. 열두 시간 동안의 정전에도 불구하고 상한 음식이 없다.

나는 맷과 게저와 함께 부엌으로 간다. 게저는 커피를 내리고 맷과 나는 갈퀴덩굴 '커피'를 마신다. 두 사람에게 구구 이미티르와 관련한 방금 전 생각을 말하고 하루 종일 방향을 가리킬 때 동서남북만 사용하려고 노력한다. 힘들긴 하지만 덕분에 나 자신과 주변 환경의 연관성을 뚜렷이 인식하게 된다.

꽃송이버섯

9월 4일, 퍼스셔

예쁘고 맛있는 꽃송이버섯은 내가 가장 좋아하는 식재료 중 하나다. 내 친구 리사가 하일랜드를 여행하다가 꽃송이버섯 하나를 발견했다고 한다. 나는 리사가 더 많은 버섯을 찾을 수 있길 바라며 내가 아는 최고의 꽃송이버섯 서식지를 알려 주었다.

채취인에게 자기만의 채취 장소를 공유한다는 것은 엄청난 존중과 우정의 표시다. 몇 년 전 내가 퍼스셔에 살았을 때 버섯을 채취하는 이웃이 있었다. 6년간 알고 지낸 끝에 그는 내게 자기가 흰주름버섯을 따는 곳을 보여 주었다. 나는 그제야 그가 나를 신뢰하고 있으며 우리는 진짜 친구가 되었다는 걸 깨달았다.

우리의 채취 장소는 종종 내밀한 공간이다. 그곳에는 생계뿐만 아니라 발견과 기쁨에 관련된 자기만의 추억이 담겨 있다. 우리는 뇌의 해마에 채취와 관련된 기억을 간직하며, 거대한 그물버섯과 보석처럼 붉은 월귤, 꽃송이버섯 여섯 개를 한꺼번에 발견한 장소와 시간을 결코 잊지 못한다. 특별하고 소중한 시간인 만큼 관련된 장소도 아끼며 보호하는 것이다.

따라서 그런 공간에는 진정한 친구만이 입장할 수 있다. 그곳을 함부로 다루지 않고 소중히 여겨 줄 거라고 확신할 수 있는 사람, 탐욕스럽지 않고 이윤을 위해 자연을 훼손하지 않는 사람, 조심스럽게 발을 내딛고 대지에서 얻은 만큼 돌려주는 사람, 자연계에 대한 깊은 사랑을 공유하는 사람이어야 한다. 진정한 채취인은 '오는 정이 있으면 가는 정도 있다'라는 게 자연의 기본 법칙임을 이해한다.

콘크리트로 이루어진 세상에서 사람들은 우리가 지닌 모든 것이 자연에서 왔다는 사실을 잊어버린다. 결핍에 대한 두려움이 탐욕과 이기심을 낳는다. 인간이 식물과 균류를 비롯한 모든 생명체와 맺었던 호혜 관계의 상실이야말로 지구가 직면한 위협의 핵심이다. 인간과 자연의 결별에 따르는 대가는 어마어마하다는 사실이 드러나고 있다.

우리의 삶은 나무와 식물에 달려 있다. 나무와 식물 없이는 숨 쉴 산소도, 먹을 음식도 없다. 우리는 이 사실을 되새기고 감사할 줄 알아야 할 것이다.

리사가 다시 남쪽으로 내려와 우리 집에 묵기로 했다. 나는 채취인 친구 몇 명을 초대해 야외에서 바비큐를 한다. 식사는 금세 조촐한 파티로 변한다.

나는 모두를 위해 맛있는 음식을 요리하고, 손님들도 모두 나눠 먹을 요리를 가져온다. 유혹을 이겨 내기가 어려웠지만 결국 야생이 아닌 음식은 단 한 조각도 입에 넣지 않았다. 그 대신 엘더플라워 꿀술을 마시고 산사나무 열매와 꿀 페이스트를 바른 버섯 케밥을 숯불에 구워 먹는다. 정말 맛있었다.

일요 채취

9월 5일, 빌라 포레스트

바비큐 도구를 정리하고 나서 빈둥거리며 도토리 가루 크러스트와 사과, 블랙베리, 그린게이지자두로 과일 파이를 만든다.

점심 식사 후 리사와 맷을 데리고 빌라 포레스트로 간다. 일요일 오후다 보니 예상대로 채취하러 온 사람이 많다. 사람들이 숲을 싹 훑어 가서 남은 게 없을지도 모른다고 생각했으나 이 숲은 상당히 넓은 편이다. 하지만 영국은 유럽에서도 가장 숲이 적은 나라다. 국토가 좁은 편이니 언뜻 보기에는 놀랍지 않은 얘기지만, 산림 면적 비율을 구체적으로 따져 보면 유럽 평균이 38퍼센트인 데 비해 영국은 13퍼센트에 불과하다. 토착 수종이 자라는 원시림은 전체 숲의 절반뿐이고 나머지는 침엽수가 대량 재배되는 인공림이다. 이곳 빌라 포레스트도 대부분 인공림이다.

리사는 직접 운영하는 채취 강습에서 쓸 그물버섯을 찾고 싶어 하지만, 나는 그렇지 않다. 이미 냉동고가 버섯으로 꽉 찬 상태라 빌베리가 많이 열린 곳을 찾았으면 한다. 그리고 블랙베리도. 생각만 해도 신이 난다!

몇 시간 후 숲속 깊은 곳에서 갓 돋아난 완벽한 그물버섯 하나를 발견한다. 나는 고민에 빠진다. 리사가 그물버섯을 간절히 원한다는 건 알지만, 너무 훌륭한 버섯이라 내가 차지하고 싶은 이기적인 생각도 든다. 결국 리사에게 주기로 결심하고 나니 내 발 앞에 두 번째 그물버섯이 나타난다. 문제가 해결되었다! 자연은 정말로 관대하다.

블랙베리와 그린게이지자두를 넣고 또다시 파이를 구웠다. 아이스크림을 조금만 곁들일 수 있다면 완벽할 텐데.

꿀벌에 대한 감사

9월 6일, 데이질리아

친구 엘라가 꿀을 가져다주었다. 지난봄 포획해서 벌통에 넣은 야생벌들이 모은 꿀이라고 한다. 2주 전 스트롬 우즈에서 버섯을 따다가 야생벌 떼가 요란하게 윙윙거리는 소리를 들은 기억이 난다. 벌꿀은 일반적으로 늦여름에 수확한다.

꿀벌의 첫 번째 수확기는 4월 중순에서 5월 말까지다. 벌들은 유채꽃, 과일나무 꽃, 플라타너스와 산사나무 꽃에서 나오는 꿀로 잔치를 벌인다. 하지만 가장 중요한 건 두 번째 수확기다. 이 시기는 6월 중순에서 8월 첫째 주까지지만 날씨에 따라 크게 달라질 수 있다. 벌들은 토끼풀과 붉은토끼풀, 분홍바늘꽃, 블랙베리, 그리고 벌들이 특히 좋아하는 라임나무 등 여름에 꽃을 피우는 여러 식물의 꿀을 딴다. 마지막으로 8월에서 9월까지는 고지대 벌들이 헤더 꿀을 따는 시기다. 날씨가 서늘해지기 시작하면 꿀을 채취하기가 더 어려워질 수 있다.

꿀은 자연에서 가장 영양이 풍부한 식품 중 하나로, 제대로 보관하면 오래 두고 먹을 수 있다. 전체의 80~95퍼센트가 당분인 만큼 고밀도로 농축된 포도당과 과당 공급원이기도 하다. 초기 인류에게 상당량의 칼로리를 제공했으며, 식물성 음식이나 야생 육류와 함께 섭취한 경우는 더욱 그랬다. 스페인 북부 알타미라 동굴의 암각화는 인류가 적어도 2만 5000년 전부터 꿀을 채취했음을 보여 준다![2] 탄자니아의 하자족은 꿀을 지극히 중요시한 나머지 '허니가이드'라는 새와 공진화하기에 이르렀다.[3] 이 새는 꿀이 가득한 벌집을 찾아 주는 대가로 인간에게 꿀을 나눠 받는데, 그리하여 인디케이터 인디케이터Indicator indicator라는 근사한 학명이 붙었다.

꿀벌이 인류를 먹여 살리는 데 얼마나 중요한 역할을 하는지 생각해 보면, 우리가 그들의 위기에 한몫하고 있다는 사실은 너무나도 배은망덕하고 경솔하며 어이없게 느껴진다. 꿀벌응애, 벌집꼬마

밑빠진벌레, 등검은말벌 등의 해충도 벌통을 붕괴시키는 원인이다. 희한하게도 꿀벌응애는 습도가 낮은 벌통에서 번성하는 반면 습도가 높은 벌통에서는 잘 번식하지 못한다. 아프리카에서 수십 년 살았던 나는 지구 온난화가 습도를 높여 꿀벌응애 문제를 해결하는 데 도움이 될 수 있겠다고 생각했지만, 기상청에 따르면 바다는 습도가 높아져도 육지는 오히려 습도가 낮아지고 건조해져 꿀벌응애가 번성하기에 완벽한 조건이 된다!

인간이 꿀을 먹지 않고 꿀벌을 운명에 맡기는 것은 해답이 아니다. 나는 소규모 양봉가를 지원하는 일이야말로 꿀벌의 미래를 위한 투자라고 확신한다. 인간에게는 꿀벌과의 공존 관계가 절실히 필요하기 때문이다.

꿀벌에 관해 이런저런 생각을 하다 보니 스티븐 해로드 뷰너의 저서《식물의 내밀한 가르침》에 나오는 인상적인 시 한 편이 떠오른다.[4] 내게는 여성과 남성의 관계뿐만 아니라 인간과 가이아의 관계를 압축적으로 보여 주는 시다.

> 정액semen은 라틴어로
> 휴면 상태의 수정된
> 식물 난자, 즉
> 씨앗seed을 의미하지만
> 남성의 사정은
> 화학적으로
> 식물의 꽃가루와

더 비슷해요.
그러니
포유류의 꽃가루라고
부르는 것이
더 정확하겠지요.

그것을
정액이라고 부른다는 건
우리 문화 깊이
광기를 주입하는
짓이에요.
남성은 여성을 쟁기질하고
씨앗을 뿌리는 게
아니라, 사실
꽃가루받이를
할 뿐이지요.

이렇게 보니
우리 관계가 완전히 달라지지 않나요?

26장

버섯에 거는 기대

내게는 가장 고급스러운 페르시아 양탄자보다도

푸르른 솔잎이나 부드러운 풀 깔개가 더 편안하다.

—헬렌 켈러, 《월간 애틀랜틱Atlantic Monthly》

마법사의 버섯

9월 16일, 빌라 포레스트

'엘라와 광대버섯'.

마치 이야기 제목처럼 들린다. 어찌 보면 정말로 하나의 이야기일 수도 있다. 나는 빌베리와 그물버섯을 따러 빌라 포레스트로 차를 몬다. 운전을 하면서 엘라에게 감각을 통한 소통이 인간과 식물뿐만 아니라 인간과 균류 사이에도 가능하다고 설명하는 중이다. **광대버섯**은 내가 자기 이야기를 할 때마다 알아차리는 것 같고, 그 사실을 증명하기 위해 갑자기 뿅 하고 나타나기도 한다고 말이다.

버섯 전문가 폴 스타메츠는 균류에게 "세포 지능이 있다"라고 말한다. "우리가 숲속을 걸을 때 버섯은 땅에서 솟아나 숙주가 될 잔해를 찾는다. 그들은 우리가 거기 있다는 걸 안다."[1]

나는 엘라에게 봉쇄 전에 브래클린 폭포로 산책 나간 이야기를 들려준다. 버섯 채취 강습 중이었는데 그날따라 균류가 보이지 않아서 난감했다. 자작나무 숲을 나와서 인공림을 둘러싼 메마른 흙길을 걸었다. 빽빽하게 들어찬 전나무들이 햇빛을 받으려고 필사적으로 경쟁하고 있었다. 버섯은 단 한 송이도 보이지 않았다. 그래서 나는 참가자들의 관심을 끌기 위해 **광대버섯** 이야기를 꺼냈다. 붉은색에 흰 점박이 무늬가 있는 전형적인 독버섯 말이다.

내 이야기가 끝난 뒤에도 참가자들은 잠시 멍하니 앉아 있었다. 그때 해가 구름을 뚫고 나왔다. "저기 봐요!" 한 사람이 손짓으로 내 뒤를 가리키며 말했다. "저게 선생님이 말한 버섯인가요?" 나는 천천히 뒤돌아보았다. 숲속으로 30미터쯤 들어간 곳에 햇살 한 줄기가 어두운 침엽수 사이로 내리꽂혀 땅바닥의 한 지점을 비추고 있었다. 그 한가운데 내가 평생 본 중에 가장 큰 광대버섯이 있었다. 큼직하고 당당하며 흠집 하나 없이 반들반들한 버섯이었다. 그놈이 정말로 나를 보며 이죽거리고 있었다.

"이 몸 등장이요." 광대버섯이 까불대며 말하는 듯했다. **"나 불렀어? 내 얘기하는 거 듣고 왔어!"**

"정말이야?" 엘라가 낄낄대며 묻는다.

빌라 포레스트에 도착해 차를 세운다. 바구니와 양동이를 들고 흙먼지 날리는 길을 따라 걷는다. 풀이 우거진 길가를 지나 어느새 높다란 자작나무와 구주소나무를 둘러싼 싱그러운 빌베리 덤불에 이른다. 둑 가장자리에서 그날의 첫 번째 버섯을 발견한다. 싱싱하고 커다란 광대버섯이 딱 하나 돋아나 있다.

버섯이 장난스럽게 말하는 것만 같다. **"안녕? 혹시 내 얘기하고 있었어?"**

엘라가 킥킥 웃는다.

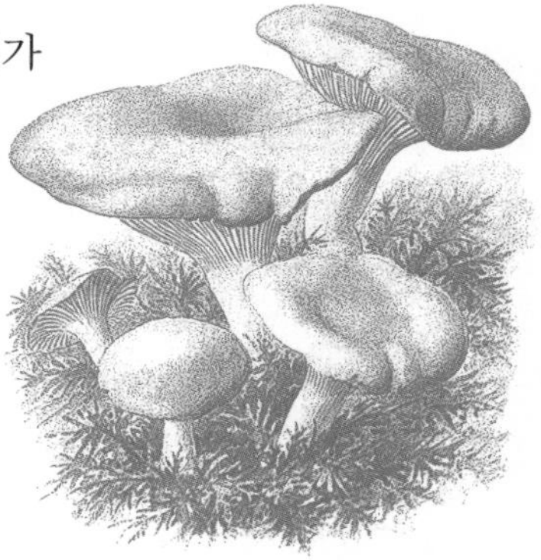

길가에 우중충한 크림색 버섯 세 개가 무더기로 돋아 있다. 스웨이드처럼 보송보송하고 덜 익은 페이스트리 냄새가 난다. **그늘버섯**이다. 그늘버섯은 혼자 있기를 싫어해서 다른 버섯 둘과 함께 서식하는 경우가 많다. 버섯 애호가 동료인 딕 피블스는 이들을 '성삼위일체'라고 부를 정도다. 그늘버섯이 하나 있으면 보통 그 근처에 통통한 그물버섯도 하나 있기 마련이다.

그늘버섯의 두 번째 친구가 바로 광대버섯fly agaric이다. 물론 파리fly는 다양한 뜻을 지닌 말이지만, 교활하고 영리하며 음흉하기까지 한 이 숲의 여왕에게 여러모로 잘 어울리는 이름이다. 예전에는 파리를 잡기 위해 광대버섯을 우유 그릇에 담가 두었다고 한다. 그 우유를 마신 파리는 중독되어 죽어 버렸다. 광대버섯의 종명인 muscaria도 파리과의 학명인 Muscidae에서 나온 것이다.

인간도 광대버섯을 먹으면 탈이 나지만 잠시 후에는 '날아다닐 fly' 수 있다. 광대버섯에 함유된 유독 물질인 무스카린과 무시몰 때문이다. 광대버섯은 마법의 버섯이자 크리스마스 이야기의 근간이기도 하다.

옛날 옛적(모든 좋은 이야기는 이렇게 시작된다) 밤마다 고드름이 반짝이는 머나먼 북쪽 얼음 땅에 사프미Sápmi라는 곳이 있었다.

라플란드라고도 불리는 사프미는 북극권에서도 북극점에 가장 가까운 고장이며 핀란드, 스웨덴, 노르웨이, 러시아, 발트해의 최북단 지역을 아우른다. 바이킹에 의해 북쪽으로 밀려난 유목민 사미족이 최소 2500년 동안 순록을 몰고 살아온 곳이기도 하다.

극심한 기후변화나 도시화로 인해 식량이 귀한 지역에 살게 되면, 자연이 제공하는 모든 것이 잠재적 식량으로 여겨진다. 인류는 여러 유독성 식물을 최대한 활용할 수 있게 진화했고, 위험한 식물도 삶고 절이고 발효하여 무해하게 만들었다. 중국인들은 치명적인 독초도 특별한 가공을 통해 음식으로 변모시킨다. 사미족은 광대버섯을 익힌 다음 헹구는 과정을 3~5회 반복해 가며 독을 빼서 질병과 환각을 예방한다. 다만 이런 방식으로 해독할 수 없는 광대버섯 종류도 있다고 한다. 고대인들은 화학을 배운 적이 없지만, 이런저런 경험을 통해 광대버섯을 즐겨 먹는 순록에게 버섯을 먹이고 순록의 소변을 모아서 마시면 숙취나 메스꺼움 없이 신비체험을 할 수 있다는 사실을 깨달았다! 적어도 전설에 따르면 그렇다고 한다.

수확기에 사미족 젊은이들은 버섯을 따서 침엽수 가지에 걸어 두었다가 나중에 챙겨 가곤 했다. 노인들이 길을 걷다 보면 반짝이는 붉은 갓에 근사한 흰 점박이 무늬가 있는 광대버섯이 침엽수마다 크리스마스트리 장식처럼 매달려 있는 것을 볼 수 있었다!

북극의 겨울은 춥고 길다. 11월 중순부터 1월 말까지 11주 동안 칠흑같이 어두운 극지의 밤이 이어진다. 구부린 나뭇가지에 이탄과 이끼를 덮어 만든 사미족의 움막 고아티goahti를 상상해 보라. 매서운 북풍에 휘날린 눈 더미로 에워싸인 고아티는 주위 풍경과 거의 구분되지 않는다. 출입구는 오직 연기가 빠져나오도록 뚫어 놓은 구멍뿐이다. 따뜻한 고아티 안에서 사미족 주술사는 광대버섯으로 만든 약을 마시고, 육체를 난롯가에 남겨둔 채 높다란 굴뚝을 통해 하늘로 날아오른다. 그리고 동식물과 마법의 순록(역시나 광대버섯의 효능으로 하늘을 날아다니는)의 영혼을 만난다. 그는 자기 부족에게 가져다줄 예언, 치유, 축복을 찾아 전 세계를 날아다니다가 선물을 가지고 굴뚝 아래로 되돌아온다. 마치 산타클로스처럼 말이다.

가이아의 유능한 일꾼들

9월 22일, 펜틀랜드 힐스

사슴고기와 버섯 수프에 별꽃 샐러드를 곁들여 점심을 먹은 후 바람이 몰아치는 펜틀랜드 힐스 들판에서 흰색처녀버섯을 따고 있다.

이곳에 버섯이 많이 나는 것은 농약을 치지 않는 초원이기 때문이다. 소와 양의 배설물 주변에 무더기로 돋아난 버섯을 보면서 새삼 버섯에게는 발굽 동물이 필요하다는 것을 실감한다. 초원뿐만 아니라 잔디밭에도 자라는 꽃버섯, 환각버섯, 반구독청버섯 또한 거름을 필요로 한다. 똥의 종류에 따라 서식하는 버섯 군집도 다양하다. 똥이 사라지면 균류도 사라진다. 우리는 벌, 새, 포유류, 그리고 가끔은 식물의 멸종에 관해 숙고하지만, 버섯의 멸종은 거의 생각하지 않는다. 버섯의 균사체야말로 생명계의 회로망인데도 말이다.

버섯은 대부분 우리가 알아차리지도 못하게 사라져 간다. 주름버섯과 흰주름버섯이 사라지고 말불버섯과 잔디자주방망이버섯이 드물어지는 현실에 슬퍼하는 건 나뿐일까? 화학물질이 살포되고, 동물 배설물은 항생제로 가득해 균류의 숙주가 될 수 없는 곳마다 블랙홀이 생겨난다. 우리가 주택단지, 고속도로, 주차장으로 지구를 뒤덮으면서 생명의 불은 꺼져 간다.

인간이 자연계 전체를 연결하는 균사체의 그물망을 끊어 버림으로써 초래한 혼돈이 경악스럽다. 그 여파가 정점에 도달하면 어떤 일이 일어날까? 잠시만 상상해 봐도 무시무시해서 더 이상 생각할 수가 없다.

오스트레일리아 환경철학자 글렌 알브레히트는 "농사에 생명을 죽이는 살충제를 사용하면 토양 공생이 사라진다"라고 지적한다.[2] 나로서는 그뿐만 아니라 식물계의 두 가지 주요 통신망 중 하나를 뒷받침하는 균류 네트워크도 사라질 것이라 말하고 싶다. "인류를 포함한 생명체들과 그들의 건강을 유지하고 영속시키는 것은 생명의 미시적·중시적·거시적 수준에서 공생하는 여러 종의 유대다. 공생하면 살고 갈라지면 죽는다."

나는 가이아에 희망이 있다고 확신한다. 아주 오래된 유기체인 버섯은 우리가 생각하는 것보다 훨씬 더 많은 포자를 공기 중에 퍼뜨린다. 이 언덕 위의 너도밤나무에 난 잔나비불로초 한 송이만 해도 6개월 동안 5조 4천억 개의 포자를 퍼뜨릴 수 있다. 들판에 돋아난 댕구알버섯 한 송이는 7조 개의 포자를 배출한다. 구름, 모래폭풍, 바다의 파도 거품 속에도 포자는 존재한다. 독일 연구진은 우리가 호흡하는 공기 1세제곱미터당 1000개에서 1만 개의 균류 포자를 측정했으며, 뇌우가 쏟아지면 불과 두 시간 만에 포자 농도가 1세제곱미터당 2만 개에서 17만 개 이상으로 급증할 수 있다고 한다.[3]

균류는 자연의 모든 탄소 형태를 재활용하도록 진화한 만큼 적당한 환경만 갖춰지면 다시 돌아올 것으로 예상된다. 그들은 이미 석유를 먹는 방법까지 터득했다. 환경오염을 우려한 미국의 균류학자 폴 스타메츠는 1988년에 기름 분해 능력이 뛰어난 느타리버섯 균주를 배양했다. 한 연구팀이 워싱턴주 벨링햄의 실험장에서 디젤 연료로 토양을 오염시켰다.[4] 농도는 엑슨발데즈 유조선 유출 사고 당시 알래스카 해변의 오염도인 2만 피피엠과 비슷하게 맞추었다. 스타메츠가 균사체를 접종한 나무 조각으로 뒤덮은 구역에는 4주가 지나자 균류가 번성했다. 여전히 죽어 있고 시커멓고 악취가 나는 대조군 흙더미와 달리, 스타메츠의 흙더미는 연갈색에 향기가 나고 버섯이 풍성하게 자랐다. 버섯을 먹는 곤충이 씨앗 섞인 똥을 떨구는 새를 끌어들였고, 9주 뒤에는 식물 군락이 번성했다. 다환방향족탄화수소(벤젠고리로 이루어진 유기화합물로, 화학연료나 유기물의 불완전 연소 부산물로 발생하는 대표적인 환경오염 물질—옮긴이)는 200피피엠 이하로 떨어졌다.

이제는 균류가 플라스틱과 콘크리트만 먹어 치울 수 있으면 된다!

저녁 식사로는 냉동고에 마지막으로 남은 사슴 어깨살과 절구무당버섯을 구워 로즈힙 퓌레, 울렉스 꽃 식초, 야생 풋사과 소스로 요리했다. 익히지 않은 비프스테이크와 그물버섯, 야생 사과, 블랙베리 식초, 남은 어수리 싹 절임 기름으로 만든 버섯 샐러드도 곁들였다.

'비프스테이크'라고 해도 소고기는 아니다. **소혀버섯**은 가이아 소속 셀룰로오스 재활용 팀의 일원으로, 스코틀랜드에서는 주로 오래된 참나무에서 발견된다. 게저가 오늘 이 버섯을 세 개 따 왔다. 스페인에서는 밤나무에 자란 것도 보았지만, 스코틀랜드에서는 밤나무 자체가 드물고 너무 북쪽이라 열매도 잘 맺히지 않는다. 소혀버섯은 여러 나라에서 멸종 위기종으로 지정되어 있으며 대부분의 대형 균류와 마찬가지로 죽어가는 고목에 서식한다. 영국에서는 조금이라도 감염된 흔적이 보이는 나무는 보건안전청에서 일찌감치 베어 버리는데, 이런 조치는 사실 나무에 서식하는 여러 생물종의 존속을 위협한다.

내가 보기에 소혀버섯이 특히 흥미로운 점은 나무의 어떤 세포에 서식하는지에 따라 백색부후균(시링길 리그닌을 분해한다) 또는 갈색부후균(과이아실 리그닌을 분해한다)이 된다는 것이다.[5] 이 버섯이 영어로 비프스테이크라고 불리는 것은 생고기나 생간과 똑같이 생겼고, 자르면 피 같은 붉은 육즙이 나오기 때문이다. 게다가 가로무늬나 질감도 육류와 비슷하며 아홉 가지 필수 아미노산을 포함한

단백질을 함유하고 있다.[6] 그렇다고 이 버섯을 스테이크처럼 구워 먹으면 안 된다. 소금이나 글루타민산나트륨이 그렇듯 다른 식재료의 풍미를 끌어내는 버섯이니, 단독으로 조리하기보다는 리조토나 스튜에 넣는 것이 좋다. 오늘은 카르파초를 만들 때처럼 얇게 썬 다음, 갈아 낸 그물버섯과 종잇장처럼 저민 사과, 톡 쏘는 드레싱을 곁들여 먹었다.

멍하니 앉아서 사과를 먹는다. 원래 먹으려던 것보다 훨씬 여러 조각을 씹어 삼키다가 문득 한 가지를 깨닫는다. 나를 매혹하는 것은 균류와 식물만이 아니라 그들이 보여 주는 종간 역학 관계라는 사실이다. 나는 자연이란 무자비한 존재이며 적자생존과 경쟁밖에 모른다고 믿으며 자랐다. 하지만 자연은 사실 모든 인간의 모범이 되려는 것처럼 협력과 공생 관계를 훨씬 더 많이 보여 준다.

식물의 뿌리는 유익한 미생물이 함유된 지층으로 뻗어 있는데, 이 지층을 근권이라고 한다. 인체 내의 미생물 군집과 마찬가지로 식물도 미생물을 골라서 종별로 특화된 근권미생물rhizobiome을 유지한다. 근권미생물은 식물의 성장과 건강에 중요한 역할을 하며, 병원균으로부터 식물을 방어하는 데 도움을 주기도 한다. 식물은 스트레스를 받으면 식물 호르몬을 통해 근권미생물과 소통하고 토양에 생리 활성 효과를 미치는 다양한 2차 대사산물을 생성한다. 게다가 종간에는 잡음 신호도 상당량 존재한다. 식물도 수다를 떤다는 것이다!

이제는 식물계의 작동 방식에 관해 많은 것이 밝혀졌다. 현재의 농작물 생산은 토양과 미생물에 극심한 피해를 끼치고 있다. 과학자들은 현대식 농업에 근권미생물을 고려해야 한다는 시급한 필요성을 깨닫는 중이다. 땅에 화학 제초제와 살충제를 들이붓는 것은 자살 행위이며 생각보다 빠른 죽음을 불러올 수 있다.

독성 참고치reference dose란 한 사람이 건강에 뚜렷한 악영향 없이 평생 동안 매일 노출될 수 있는 화학물질 한계 추정량을 말한다. 미국 환경보호청에 따르면 글리포세이트의 인체 독성 참고치는 하루에 1.75mg/kg이다.[7] 따라서 체중이 75킬로그램인 사람의 독성 참고치는 하루에 약 131밀리그램이다.

유기농 식품과 비유기농 식품에 관한 논란을 자주 접하게 된다. 내 생각에는 결국 단순한 문제다. 여러분은 유독 성분을 먹고 싶은가? 내가 짧은 동영상을 만들 수 있게 누군가 좀 도와주면 좋겠다. 내 목표는 온라인에 널리 퍼질 만한 동영상을 만드는 것이다. 줄거리는 다음과 같다.

장면: 저녁 식탁

한 가족이 식탁에 둘러앉아 식사가 나오길 기다린다. 나는 그들에게 맛있는 유기농 음식을 대접하겠다고 말한다. 그중 한 명이 냄새가 좋긴 하지만 개인적으로 유기농 음식이 비유기농 음식보다 나을 거라 생각하진 않는다고 말한다. 다른 한 명도 맞장구치며 굳이 비싼 유기농 음식을 먹을 가치가 없다고 말한다. 나는 그저 웃어 보이며 그렇다면 비유기농 음식을 차려 오겠다고 대답한다.

카메라가 움직이면서 김이 모락모락 나는 음식 접시가 화면에 나타난다. 정말로 음식 냄새가 느껴질 듯이 먹음직스러워 보인다.

나는 그들 앞에 각각 개인 접시를 놓는다. 다들 기분 좋게 음식을 쳐다본다. 그때 내가 각 개인 접시 앞에 작은 유리잔을 두 개씩 내려놓는다. 잔마다 약간의 액체가 들어 있다. 그들이 의아해하며 나를 바라본다.

"이게 뭐죠?" 그들이 묻는다.

"안전하다고 인정받은 만큼의 농약이에요"라고 나는 유리잔을 가리키며 대답한다. "이쪽 호박색 잔은 제초제고요. 일명 '라운드업'으로 알려진 글리포세이트 131밀리그램이지요. 여러분의 음식 위에 부어서 드세요."

카메라가 그들의 얼굴을 비춘다. 다들 가만히 앉아 있다. 그중 누구도 자기 음식에 화학물질을 부으려 하지 않는다.

누구든 그럴 것이다.

전 세계에서 매년 3억 8500만여 건의 의도치 않은 급성 살충제 중독이 발생하고 있으며, 이로 인해 약 1만 1000명이 사망한다.[8] 나는 유기농 식품을 구입하는 것이 개인의 선택이어서는 안 된다고 생각한다. 모든 식품은 인간과 토양, 곤충, 동물, 생물권에 해를 끼치지 않고 생산되어야 마땅하다.[9] 그 밖의 다른 조치는 차별일 수밖에 없다. 가난한 이들에 대한 부자들의 차별, 도시와 시골 모두에 존재하는 식량 사막에 갇힌 이들에 대한 차별. 인스턴트 음식점과 편의점에는 진짜 영양소가 없다. 칼로리만 있을 뿐이다.

유기농 식품 생산으로는 전 세계를 먹여 살릴 수는 없으며 굶어 죽는 사람이 생길 거라고 주장하는 이들도 있지만, 현재의 농작물 재배 시스템도 죽음을 불러오기는 마찬가지다. 서서히 중독되는 것은 죽음의 또 다른 방식에 지나지 않는다. 토양이 죽고 바다가 죽으면 우리에겐 무엇이 남을까? 재래종 식물과 그 뿌리줄기의 박테리아를 활용한 정화 프로젝트로 폐광산 지역을 복원할 수 있다. 지구가 훼손되긴 했지만 아직 전부 다 잃은 것은 아니다. 개척종 식물은 지구를 치유하는 임무를 수행하고 있다. 쐐기풀, 엉겅퀴, 소리쟁이 같은 잡초는 콘크리트를 뚫고 나올 수 있으며, 느타리버섯은 석유 찌꺼기를 분해할 수 있다. 도시의 버려진 부지는 언제나 순식간에 야생 상태로 돌아간다. 식물 군락이 뿌리를 내려 다시 토양을 조성하고 공기에 생명을 불어넣는다.

식물은 유능한 조력자인 균류와 함께 자연을 복원할 수 있고, 또 복원할 것이다. 나는 식물에 큰 희망을 품고 있다.

27장

추분

버섯 추적은 어렵고도 수수께끼 같은 일이다.
버섯을 뒤쫓는 모험은 항상 파란만장하다.

—애나 로웬하웁트 칭Anna Lowenhaupt Tsing, 《세계 끝의 버섯》

마본

9월 23일, 맥니스 우드

마본Mabon은 추분(올해는 9월 22~23일)에 열리는 이교 시대의 수확제다. 그 당시 하루를 가늠하던 방식대로 해 질 녘부터 새벽까지에 해당한다. 어두운 겨울이 다가오면서 길고 찬란하던 여름날도 쪼그라들어 낮과 밤의 길이가 같아졌다. 세상은 일시적 균형점에 이르렀지만 또다시 변화를 맞이할 준비가 되어 있다.

마본은 낙엽이 떨어지고 추운 겨울밤이 찾아올 것이니 코사가흐còsagach하려면 장롱 밑 서랍에서 스웨터를 꺼내 입어야 한다는 신호다. 이 단어는 요즘 '아늑하고 포근하며 따뜻하고 안전한'을 뜻하는 스코틀랜드 게일어라고 알려져 있지만, 사실 아이러니하게도 '축축하고 이끼 낀 틈새'를 뜻하는 코사그còsag에서 유래했다. 아마도 사나운 날씨를 피할 은신처를 가리키는 말이었으리라. 마본을 대체하여 도입된 기독교 수확제는 한가윗날(올해는 이틀 전이었다)과 가장 가까운 일요일에 열린다.

하지만 아직 겨울은 오지 않았고, 겨울 전에는 풍요의 계절인 가을이 찾아온다! 열매, 견과류, 식물, 버섯을 수확하여 겨울나기 저장고를 채울 시간이 아직 두 달 남았다. 찬장은 이미 산울타리의 풍성한 수확물을 담은 병, 깡통, 봉지로 가득하다. 채취인에게는 일 년 중 가장 바쁜 시기다. 겨울이 곧 다가오리라는 사실을 알고 있기에 더욱 일하는 데 집중하게 된다.

일 년 동안 야생식을 먹으면서 내 채취 패턴이 달라졌음을 깨달았다. 예전에는 그냥 산책 나가서 거닐다가 샐러드나 반찬거리를 이것저것 조금씩 따오는 것으로 만족했다. 이제는 모든 산책에 목표가 생겼다. 적절한 시간과 날씨에 가방이나 바구니를 들고, 필요한 것을 충분히 수확할 가능성이 매우 높은 특정 장소로 간다. 현대의 수렵·채취 부족에 관한 연구에서 이런 방법을 읽은 적이 있다. 돌아가신 우리 아버지는 산책이 에너지를 낭비하는 '허튼 짓거리'라고 하셨지만, 결코 그렇지 않다. 덩이뿌리가 충분히 굵어지거나 열매가 무르익거나 견과류가 나무에서 떨어지면 채취인들이 곧바로 달려가서 그 모든 것을 챙겨 올 테니까.

에너지 낭비란 즉 귀중한 칼로리의 손실이다. 채취 여정은 칼로리 소모량으로 측정할 수 있다. 차로 이동할 경우 칼로리 소모량은 중요하지 않다고 생각할 수 있겠으나, 나는 '휘발유 칼로리'와 그것이 환경에 미치는 영향도 의식하고 있다. 내 채취 영역은 반경 50마일에 이르지만, 대체로 집에서 걸어갈 수 있는 범위 내의 식물만 채취하기에 20~30마일 이상 운전하는 일은 드물다. 저녁거리를 구하기 위해 1.5마일 이상 걸어야 하는 경우도 거의 없다. 1마일 걸을 때 칼로리 소모량이 100칼로리 정도임을 감안하면 왕복 300칼로리를 소모하는 셈이다.

칼로리 단위로 생각하니 관점이 달라졌다. 이제 내가 걷는 건 단지 샐러드 재료나 반찬거리를 찾기 위해서가 아니라 생존하기 위해서다. 육류 섭취를 줄이려고 노력 중인 만큼 그 밖의 음식을 충분히 섭취하는 일이 더욱 중요해졌다. 바로 이 점이 문제다. 기초 대사량은 제외한다 쳐도, 걷는 데 필요한 300칼로리를 얻으려면 식량을 얼마나 채취해야 할까?

기초대사량을 계산하려면 녹슨 수학 실력을 발휘해야 한다! 24시간 동안 기초대사율BMR을 유지하는 데 필요한 칼로리(kcal)는 다음의 공식대로 계산하면 된다.

남성의 BMR

= 66.47 + (13.75 × 체중[kg]) + (5.003 × 신장[cm]) − (6.755 × 나이)

여성의 BMR

= 655.1 + (9.563 × 체중[kg]) + (1.85 × 신장[cm]) − (4.676 × 나이)

이에 따르면, 내가 생명을 유지하는 데만(운동이나 체중 유지에 드는 칼로리는 제외하고) 하루에 1438칼로리가 필요하다. 그뿐만이 아니다. 현재 체중을 유지하고 움직이는 데 필요한 총 칼로리 섭취량을 계산할 수 있는 해리스-베네딕트 공식도 있다. 이 공식대로 계산해 보니 맥니스 우드에 다녀오는 것까지 포함해서 오늘은 2026칼로리가 필요하다는 결과가 나왔다.

점점 더 호기심이 커진다. 나는 지금까지 성공적으로 체중을 감량했지만 그것도 한계가 있을 것이고, 맷은 이미 마른 체형이다. 야생식을 하면 체중이 줄어드는 이유를 보여 주는 연구들이 있다. 여기서는 모든 음식을 100그램 기준으로 계산하겠다.

제철에 느타리버섯이 자라는 나무를 발견하면 버섯 2킬로그램을 딸 수 있다. 찾아보니 느타리버섯은 100그램당 33칼로리와 단백질 3.31그램을 함유하고 있다.

우엉 뿌리를 캐내어 날로 먹으면 72칼로리와 단백질 1.53그램을 섭취할 수 있다. 익혀 먹으면 88칼로리와 2.09그램의 단백질을 섭취할 수 있다.

야생 물냉이는 개울에서 자란다. 슈퍼마켓에서 파는 한 봉지 분량의 물냉이에는 11칼로리와 2.3그램의 단백질이 들어 있다.

이제 세 가지 식재료가 생겼다. 최대한 우겨 넣으면 한 끼에 느타리버섯 250그램, 물냉이 150그램, 우엉 뿌리 150그램 정도는 먹을 수 있다. 배 터지게 먹을 분량이지만 열량은 231칼로리에 불과하다. 아침, 점심, 저녁 세 끼를 똑같이 먹으면 693칼로리가 된다. 사과 한 개는 61칼로리이므로, 아직 사과가 제대로 익지는 않았지만 하루에 세 개씩 먹는다고 계산해 보겠다.

이제 876칼로리에 이르렀지만, 목표인 2026칼로리까지는 아직도 1150칼로리가 부족하다.

야생동물의 고기는 100그램당 150칼로리와 단백질 30그램이 들어 있다고 한다. 그렇다면 하루 세 끼 고기를 먹더라도 내게 필요한 칼로리를 못 채울 것 같다. 우리 조상들의 실제 칼로리 섭취량에 관한 연구가 잘못된 건 아닐까? 사실 나는 지금 제법 건강하다고 느끼는데 말이다!

참을 수 없는 유혹

9월 24일, 데이질리아

엘라와 함께 지낸 지 얼마 안 되어, 내가 유혹을 물리치고 야생식을 고수할 만큼 자제력이 강해졌다는 사실을 깨달았다. 지금까지는 게저 혼자 쓰는 냉장고가 따로 있었기 때문에 물리칠 유혹이랄 게 거의 없었다.

하지만 오늘 엘라와 나는 버터와 크림을 넣고 요리하지 않으면 안 될 것 같은 거대한 덕다리버섯을 발견했다. 나도 이번만큼은 유혹에 굴복하기로 한다. 맛 좋은 덕다리버섯을 잘게 썬 양파와 함께 버터로 볶고 마지막에 사워크림을 살짝 넣는다. 나도산마늘 소금으로 간을 하니 기막힌 진수성찬이 완성된다.

나머지 식사는 완벽한 야생식임에도 불구하고 죄책감이 몰려오지만, 그래도 즐거움이 더 크다. 결국 이번 야생식의 해는 내가 여성 베어 그릴스임을 증명하려는 게 아니라 위기 상황에서 야생식만 먹고도 건강하게 지낼 수 있음을 보여 주려는 것이었으니까, 하고 나 자신을 설득해 본다. 내가 이미 10개월이나 참아 왔다는 걸 감안하면 단것이나 간식은 충분히 물리칠 수 있겠지만, 숲에서 갓 딴 부드러운 잎새버섯은 금욕을 고집하기에는 너무 희귀하고 맛있는 식재료다.

우리는 저녁을 먹으며 신문 기사에 관해 얘기한다. 올겨울 식품 가격이 5퍼센트나 오른다지만 덕다리버섯, 늦게 난 쐐기풀 잎, 연한 별꽃은 여전히 누구에게나 공짜다!

28장

야생의 치유

한편 기러기들은 다시 고향을 향해
맑고 푸른 하늘 높이 날아가고 있네.
네가 누구든, 얼마나 외롭든
세상은 너의 상상력 앞에 자신을 내주고,
기러기처럼 사납게 들떠 너를 부르며,
세상 만물 가운데 너의 자리를
몇 번이고 알려 주지.

—메리 올리버, 〈기러기〉

버섯 지도

10월 9일, 비크레익스

오늘은 토요일이다. 이제 7주밖에 남지 않았다. 야생식의 해가 끝나간다는 게 믿기지 않는다. 상자 안에서 물러져 가는 사과 상태를 확인할 때마다 마감일을 상기하게 된다. 오래 보관하려면 아무래도 나무 선반으로 옮겨야겠다. 냉장고에 공간이 많지 않을 때 사과를 보관하는 최선의 방법이다. 겨울을 대비한 식량 보존 작업이 시급하지만 냉동고는 이미 꽉 차 버렸다. 블랙커런트가 다 익어서 따다 말리거나 무설탕 잼을 만들어야 하는데. 그래도 친구들이 선별 작업을 마치고 가져다 준 커다란 다마사슴 도가니를 둘 공간은 확보했다. 냉동고에 들어가지 않는 나머지 부위는 집을 나서기 전에 허둥지둥 양념장에 재워 둔다. 나중에 말려서 사슴 육포를 만들 것이다.

물론 이제는 아무래도 상관없는 일이다. 7주 뒤에는 내가 먹고 싶은 것은 무엇이든 먹을 수 있을 테니까. 하지만 이런 생활 방식에 워낙 익숙해진 상태라 예전으로 돌아가고 싶지 않을지도 모른다. 가끔 어지럽기는 하지만, 날씨가 좋든 나쁘든 **무조건** 산과 들을 돌아다녀야 하는 지금 기분이 매우 좋고 유례없이 건강하며 그 어느 때보다 행복하다. 현재 내 체중은 78.3킬로그램이다. 76킬로그램이 되면 체질량 지수도 정상 범위에 접어들 것이다. 나는 튼튼하고 자립적이고 강인하며, 내가 속한 세계와 조화를 이룬다고 느낀다. 지금까지의 여정을 끝낸다는 건 생각하기도 싫은 일이다.

일기예보에선 비가 온다고 하지만, 가이아는 오늘 기분이 좋아 보이니 괜찮을 것이다. 나는 숲의 일부를 빙 돌며 걷는다. 이 구역은 속속들이 알고 있어서 머릿속으로 되짚어 볼 수도 있다. 길이 굽어지는 곳, 걸려 넘어질 수 있는 나무뿌리, 도랑과 늪지대 하나하나가 익숙하다. 무엇보다도 나는 나무와 그 아래 사는 생명체들을 잘 알 뿐만 아니라 땅속까지 훤히 들여다볼 수 있다. 8월에 토스케이그 부두에서 고등어를 낚으며 닉에게 말했던 것처럼 숲 전체를 레이어로 투시하는 셈이다.

이 숲에서 10년 동안 버섯을 땄더니 내가 채취한 모든 버섯 균사체의 범위를 '볼' 수 있게 되었다. 내가 딴 버섯 하나하나가 머릿속 지도에 중간 기착지를 표시하는 점으로 남았고, 오랜 기간에 걸쳐 점점 더 점들이 늘어나면서 마침내 시야가 완성되었다. 나는 심지어 버섯이 없는 시기에도 균사체를 '볼' 수 있다. 서로 겹치는 동시에 뚜렷이 구분되고, 균사체 전체를 통해 파동 신호를 보내는 각각의 솜털같은 신경망들. 마치 상대가 말하려던 것을 내가 먼저 말해 버릴 만큼 서로를 잘 아는 오래된 연인과의 관계 같다. 집단 무의식의 놀라운 동시성이다.

구불구불한 오솔길을 따라 걸으며 버섯 하나하나에 차례로 인사를 건넨다. 사람들에게 이상해 보일까 봐 대체로 속으로만 인사하지만, 이곳에 있다는 기쁨이 솟구친 나머지 나도 모르게 "안녕!" 하고 소리 내어 말하기도 한다. 버섯들이 내가 올 것을 알고 다시 만나 반갑다며 보물을 잔뜩 내놓은 것 같다. 나는 숲속으로 더 깊이 들어간다.

단단한 그물버섯, 섬세한 고동색우산버섯, 주황색 솔송나무젖버섯, 먹물버섯, 자주졸각버섯, 갈색그물버섯, 턱수염버섯, 깔때기뿔나팔버섯에 기묘하게 푸르스름한 하늘색깔대기버섯까지 한 줌 따서 돌아온다. 저녁 메뉴는 큰 봉지 가득 채취해서 냉장고에 싱싱하게 보관해 둔 갯근대다. 다마사슴 기름(큰 통 가득 받아놓았다)에 살짝 볶은 깔때기뿔나팔버섯, 얇게 썰어 쌉쌀한 로즈힙 퓌레를 발라 구운 사슴고기로 맛있는 식사가 완성된다.

바닷가에서의 대화

10월 10일, 사우스 퀸즈페리

사촌인 펠리시티와 함께 사우스 퀸즈페리 해변을 걷는다. 정말 오랜만이다. 우리는 1마일쯤 걷다가 왕좌처럼 웅장하게 풍화된 화산암에 걸터앉아서 가족, 노화, 죽음에 관해 이야기한다. 자작나무 한 그루를 둘러싸고 솟아난 오래된 너도밤나무 숲이 떠오른다. 펠리시티는 죽어가는 양치류 가운데 아직도 점점이 발랄한 보랏빛 꽃을 피우는 헤더가 떠오른다고 말한다. 내 마음속의 치유되지 않은 상처와 용서를 생각한다. 내 어린 시절의 많은 상처가 가이아와의 연결을 통해 치유되었으며 지금만큼 그 연결이 끈끈했던 적이 없다는 걸 깨닫는다. 어디선가 누군가에게 이런 말을 들은 적 있다. "아이가 열 살이 되기 전에 자연에 대한 사랑을 일깨워 주면 그 아이는 평생 자연을 사랑하게 될 것이다." 그 사람의 말이 맞았다. 자연은 나의 구원이었다.

우리는 집으로 걸어오면서 길가에 버려진 플라스틱 쓰레기를 줍는다. 문득 거대한 **큰 갈대버섯아재비** 두 개가 눈에 들어온다. 여벌 버섯 주머니에는 이미 쓰레기를 담은 터라 버섯은 내 카디건에 감싸서 아기처럼 안고 다니기로 한다.

내가 외출한 동안 맷 혼자 채취하러 가서 커다란 바구니 가득 버섯을 따 왔다. 그물버섯, 꾀꼬리버섯, 솔송나무젖버섯, 자주졸각버섯, 청머루무당버섯, 두 종류의 해그물버섯, 그리고 말불버섯까지. 맷은 버섯 하나하나의 무게를 재고 우리가 채취한 모든 음식을 정리해 둔 스프레드시트에 상세 정보를 추가한다.

저녁 식사로는 맷이 큰갈대버섯아재비 커틀릿에 해그물버섯 볶음을 차린다. 거기에 차가운 다마사슴 어깨살 구이, 엘더베리 폰택 소스, 갯근대도 곁들인다. 얼마 전에 갯근대를 한 봉지 가득 따 놓았다. 두툼한 갯근대 잎은 지난여름 한 달 내내 먹었던 퉁퉁마디처럼 냉장고에 아주 오래 보관할 수 있다.

몸무게

10월 12일, 데이질리아

지금 내 체중은 76.7킬로그램이다. 야생식의 해를 시작한 뒤로 정확히 31킬로그램이 줄었다. 살짝 느슨해진 피부를 탱탱하게 당겨 주려고 레이디스 맨틀 오일을 사용하는 중이다. 정말로 효과가 있다! 야생식을 시작한 게 결코 체중 감량 때문은 아니었지만 결과적으로 만족스럽긴 하다. 내가 체중 때문에 얼마나 우울했는지 지금까지는 미처 몰랐다. 바깥세상이나 조롱하고 욕하는 사람들 때문이 아니라 내면적으로 말이다. 정말이지 인간은 성장하기 어려운 존재다. 솔직히 나는 여러모로 40년 전보다 더 어린아이처럼 느껴진다. 하지만 마음과 달리 몸은 나이를 먹었다 보니, 거울이나 쇼윈도에 비친 내 모습을 알아볼 수 없을 때면 가슴이 살짝 아파 온다.

새들이 사라지는 세상

10월 14일, 데이질리아

고대 배설물을 조사한 결과 인류가 2700년 전에도 맥주를 마시고 블루치즈를 즐겨 먹은 것으로 밝혀졌다는 흥미로운 논문을 읽고 있다.[1] 오스트리아 알프스의 소금 광산 광부들은 '균형 잡힌 식생활'을 했으며, 청동기와 철기 시대 배설물을 분석한 결과 유럽 최초의 숙성 치즈에 관한 증거가 발견되었다고 한다.

올해 초 만든 치즈가 냉장고에 있다는 걸 항상 염두에 두고 있다. 껍질이 시꺼메진 걸 보니 안쪽이 너무 딱딱해진 건 아닌지 걱정된다. 하지만 야생식의 해가 끝날 때까지는 맛을 보지 않으려고 한다. 2700년 전에도 사람들이 발효를 통해 블루치즈를 만들었다는 사실이 놀랍진 않다. 인류 역사라는 큰 틀에서 보면 그리 오래전 일도 아니니까. 30만 년 전 조상들의 두개골 용적도 지금과 동일했으니, 컴퓨터가 존재하고 수업료를 낼 수만 있었다면 쉽게 컴퓨터를 사용할 수 있었을 것이다. 인간이 예전에도 지금 같은 지능을 지니고 있었다면 당연히 새로운 음식과 요리를 시도하고 흥미로운 식단을 실행해 보지 않았겠는가? 나뭇가지에서 거품기와 믹서까지, 가마에서 전자레인지와 수비드 기계까지 다양한 도구가 발명되면서 우리는 더욱 섬세한 기술을 사용하고 요리 방법의 한계에 도전할 수 있게 되었다. 그럼에도 여전히 우리의 호기심은 더 새로운 것을 상상해 보라고 부추긴다.

오늘은 왠지 기력이 없다. 바깥 날씨도 흐리고 춥다. 또다시 겨울이 다가오고 있음을 실감하게 된다. 겨울잠이라도 자야 하나? 아무래도 그럴까 싶다. 내가 무기력한 게 칼로리를 너무 적게 섭취해서인지 아니면 겨울이 가까워서인지 모르겠다. 암탉들은 털갈이 중이고 알 낳는 것도 멈췄다. 사방에 갈색 깃털이 흩뿌려져 있지만 닭들은 보이지 않는다!

노리가 출근길에 들러 차를 마시고 간다. 오소리 얘기가 화제에 오른다. 노리는 이 지역에 오소리가 너무 많다며, 오소리가 고슴도치와 텃새를 잡아먹어서 야생동물이 줄어들고 있다고 투덜거린다. 게다가 날씨가 건조한 탓에 지렁이도 줄어들었다. 해마다 오소리 수십 마리가 도로에서 차에 치여 죽는다. 올해 슬라마난과 리머릭 사이에서 목격한 것만 열다섯 번이나 되지만, 스코틀랜드에서는 죽은 오소리를 만지는 것조차 불법이기 때문에 사체를 활용할 수도 없다고 그는 말한다. 게다가 오소리는 땅속에 사는 아기 토끼와 말벌을 잡아먹기 위해 땅을 마구 파헤친다. 집약적 농업만 아니었다면 오소리가 이렇게까지 문제가 되진 않았을텐데, 이제는 개체 수가 너무 많아졌고 점점 더 늘어나는 추세다. 10년 전만 해도 이끼 속에 마도요, 댕기물떼새, 종다리가 살았지만 지금은 모든 도요새 종류가 사라졌다. 해마다 오소리가 새 둥지를 습격한다면 결국은 조류 전체가 줄어들 것이다. 나는 요즘 오소리를 거의 보지 못한 터라 노리의 이야기에 깜짝 놀랐다.

노리 말로는 작년 이맘때엔 찌르레기가 잔뜩 내려앉아서 전선이 축 처질 정도였는데, 올해는 스칸디나비아에서 철새가 도착하고 있는데도 아직 찌르레기 둥지조차 못 봤다고 한다. 찌르레기 떼가 예전과 같은 지역에 예전만큼 많이 출몰하는지 물어보니 확실히 수가 줄었고 지난 일 년 간은 아예 보이지도 않았다는 대답이 돌아온다.

노리는 민달팽이 퇴치용 펠릿 남용과 장구벌레 살충제 때문이라고 말한다. 새들이 수면에 떠오르는 펠릿을 쪼아 먹고 죽는다는 것이다. 노리가 어렸을 때는 지금처럼 펠릿이 남용되지 않았는데, 이제는 구석구석 펠릿을 뿌려 대는 농장이 많다고 한다. 노리네 집 뒤로 펼쳐진 들판에서는 찌르레기와 갈까마귀가 장구벌레를 잡아먹곤 했지만 이제 그 새들은 전부 사라져 버렸다. "어린 시절 이후로 세상이 너무 많이 변했어요." 그가 슬픈 목소리로 말한다.

끝이 보인다

10월 15일, 데이질리아

아침 식사 준비를 계속 미루는 중이다. 음식은 많이 있다. 정확히 말하면 버섯과 고기는 많지만 딱히 먹고 싶지가 않다. 녹색 푸성귀가 넘쳐 나던 시절이 정말 그립다. 이런 기분이 아주 오래(그러니까 겨울 내내) 지속되리라는 걸 알기에 더욱 그렇다. 아이러니하게도 6주 뒤면 야생식의 해가 끝나고 내 서약도 만료될 것이다. 한 해를 더 이렇게 지내라고 해도 충분히 가능할텐데 말이다!

하지만… 이맘때쯤이면 기뻐 날뛰고 있을 줄 알았는데? 결승점이 코앞이면 마음이 후련해야 하지 않나? 희한하게도 다사다난했던 한 해를 마무리할 생각을 하니 무척이나 섭섭하다. 체중, 기분, 체력을 기준으로 판단하면 야생식은 내 몸에 잘 맞는다. 커피와 초콜릿처럼 아쉬우리라고 생각했던 것들도 딱히 아쉽지 않다. 그저 식재료가 몇 가지 더 있었으면 좋겠다고 바랄 뿐이다(특히 겨울에는). 주키니, 브로콜리, 올리브, 피망 같은 아삭한 채소나 치폴레 고추 같은 고급 식재료가 아쉽긴 하다. 감자, 빵, 파스타는 영원히 안 먹어도 될 것 같아서 기쁘다. 냉장고에 갯근대가 아직 조금 남긴 했지만 오래 가진 않을 것이다. 나를 둘러싼 초록색 자연이 밤색, 금색, 갈색으로 변해 가고 있다.

마음속에 채취인의 낙원을 그려 본다. 채소가 넘쳐 나는 곳이리라. 아주 큼직한 것들로!

버섯과 젠더

10월 22일, 스털링

게저와 함께 스털링대학 캠퍼스 뒤쪽 숲으로 채취하러 간다. 하지만 플라타너스 숲이라서 먹을거리가 없다. 구글 어스로 새롭게 찾은 곳이다 보니 이곳엔 **그야말로** 플라타너스만 있다는 걸 몰랐다. 그래도 정말 아름답다. 숲은 가을의 현란한 황갈색, 주황색, 황토색으로 불타오르고 있다. 번식 중인 균류로 가득한 흙냄새가 부끄러움도 없이 내 콧구멍 속으로 스며든다. 말 그대로 균류의 짝짓기 냄새다.

우리는 인간만이 향수를 뿌린다고 생각하기 쉽지만, 사실 모든 동물은 향수를 뿌린다. 꽃은 향기로, 포유류는 사향으로 짝짓기 상대를 유혹한다. 해초의 유주자(편모를 이용해 물속을 헤엄치는 포자—옮긴이)는 여름 바다에서 수정할 난자의 냄새를 찾아다닌다. 균류라고 예외일 수는 없다. 놀라운 향과 풍미로 유명한 송로버섯은 땅속 깊은 곳에서 자라는데, 토양이 냄새를 차단하기 때문에 적당한 짝을 찾기가 어렵다. 송로버섯이 풍부한 이탈리아에서는 채취인들이 암퇘지를 이용해 이 버섯을 찾는다. 이 영리한 땅속 균류가 발정기 멧돼지의 고환 냄새를 모방하기 때문이다. 그 냄새를 좋아하는 암퇘지는 인간을 위해 열심히 송로버섯을 파낼 것이다.

내가 최근에야 알게 된 사실이 있다. 3만 6000종에 달하는 다양한 균류가 완벽한 짝을 찾기 위해 서로 다른 향기 화학물질을 방출하여 자기 선전을 한다는 것이다. 치마버섯, 먹물버섯, 재먹물버섯 등 수천 가지 버섯에는 각각 자기만의 짝짓기 방식이 있다. 그렇다면 버섯에서 나는 냄새도 그만큼 다양할까?

예전에 읽은 흥미로운 글이 생각난다. "균류학은 본질적으로 패러다임에 도전하고 규범을 해체하는 과학이며, 동식물과 헤테로 짝짓기 시스템에 관한 우리의 이분법적 관념을 뒤흔든다. 균류 세포의 거미줄 같은 네트워크는 기질substrate을 통해 확장되어, 성관계를 수행하고 영양분을 구하며 다양한 종과 계의 공생 관계를 구축한다."[2] 정말 그렇다. 버섯은 예상 가능한 모든 행동 패턴을 꾸준히 전복시키는 놀라운 존재다!

버섯의 생물학을 탐구하면서 젠더와 생물학적 성별을 둘러싼 최근의 논의를 더 깊이 생각해 보게 되었다. 요즘은 링크드인과 인스타그램에서 젠더 인칭대명사를 사용할 수 있게 되었는데, 나는 지금까지 딱히 편견은 없었어도 그런 게 무슨 의미인지 잘 몰랐다. 하지만 많은 사람이 이 문제를 중요시하는 만큼 나 역시 그것이 중요한 이유를 이해하고 싶어졌다. 돌이켜보면 내가 어렸을 때는 '의사 선생님' '변호사 선생님' '은행장님'이라고 하면 당연히 남자일 거라고 생각했다. 초창기 페미니스트들은 chairman(회장)을 the chair로, policeman(경찰관)을 police officer로 부르기 위해 싸웠다. 기존의 호칭은 여성을 배제하고 소외시켰기 때문이다. 나는 혼인 여부와 상관없이 모든 여성을 가리키는 호칭인 미즈Ms.가 공식적으로 쓰이기 시작한 해에 결혼했다. 그때까지 여성은 직장에서나 사회에서나 혼인 여부에 따라 대우가 달라지는 경우가 많았다. 게다가 남들이 멋대로 추측할 때마다 바로잡아 주기도 피곤했다.

젠더 인칭대명사 논쟁의 요점이 중립적 언어를 사용함으로서 함부로 추측하거나 무의식중에 편견을 드러내지 말자는 것임을 이제는 이해한다. 중요한 지점을 분명히 드러내기 위해 큰 진폭을 감수해야 하더라도, 추가 다시 가운데에 도달할 때면 보다 균형 잡히고 편견이 덜한 사회에서 살아가기 위해 노력한 보람을 느낄 것이다. 남들을 이해하려는 노력은 다소 힘겨울 수 있지만, 선입견과 달리 우리를 자유롭게 해방시킨다. 연민과 공감이 우리를 공생의 시대로 이끌 것이다!

앞으로는 나를 가리킬 때 '그녀she/그들they'이라는 대명사를 의식적으로 쓰려고 한다.

오늘 밤은 곱씹어 보아야 할 새로운 생각들이 머릿속에 가득해서 잠이 오지 않는다. 새벽 3시에 눈이 뜨인다. 곧 동이 트려고 하나 보다. 아니다. 잘 보니 저 멀리 시내 위를 맴도는 광공해일 뿐이다. 12년 전 언덕 위에 이 집을 지었을 때보다 훨씬 더 심해졌다. 신축 주택단지를 만들고 새집 수천 채를 지으면서 시내가 빠르게 확장되어서다. 내 방의 동향 창문은 밤이면 별빛과 이따금 달빛만 비칠 뿐 깜깜했지만 이제는 늘 환하다. 아무래도 그냥 커튼을 달아야겠다.

이런 현상이 우리의 생체 시계에 어떤 영향을 미칠지 모르겠다. 지난 1월에 영국불안증협회 회원과 후원자 1200명이 참여한 설문조사 결과가 발표되었는데, 참여자의 62.7퍼센트(770명)가 현재 수면 부족을 겪고 있으며 34.4퍼센트(423명)는 지금은 아니지만 과거에 그런 적 있다고 답했다. 수면 부족을 겪은 적이 없다고 답한 사람은 2.9퍼센트(36명)뿐이었다.[3]

반가운 손님

10월 23일, 트레벌렌

아침에 창밖으로 심하게 절뚝이며 걷는 양 한 마리가 보였다. 농부 랍에게 문자를 보냈더니 아들이 곧 보러 갈 거라고 답이 왔다. 랍의 아들이 내려와서 양에게 항생제를 투여한다.

크리스티나와 마야를 만나러 시내로 차를 몬다. 정말 오랜만이다. 브리기스 힐을 내려오는 길에 언제나처럼 호장근 덤불이 홀로 서 있던 자리를 확인한다. 지난겨울에 죽었나 보다. 누가 씨앗을 뿌린 흔적은 없지만 어쨌든 올봄에는 싹이 나지 않았다. 40일 넘게 눈이 내렸으니 억센 호장근도 버틸 수 없었으리라.

많은 사람이 외래종을 혐오하지만, 어쩌면 그중 몇몇은 조상들의 약속대로 딱 우리에게 필요한 시기에 찾아온 선물일지도 모른다. 호장근, 알프스민들레, 질경이, 회전초는 이 시대에 꼭 필요한 약초다.

사랑스러운 마야는 이가 나는 중이라 문자 그대로 침을 질질 흘린다. 마야가 씹을 수 있게 감초 뿌리 조각을 가져올 걸 그랬다. 마야는 빨간 바탕에 흰 물방울무늬가 있는 손뜨개 후드 원피스를 입고 내가 버섯과 자기 이름을 수놓아 준 카디건을 걸쳤다. 하루빨리 커서 함께 채취하러 갈 수 있으면 좋겠다. 마야는 이미 크리스티나가 화분에 심어 둔 온갖 식물에 매혹되어 기회만 있으면 잎사귀를 꽉 움켜쥔다. 창밖을 열심히 내다보며 낡은 벽돌담 위로 바람에 나부끼는 마지막 덩굴장미를 바라보기도 한다. 아이들이 이처럼 주위의 자연에 본능적으로 관심을 보이는 것은 너무나 자연스러운 일이며, 많은 사람이 더 이상 그런 경험을 하지 못한다는 것이야말로 비극적인 현상이다. 작가이자 저널리스트인 리처드 루브는 자연 결핍 장애에 관한 저서 《자연에서 멀어진 아이들》에서 "요즘 아이들은 아마존 열대우림에 관해 말할 수는 있어도, 최근에 홀로 숲을 탐험하거나 들판에 누워 바람 소리를 듣고 구름의 움직임을 관찰했던 경험은 말하지 못한다"라고 지적한다.[4]

장수의 비결

10월 24일, 데이질리아

내 생일이다! 나는 오늘 자정을 조금 넘긴 12시 14분에 쉰여덟 살이 되었다. 이맘때면 서머타임이 끝나니까 실은 어제 그리니치 표준시 23시 14분에 태어난 셈이다. 열여덟 살 때 한 이웃이 내 천궁도를 작성해 주면서 알게 된 사실인데, 덕분에 그 뒤로 이틀씩 생일을 즐길 수 있게 되었다! 누가 이렇게 좋은 기회를 놓치겠는가?

쉰 살이 넘어서 아쉬운 점은 딱 하나뿐이다. 인생의 절반이 지나갔다는 사실을 받아들여야 한다는 것! 우리 집안이 장수하는 편이긴 해도 내가 백열여섯 살까지 살지는 못할 테니까. 우리 할머니는 백 살 생일을 다섯 달 앞두고 아흔아홉 살에 돌아가셨고, 다른 친가 친척들도 대부분 아흔 살 넘어 돌아가셨다. 내 두 다리로 철조망을 넘어갈 수 있는 한 백 살까지는 살았으면 좋겠다. 우리 증조할머니 메이블은 거의 백세 살까지 사셨다. 아직도 그분의 얼굴이 생생히 기억난다. 1871년생인 증조할머니는 뮤즐리와 냉수 샤워, 아침 식사 전 달리기를 좋아하셨다. 그리고 균형을 맞추기 위해 저녁 식사를 마치면 담배도 피우셨다! 언젠가 증조할머니를 뵙고 온 후 그분 생전에 세상이 얼마나 변했는지 아버지에게 들은 적 있다. 내가 살아갈 시대에는 그렇게 많은 변화가 일어나진 않을 거라고 생각한 기억이 난다. 물론 이후로 엄청난 변화가 있었지만 말이다. 휴대폰과 소셜 미디어 이전과 이후의 세상은 하드리아누스 장벽의 안과 밖만큼 완전히 달라졌다.

사람들은 금세기 들어 수명이 극적으로 늘어났다고 생각하지만, 사실 그것도 정체되는 추세다. 통계청의 1월 보고서에 따르면 "최근의 기대 수명 통계를 살펴보면 2011년 이후 향상세가 계속 둔화되고 있으며, 2018년부터 2020년까지 출생한 이들의 기대 수명은 남성 79.0세, 여성 82.9세로 나타났다".[5] 우리는 흔히 석기시대 사람들이 전부 40대쯤 사망했을 거라고 생각하지만, 실제로는 그렇지 않았다. 평균수명과 노년기 사망률은 관련이 없다. 다시 말해 조기 사망을 제외하고 비교적 자연적인 원인으로 사망하는 사람들의 평균수명은 얼마나 될까? 조기 사망이란 영아 사망, 불안정한 식량 공급, 사냥 사고, 심한 부상 또는 전쟁 등으로 죽은 경우를 뜻한다. 이를 넘기고 살아남은 사람들은 대체로 노년기까지 살 수 있다. 현대사회와 거의 접촉하지 않고 수렵 · 채취 생활을 유지해 온 8개 집단을 대상으로 한 연구 결과에 따르면, 하자족을 비롯한 일부 집단의 평균수명은 조기 사망을 제외하면 78세에 이르는 것으로 나타났다.[6] 한편 글래스고 주민의 기대 수명은 여전히 78.3세에 불과하다![7] 설상가상으로 스코틀랜드 국립통계청이 지난 1월 발표한 통계에 따르면 글래스고 남성의 건강 수명은 54.6세에 불과하다고 하니, 이후로 사망하기까지 몸이 불편한 시기가 23.7년이나 되는 셈이다.[8] 현대의 수렵 · 채취인 여성에 관한 또 다른 연구에 따르면 이들의 기대 수명(현재 20세 기준)은 폐경 이후 20~30년, 즉 65세에서 80세까지다.[9] 어쩌면 폐경기는 우리가 할머니 노릇을 할 수 있도록 진화한 특성일지도 모른다. 인간 외에는 그 어떤 육상 포유류도 폐경을 겪지 않으니까.

위생 시설이나 깨끗한 물이 없고 녹색 채소도 구하기 힘들었던 초기 도시의 인구 과밀은 대규모 질병과 그에 따른 평균수명 저하로 이어졌다. 하지만 메이블 증조할머니가 태어난 빅토리아시대 중기(1850~1880년)에는 도시인들이 오늘날만큼 오래 살면서도 암, 심장병, 뇌졸중, 호흡기 질환 등의 퇴행성 질환은 10퍼센트 정도 **적게 겪었던** 짧은 식생활 황금기가 있었다. 이 30년을 다룬 어느 연구에 따르면 "한 세대 전체가 그 어떤 근대국가에도 유례가 없을 만큼 건강하게 자라났다"라고 한다.[10] 국민건강보험과 수술, 감염 관리, 약물 분야의 의학적 발전이 이루어지기 이전이었다는 점에서 더욱 놀라운 이야기다.

이 시기 사람들은 말하자면 영국 버전의 지중해식 식단을 섭취했다. 매일 기차에 실려 도시로 수송된 대량의 싱싱한 채소, 풀을 먹인 소고기와 양고기, 생우유와 유제품, 생선, 귀리, 현대의 슬라이스 식빵을 탄생시킨 '혁신적인' 콜리우드 제빵 공정 이전의 빵을 먹었다. 또한 어디든 걸어 다녔기에 신체 운동량도 많았다.

그러나 현재 우리의 상황은 위태롭다. 비만 증가와 그에 따른 건강 문제로 인해 수명 연장은 지연되고 있으며, 우리 자녀 세대는 인류 역사상 최초로 부모 세대보다 수명이 짧은 세대가 될 것이다. 식습관과 생활 방식이 크게 바뀌지 않는 이상 인류는 이미 한계에 도달한 듯하다. 이제 중요한 질문을 던져야 한다. 제약회사가 기적을 일으키기만을 바라며 기다릴 것인가, 아니면 우리 스스로 조치를 취할 것인가? 안타깝게도 기후변화, 환경오염, 멸종, 이주 등 사회의 주요 문제 해결에서 우리는 지금까지 형편없이 서툴렀다. 하지만 식습관 변화는 우리 모두가 어느 정도는 조정할 수 있는 부분이다.

지난 몇 년간 나는 조지아와 안데스산맥처럼 서로 멀리 떨어져 있는 세계 여러 지역에서의 장수와 식습관의 연관성에 관한 글을 두루 읽어 보았다. 하지만 이런 지역의 식단을 살펴봐도 장수의 비결은 좀처럼 드러나지 않는다. 해당 지역 노인들 중에는 고기나 생선을 먹는 사람도 있었고 안 먹는 사람도 있었다. 그들은 모두 신체 활동을 활발히 하는 듯했다. 담배를 피우고 술을 마시는 사람도 있고 그렇지 않은 사람도 있었다.

이들의 장수를 순전히 유전적 행운으로 돌릴 수도 있겠지만, 한 가지 짚고 넘어갈 점이 있다. 내가 읽은 모든 기록과 회고담과 논문에는 한 가지 공통점이 있었다. 여담이나 주석에 가깝게 보일 만큼 사소한 지점이었다. 노인들의 '식생활'에 관해 자세히 설명하고 분석한 다음 덧붙여진 부차적 내용이 하나 있었으니, **그들 모두 야생초를 채취하여 요리에 쓰거나 약차를 끓였다.** 놀라울 정도로 명백한 연결고리였다. 맷과 나는 일일 칼로리 섭취량 대부분을 '80:20 법칙(몸에 좋지 않은 음식을 20퍼센트로 제한하고 나머지 80퍼센트는 건강식을 섭취하는 것—옮긴이)'에 따르긴 했지만, 맛과 건강을 위해 야생초를 추가했다는 점에서는 그 노인들과 같았다.

식물에는 비타민, 플라보노이드, 폴리페놀, 항산화제뿐만 아니라 면역 강화, 항염, 항암 효과가 있는 화합물이 풍부하며, 향기로운 허브라면 더더욱 그렇다. 나중에 알게 된 바로는 차(특히 녹차)를 마시는 것이 중국과 일본에서 초고령층의 사망 위험을 10퍼센트 감소시킨 요인이라고 한다.

나는 허브를 한 움큼씩 사용한다. 산미나리 다발을 다져서 수프에 넣고, 로즈메리와 서양톱풀을 두툼하게 깔고 고기를 올려 굽는다. 공장 기계를 막힘없이 통과할 수 있도록 잘게 갈려서 향과 휘발성 오일을 잃어버린 허브 가루 1그램이 든 티백 대신, 직접 블렌딩한 허브 한 줌을 프렌치프레스에 넣고 차를 끓인다.

매일 음식에 허브를 넣는 것이 설사 장수까지는 아니라 해도 건강한 삶의 비결이라고 확신한다!

가을의 단상

10월 28일, 데이질리아

오늘 아침 건조기 트레이를 찾다가 상자 아래 반쯤 가려져 건조되지 않고 곰팡이가 피어 버린 밤을 한 판 발견했다. 그로 인해 곰팡이에 대한 공포가 생겼다. 징그러워서 그런 게 아니라 소중한 식료품이 상하는 게 두려워서다. 밤을 방치한 것은 정말 어리석은 짓이었지만, 할 일이 너무 많다 보니 빠릿빠릿해지기가 어렵다. 이 지역에는 견과류 나무가 거의 없기에 포커크까지 차를 몰고 가서 남은 견과류를 수확해야 한다. 이런 상황에 처하니 조상들을 더욱 존경하게 된다. 그들은 차 없이 걸어서 이동했고, 긴 겨울을 나기 위해 무거운 짐을 지고 나르거나 땅을 파고 모든 것을 묻어 두어야 했다. 그러다 보니 도보로 이동한 거리가 꽤나 길었으리라. 우리가 러닝 머신과 로잉 머신을 사용하고 조깅을 해야 그들을 따라잡을 수 있는 것도 당연한 일이다.

17년 전 내가 채취 강습을 시작했을 때, 사람들은 채취에 대한 '현재의 관심'이 지속될 거라고 생각하는지 물었다. 그 관심은 지속되었을 뿐만 아니라 이제는 야외 수영, 야외 합창 등 자연 속에서의 모든 활동에 대한 관심으로 이어졌다! 젊은 세대는 자기 신뢰와 연결성 회복을 향한 갈망을 공유하는 듯하다. 이런 갈망은 야생이라는 본질을 잃어버릴 정도로 상업화되지 않는 한 인간과 지구 모두에게 유익할 수 있다. 자연을 오락 활동으로 상품화하는 행위는 스피드 데이트로 소울메이트를 찾겠다는 것이나 마찬가지다. 최상의 연대와 사랑을 찾으려면 시간이 걸린다.

오후에는 채석장 옆 범람원으로 걸어간다. **석잠풀** 곁에 앉아서 서늘해진 가을의 마지막 햇볕을 쬔다. 석잠풀 잎은 돌돌 말리고 누렇게 변하면서 시들어 가고 있다. 올겨울 내게 영양을 공급해 줄 길고 하얗고 아삭아삭한 덩이뿌리를 부풀리는 데 모든 에너지를 투입하고 있어서다. 덩이뿌리를 날로 먹거나 볶아 먹으면 콩나물처럼 쌉싸름한 맛이 나고, 살짝 절이거나 발효시켜 먹어도 특유의 식감이 느껴진다. 알레르기와 장염을 진정시키는 효과도 있다. 석잠풀은 내게 가만히 멈춰 있으라고 일깨워 준다. 번잡한 일상의 활동을 줄이고 나 자신을 가꾸는 데 집중하라고.

"모든 것에 반응하지는 마. 너무 분주하게 살지도 마. 지금 너에게 가장 유익한 일에 집중해."

그러고는 다시 겨울을 앞두고 땅속 뿌리에 전분을 저장하는 일로 돌아간다.

자연으로의 회귀

10월 31일, 에든버러

오늘은 치유의 과정에 관해 생각하고 있다. 인간이 치유되려면 심신의 연결뿐만 아니라 자연과의 연결도 매우 중요하다. 내게 많은 것을 가르쳐 준 작가이자 약초학자 스티븐 뷰너의 말을 인용하자면, "극심하게 고통스러운 상태란 비정상적 스트레스에 대한 정상적 반응이다. 가장 심한 상처를 입은 사람들에게는 결국 자연 풍경과의 유대감이 필수적이다. 야생에는 신경 비정형을 치유하는 데 꼭 필요한 정직함과 풍요로움이 있다."[11]

페이 웰던Fay Weldon은 소설 《분열Splitting》에서 '다공성多孔性 인격'에 관해 서술한다.[12] 이는 정신적 외상으로 인해 자기 안에 여러 다른 사람이 있다고 느껴질 만큼 분열된 감정 상태를 말한다. 하지만 다중인격 장애만큼 확고한 분열은 아니다. 나는 오늘날 많은 사람이 현대 생활의 스트레스로 인해 심각하게 분열된 감정을 느낀다는 것을 깨달았다. 여기에 별도의 소셜 미디어 페르소나, 근무용 인격, 가족과 친구들을 위한 또 다른(될 수 있으면 진정한) 자아를 유지해야 하는 부담까지 더해진다. 자연은 이런 조립식 자아를 원하지 않는다. 야생은 우리의 진정한 존재, 내면의 자연스러운 상태를 일깨운다.

12세기 철학자이자 선각자였던 힐데가르트 폰 빙엔은 인간과 식물 모두 '비리디타스viriditas'에게서 양분을 공급받는다고 믿었다(진녹색을 뜻하는 비리디언viridian에서 나온 말이다). "영혼은 놀라운 감수성으로 우리의 온몸에 스며들어 생명을 불어넣는 생령의 숨결이다. 마치 공기의 숨결이 대지를 풍요롭게 하듯이 말이다. 따라서 공기는 대지의 영혼이며 대지를 촉촉하고 푸르게 만든다."[13]

우리는 누구나 **감각 게이팅**sensory gating을 한다. 감각 게이팅이란 유의미한 메시지와 무의미한 환경 자극을 분리하고 걸러 내는 과정이다. 예를 들어 여러분은 출근길에 지나치는 상점의 이름을 모두

외울 수 있는가? 관심이 없어서 잊어버린 가게는 없는가? 혹은 버스를 기다리는 동안 지나간 차들을 전부 기억할 수 있는가? 이런 식의 자동 검열이 없으면 감각 과부하로 고통받을 수 있다. 감각의 속도를 조절하지 않으면 뇌가 피로하고 혼란해지기 때문이다. 편도체는 대뇌 하부의 변연계에 위치하는 아몬드 모양의 세포 집합으로, 환경에 따른 신호와 자극을 처리한다. 그런 신호들이 위협이거나 도전인지, 얼마나 중요한지 평가한 다음 어떤 감정 반응을 나타내야 적절할지 결정하는 것이다.

지난 몇 년 동안 채취 방법을 가르치면서 특히 버섯 식별 강습에서 자주 나타나는 희한한 현상을 알아차렸다. 산책을 시작할 때는 내가 버섯을 가리켜도 알아보는 사람이 없기 마련이다. 이맘때 돋아나는 깔때기뿔나팔버섯은 더더욱 눈에 띄지 않는다. 회갈색 갓과 칙칙한 노란색 줄기가 이 버섯의 주된 서식 환경인 낙엽 무더기와 비슷한 색이기 때문이다. 그런데 한동안 땅을 응시하다 보면 갑자기 사람들이 버섯을 발견하기 시작한다. 처음에는 몇 개, 나중에는 전부 다. 그들의 인식만 제외하고 아무것도 변하지 않았는데 말이다.

하지만 내가 보기에는 일단 땅 위의 작은 식물과 균류를 찾으려고 하면 곧바로 편도체가 집중을 하게 마련이다. 방금 전까지 보이지 않던 존재가 느닷없이 '보이기' 시작한다. 편도체는 감각 정보뿐만 아니라 감정 반응도 처리한다. 내 채취 강습생들은 감각의 문이 '열리는' 경험을 하면서 감정 변화도 겪는다. 많은 사람이 기쁨의 눈물을 흘린다.

"어렸을 때 이후로 이런 기분은 처음이에요."

"네 시간 동안 메일이나 문자 생각을 하지 않았어요."

"시간이 멈춘 것 같아요."

지각력 고양에 따르는 정서적 자유를 찾으려면 아무것도 계획하거나 실행할 필요가 없다. 그저 자연 속에서 시간을 보내며 응시하기만 하면 된다.

내 딸 케이틀린은 자연 속에서의 마음챙김 방식인 소위 '삼림욕'을 가르치고 있다. 자연과 연결되어 있음을 느끼고 속도를 늦추면 긴장이 풀리고 혈압이 떨어지며 안녕감이 고양된다. 하지만 케이틀린은 자기가 치료사인 것처럼 말하지 않으려고 조심한다. "치료하는 건 자연이에요. 나는 그저 문을 열어 주는 안내자고요."

우리 사회에는 현재 지구의 상태, 불평등한 경제 체제, 바쁘고 스트레스 많은 삶, 의미 결핍, 자연과의 단절에 대한 분노와 깊은 슬픔이 만연해 있다. 이런 분위기는 지구의 물리적 · 영적 건강만큼 우리의 신체적 · 정신적 건강에도 영향을 미친다. 분노와 슬픔은 대화를 무기력하게 만들며 빈약한 예의와 겉치레를 꿰뚫고 우리의 내면을 공격한다.

우리는 비리디타스의 지혜를 배워야 한다. 일단 눈앞의 위험을 넘겼다면 자신을 갉아먹는 감정은 흘려보내고, 경험을 통해 배우며, 생명의 그물망을 통해 우리를 떠받쳐 주는 공동체와의 유대를 지켜내야 한다. 자연과 연결되는 기쁨은 영혼의 양식이다. 분노는 꼭 필요하며 마땅한 자리가 있는 감정이지만, 그 또한 행복한 마음에서 비롯되어야 한다.

6부

마지막 나날

The Wilderness Cure

29장

미래를 향한 희망

우리에게는 통찰력 깊은 타인과의 교감을 향한 거의 관능적인 갈망이 있다.
의식의 진화를 위해 애쓰는 이들과의 우정에 따르는 성취감은
거대하며 이루 말할 수 없이 감미롭다.

—피에르 테이야르 드 샤르댕Pierre Teilhard de Chardin, 《우주의 찬가Hymn of the Universe》

숲 되살리기

11월 1일, 앨러데일

오늘은 내 친구 폴 리스터를 만나서 대화를 나누기로 했다. 정말 오랜만이다. 폴은 스코틀랜드의 하일랜드에 앨러데일Alladale이라는 땅을 가지고 있다. 이맘때쯤이면 그야말로 눈부시게 아름다운 곳이다.

'조산운동'이란 두 개의 땅덩어리가 충돌하면서 산맥이 형성되는 것을 가리키는 용어다. 이아페투스 대양이 닫히면서 로렌티아, 발티카, 아발로니아 대륙이 충돌했을 때 칼레도니아 조산운동이 일

어나 스코틀랜드 고지대 산맥을 밀어 올렸다. 산맥 아래 서 있자니 전신이 떨리도록 깊은 경외감이 밀려온다. 4억 년 전 화강암 덩어리에서 깎여 나온 이 장엄한 산봉우리들은 불멸의 존재처럼 보인다.

이곳에 위치한 산장, 앨러데일 로지와 데이니히 로지의 중간쯤인 한 지점에 서면 폴이 앨러데일에서 무엇을 할 생각인지 이해할 수 있다.

아빈 얄린 뵈어 위로 솟아오른 안 글라인 모에서 남서쪽을 바라보면 베인 데렉(고도 1084미터), 코나 베알(고도 978미터), 메알 난 케프라이헤안(고도 977미터) 등 거대한 산이 줄줄이 우뚝 서 있다.

혹은 영어로 이렇게 말할 수도 있다. 빅 밸리 강 위로 솟아오른 그레이트 글렌에서 남서쪽을 바라보면 레드 마운틴, 어조이닝 힐, 스터비힐록스 힐 등 거대한 산이 줄줄이 우뚝 서 있다.

이처럼 우리 지역의 아름다운 고유어인 스코틀랜드 게일어는 이 땅에서의 경험을 묘사하는 단어들로 넘쳐 난다.

스코틀랜드 산지가 대부분 그렇듯 낮은 산비탈은 헤더와 고사리로 뒤덮여 있지만, 고도가 높아지면 바위와 돌무더기가 그 자리를 대신한다. 맨살을 드러낸 화강암 사이로 경이로운 폭포가 은빛 뱀처럼 흘러내린다. 우리가 스코틀랜드라고 하면 떠올리는 전형적인 풍경이다.

하지만 앨러데일 글렌을 돌아보면 완전히 다른 풍경이 펼쳐진다. 카른 피아르-로헤인 쪽으로 눈 닿는 곳까지 오르막을 이루며 펼쳐진 글렌칼비 숲을 따라 황갈색, 녹색, 황토색, 주홍색이 요란한 폭동을 벌인다. 모든 것이 호화롭고 찬란하다. 세상의 모든 나무로 이루어진 합창단이 이 광활한 풍경 속에 모여 헨델의 〈메시아〉에 나오는 '할렐루야 합창'을 부르는 듯하다.

폴과 그의 동료들은 나무를 심고 있다. 고작 몇 그루가 아니다. 뭐든 적당히 하는 법이 없는 사람이다 보니, 지난 18년간 앨러데일에 묘목 백만 그루를 심었다. 폴은 한때 거대했지만 이젠 1퍼센트만 남은 케일던의 숲을 복원하려고 애쓰는 중이다. 올해는 더 많은 새와 붉은다람쥐를 위해 두송, 산사나무, 꽃사과나무, 마가목, 유럽사시나무, 구주소나무, 개암나무를 심으려고 한다. 고도 450미터 위로는 작은 자작나무dwarf birch와 버드나무dwarf willow를 심을 계획이다.

그레이트 글렌을 내려다보면 헐벗은 산들이 마치 사막처럼 보인다. 하지만 우리가 모든 걸 바꿔 놓을 수 있다.

죄책감

11월 3일, 데이질리아

내 낙관주의가 무너졌다. 오늘 저녁으로는 **까마귀**를 먹고 있다. 내가 일 년 동안 야생식만 먹기로 했다는 걸 전해 들은 동네 주민이 이웃을 통해 까마귀 한 마리를 보내주었다. 농작물에 접근하기에 총으로 쏘아 죽였다고 한다.

정말로 끔찍하게 슬프다. 나한테 결정권이 있었다면 절대 이 새를 죽이지 않았을 것이다. 나는 까마귀의 영리함과 개성을 좋아하니까. 그래도 받은 것은 먹기로 했다. 까마귀의 죽음이 헛되지 않으려면 그러는 게 옳다고 생각했다. 하지만 두 번째는 절대 없을 것이다. 요즘은 채식을 하는 떼까마귀만 제외하고 모든 까마귀가 번성한 나머지 개체 수가 급증하고 있다. 좋은 일이어야 하겠지만 실은 그렇지 않다. 까마귀가 너무 많으면 그들의 먹잇감인 작은 새들이 감소한다. 모든 과잉이 그렇듯 개체 수 증가도 항상 좋은 것은 아니며, 다른 여러 종에 부정적인 도미노 효과를 일으킬 수 있다.

환경 및 산림생물학 교수 로빈 월 키머러는 이렇게 말한다. "슬프게도 인간은 광합성을 할 수 없기에 생명을 유지하려면 다른 생명을 빼앗아야만 한다. 우리는 소비할 수밖에 없지만, 우리에게 주어지거나 우리가 기르는 생명을 존중하는 방식으로 동식물을 소비하는 길을 선택할 수 있다. 다른 생명체와 거리를 두어 윤리적 위험을 회피하는 대신, 우리 존재에 따르는 긴장을 포용하고 화해하는 것이다. 식용 동식물을 동료 생명체로 인정하고, 정교한 호혜적 관습을 통해 살아 있는 것들 간의 신성한 생명 교환을 존중할 수 있다."[1]

농작물을 보호한다는 목적하에 수많은 동물이 살해당한다. 우리는 가축뿐만 아니라 야생동물의 복지도 고려해야 한다. 우리가 바라는 자연은, 야생동물은 어떤 모습인가? 그런 환경을 만들기 위해 우리는 무엇을 할 준비가 되어 있는가?

규제 없는 집약적 농업과 축산업을 지원하는 이상, 동물이 고통받는 것을 피할 수 없다. 편향된 언론 매체의 흑백논리로 만사를 바라보아서는 안 된다. 지구상의 78억 인구를 먹여 살리는 것이 어려운 일임을 인정하고, 지속 가능하면서도 인도적이고 환경 친화적인 적절한 해결책을 찾아야 한다.

올해 나는 식량의 99퍼센트를 집으로부터 반경 50마일 이내에서, 식물과 버섯의 90퍼센트는 반경 6마일 이내에서 조달했다. 그렇게 지내려면 고기를 먹어야 했다. 스코틀랜드의 자연환경에서는 선택의 여지가 없으니까. 우리 지역에는 야생 쌀이나 콩, 완두콩과 같은 대체 단백질 공급원이 없다. 기후가 더 따뜻한 곳에서는 탄소 발자국을 늘리지 않고서도 지역 농산물을 활용하여 채식으로 돌아갈 수 있을 것이다. 국경이 없어진다고 상상해 보자. 우리 모두 입에 맞는 음식 산지 근처에서 살 수 있으리라. 그렇게 되면 나는 포르투갈로 이사할 것 같다!

어려운 문제다.

까마귀 가슴살을 훈제 기구에 넣는다. 훈제하니 예전의 살아 있던 존재에서 한 걸음 멀어진 느낌이 든다. 생명체를 고깃덩어리로 보이게 만들려면 폴리스티렌 포장 용기와 플라스틱 랩만 한 수단이 없긴 하다. 까마귀 고기는 훈제 들오리고기나 꿩고기와 비슷한 맛이지만 더 비릿하고 육향이 진하다. 식감은 거칠고 살짝 질기다. 못 먹을 정도는 아니지만 아무래도 마음이 내키지 않는다. 결국 대부분은 냉장고에 방치되다가 곰팡이가 피고 말았다. 나는 음식을 낭비했다는 생각에 죄책감을 느낀다. 누구나 언젠가는 죽어서 곰팡이가 피기 마련이겠지만, 그럼에도 도저히 까마귀를 먹을 엄두는 나지 않는다.

크리스마스라는 사기

11월 5일, 배스게이트

많은 상점이 크리스마스 장식을 했다. 나는 크리스마스에 반대하지 않는다. 다만 환경에 재난이라고 생각할 뿐이다. 단 2주간 거실에 플라스틱 장식으로 뒤덮인 크리스마스트리를 세우기 위해 전나무 수십만 그루가 대규모 농장의 고갈된 산성 토양에서 단일 재배 방식으로 재배된다. 게다가 끝없이 쌓이는 포장지와 플라스틱 쓰레기, 칠면조 구이 백만 마리를 감쌀 은박지를 만들기 위해 채굴되는 보크사이트는 또 어떤가. 내가 그린치(닥터 수스의 그림책에 등장하는 괴물 캐릭터로, 크리스마스를 싫어한다—옮긴이)는 아니지만, 땅에 도로 심을 수 있게 뿌리가 달린 나무로도 크리스마스를 축하할 수 있다고 생각한다. 크리스마스 장식을 직접 만들거나 나뭇가지 하나에 친환경적인 선물을 매단다면 어떨까. 크리스마스 때문에 지구를 희생할 필요는 없다.

야생식을 채취하다 보면 정신이 또렷이 집중된다. 채취하며 보내는 시간이 길어질수록 슈퍼마켓에서 쇼핑하기가 싫어진다. 야외에서 먹을거리를 찾아다니는 시간이 길어질수록 제철 식재료를 더 많이 알게 된다. 자연에 맞추다 보면 인간도 바뀌어 간다.

그 어떤 반짝이 장식도 무지갯빛 고드름만큼 찬란하진 않다.

유엔 기후변화 회의

11월 6일, 글래스고

이번 주에는 집 안이 복작거린다. 친구들이 글래스고로 가는 길에 들렀기 때문이다. 봉쇄로 인한 적막이 깨어지고 사교 활동이 재개되니 적응하기가 쉽진 않지만, 나는 손님이 오는 걸 좋아한다. 손님 하나하나가 도전과 교훈이 되는 이야기, 의견, 반응, 토론 거리를 가져다주니 감사할 따름이다. 아프리카에서 살던 시절의 환대가 떠오른다. 우리는 여행자에게 침대와 온수 목욕, 맛있는 식사를 제공하고 그 대가로 이야기밖에 요구하지 않았다. 내가 아홉 살 때 우리 가족은 티고니에서 나이로비로 이사했다. 그해 크리스마스에 부모님은 선원들을 집으로 맞아들였다. 가족들로부터 멀리 떠나와 나이로비에 정박해 있던 선원들이었다. 크리스의 햇볕에 그을린 가슴은 양 날개를 펼친 검독수리 문신으로 뒤덮여 있었고, 그 문신에 매혹된 나는 몇 시간이나 그의 의자 팔걸이에 앉아서 바다 이야기를 해 달라고 졸랐다. 카이로에서 희망봉까지 차를 몰고 온 용감한 여행자 무리 '방랑자들'은 우리 집 정원에서 야영했는데, 야심한 시간까지 돌아가며 머리카락이 쭈뼛 서는 모험담을 들려주었다.

'와일드 어웨이크 아일랜드Wild Awake Ireland'의 루시는 나와 함께 소란한 글래스고 시내에서 벗어나기로 했다. 우리는 오늘 아침 하이츠 농장을 지나 블랙리지 역으로 출발했다. 일곱 살 난 롤라를 데리고 올 내 친구 에이미를 마중하기 위해서다. 우리 모두, 그러니까 총 10만 명이 유엔 기후변화 회의 가두시위에 참석할 예정이다. 기대되긴 하지만 무엇을 기대해야 할지는 모르겠다.

글래스고는 예상보다 한산하다. 시위에 참석하려고 폴란드에서 찾아온 우카시도 소히홀 거리에서 쉽게 만날 수 있었다. 거리 한가운데 약 1마일에 걸쳐 두 줄로 나무를 심어서 보도를 만들어 놓았다. 개암나무다! 채취인 넷과 일곱 살 아이 하나로 이루어진 우리 일행은 견과류를 주워 모아 금세 주머니 두 개를 가득 채운다. 정확히는 길바닥의 담배꽁초 사이에서 건져 내야 하지만 말이다. 헤이즐넛 껍질이 두꺼운 게 다행이다. 아이러니한 일이다. 기후변화 회의의 안건 중에 식량 안보도 있는데, 우리는 콘크리트 보도블록 위에서 공짜 음식을 줍고 있다.

오늘은 모든 길이 로마가 아니라 켈빈그로브 공원으로 이어지는 것만 같다. 사방에서 사람들이 모여든다. 우리는 우카시의 가족을 만나 '멸종 반란' 무리에 합류한다. 한참을 대기해야 하지만 드럼 연주자들이 우리를 즐겁게 해 준다. 사람들은 서로 미소를 보내고, 특히 내 어깨에 목마를 탄 롤라를 보며 웃는다. 다들 예의 바르고 거리두기 원칙도 지킨다. 대부분이 천 마스크를 쓰고 있다. 반대 세력도 잠입하지 않았고, 완벽하게 안전하다는 느낌이다. 몇 번의 불발 끝에 드디어 모두가 북소리에 맞춰 몸을 흔들며 거리로 나선다.

이 행진은 가이아를 위한 잔치인 동시에, 열성적인 10만 명이 함께하는 축제이기도 하다. 코로나 사태 이후 몇 년간 영상 통화만 하고 실제로 만난 사람은 드물다 보니 내게 부족이, 공동체가, 동료들이 있다는 사실을 잊고 있었다. 거리의 한쪽 끝에서 다른 쪽 끝까지 사람들로 가득하다. 나 혼자 웨스트 조지 스트리트를 따라 광장을 향해 걸어간다면 개미 한 마리와 다를 바 없겠지만, 10만 명 공동체인 우리는 양방향으로 눈 닿는 범위까지 인파를 이룬다. 상공에 떠 있는 헬리콥터가 우리의 행동을 생생하게 전 세계 거실로 중계한다. 우리는 온갖 논쟁을 일으켰다. 지금 당장 10만 명이 일상 행동을 바꾸어 지구에 최대한 발자국이 남지 않도록 가볍고 부드럽게 걷는다면, 대규모 오염을 일으키는 기업의 제품을 **전혀** 사지 않을 뿐만 아니라 발언하고 저항하며 무엇보다도 자신의 존재를 드러낸다면, 또 다른 10만 명의 사람들이 그 뒤를 이을 것이다. 나는 우리가 흐름을 바꾸어 놓을 수 있다고 믿는다.

희망이 생긴다. 우리 모두가 투표용지뿐만 아니라 지갑으로 투표하고 목소리를 크게 낸다면 분명 변화가 있을 것이다.

너무 늦었지만 아직 늦지 않았다

11월 10일, 데이질리아

아침 6시는 겨울날 일과를 시작하기엔 너무 이른 시간이다. 유럽피나무 잎, 장미꽃, 자작나무 잔가지로 끓인 차 한 잔을 들고 잠자리로 돌아오니 언제나처럼 지평선 너머에서 태양이 떠오른다. 46억 년간 날마다 되풀이해 온 습관이니 깨뜨리기도 어려울 것이다!

가장 권위 있는 기후 분석 연합인 기후행동추적CAT이 오늘 발표한 바에 따르면, 2030년까지 각국 정부들이 줄이겠다는 탄소 배출량을 근거로 계산한 결과, 그들의 기대와 달리 지구 기온이 섭씨 1.5도가 아니라 2.4도나 상승할 것이라고 한다.[2] 현재 우리가 보고 있는 것은 지구 기온이 1.2도 상승한 결과다. 그러니 2.4도 상승은

대재난이 될 것이다.

우리는 너무 오랫동안 말로만 떠들어 왔다. 레이철 카슨이 이미 1962년에《침묵의 봄》을 저술하여 환경에 대한 경각심을 일깨웠다는 점을 잊어선 안 된다. 1990년 출간된 달라이 라마의 글에서 발췌한 문장도 읽어 보자.[3]

> 지금 세대는 결정적인 분기점에 서 있습니다. 글로벌 통신이 가능해졌음에도 평화를 위한 의미 있는 대화보다는 대립이 더 자주 일어나고 있습니다. 우리가 이룩한 과학기술의 경이로움은 세계 일부 지역의 기아, 다른 생명체의 멸종 등 현재 벌어지고 있는 많은 비극과 맞먹거나 오히려 덜 중요할 수도 있습니다. 우주 탐사가 진행되는 한편 지구의 해양과 담수 지역은 점점 더 오염되어 가며, 그곳에 서식하는 생명체들은 여전히 거의 알려지지 않았거나 오해받고 있습니다. 우리가 희귀한 것으로 분류하는 지구의 서식지, 동물, 식물, 곤충, 심지어 미생물 상당수를 미래 세대는 아예 모를 수도 있습니다. 우리에게는 능력과 책임이 있습니다. 우리는 너무 늦기 전에 행동해야 합니다.

많은 사람이 환경 문제에 대한 슬픔을 공유하고 있다는 걸 안다. 아일랜드 작가이자 여행가인 만찬 매간은 이 슬픔을 완벽하게 요약하는 아일랜드어 단어가 있다고 말한다. 딜라하르díláthair는 '어떤 물체나 장소가 다른 사람들에 의해 파괴되거나 절멸했을 때 느끼는 상실감 또는 부재감'을 뜻한다.[4] Mothaím pian na díláithreach(나는 파괴의 슬픔을 느낀다).

지구는 놀랍도록 아름다운 행성이며, 이제는 병들어 버린 '생명'의 진정으로 경이로운 현현이다. 나는 지구를 마음 깊이 사랑한다. 그리고 평생의 동반자가 암으로 죽어 가는 모습을 지켜보는 것처럼 서글픔, 안타까움, 절망감과 기적에 대한 희망이 뒤섞인 감정을 느낀다. 사랑하는 사람을 살릴 수 있는 신약이나 새로운 수술 기법이 있으리라는 희미한 가능성에 매달리게 된다. 하지만 설사 기술적인 해결책이 존재한다 해도 우리의 삶은 예전 같지 않을 것이다. 치료를 받고 난 암 환자처럼 이 세상도 상처 입고 고갈되어, 이전의 그림자에 지나지 않는 전혀 다른 곳이 될지 모른다. 지구의 영혼이 사라지게 될까? 경외심을 불러일으키는(그리고 오늘날 우리가 멸종시키고 있는) 무수한 식물, 균류, 곤충, 동물이 보여 주는 생명을 향한 활기와 동력도 소멸할까?

나는 그렇게 생각하지 않는다. 현재의 기후변화 보도는 잘못된 부분이 있다. '지구를 구하자'는 구호를 외치는 대신 '인류를 구하자'고 말해야 한다. 자연은 오래되고 견고하며 과거에도 수없이 회복된 적이 있다. 자연과 생명은 같은 존재이며, 진화의 프랙털은 계속하여 새로운 생명체를 만들어 낼 것이다. 호모 사피엔스도 살아남을 것이다. 우리는 독창적이고 유연하며 스스로를 열심히 돌볼 수 있는 존재다. 우리가 선택해야 할 것은 지구에서 더 행복하게 살아갈 수 있는 삶의 방식이다.

비현실적인 이야기라고 할지도 모르지만, 나는 어린이들의 25 퍼센트가 우울하다고 느끼지 않는 세상, 기아와 분쟁이 없는 세상에서 살고 싶다. 이런 상태의 원인인 불평등을 해결하기 위한 정치적 접근 방식은 기후변화를 해결하고 환경을 보호하며 인간 이외의 다른 생물종을 존중하는 데 필요한 접근 방식과 동일하다.

지구 온난화를 막기에는 이제 너무 늦었지만, 그 영향을 개선하기에는 아직 늦지 않았다. 텔레비전과 인터넷은 부유한 서구 세계의 소비 현황을 모든 난민 캠프와 판잣집, 빈민가에 중계하고 있다. 지금도 이미 빈곤하고 물과 식량, 기회가 결핍된 난민들이 기후변화로 더 힘겨운 상태에 처하면 파국이 올 것이다. 해수면 상승에 따라 수백만 명의 주민이 고지대로 이동해야 한다면 대혼란이 일어날 것이다. 인간이 싸우고 대비하고 국경을 막고 재산을 보호하려는 동안 자연은 코알라, 기린, 북극곰, 새, 꽃 대신 새로운 기후에 적응하는 새로운 생명체를 만들어 낼 것이다. 그리고 사라진 동식물을 가장 그리워하게 될 것은 바로 우리 아이들과 손주들이리라.

정치권력이 없는 우리가 지금 당장 할 수 있는 일은 평등을 실천하고, 소비를 줄이고, 더 단순한 삶을 살며 물질보다 정신을 추구하는 것이다.

미국의 작가이자 연설가 레오 버스카글리아Leo Buscaglia는 이렇게 말했다. "걱정은 결코 내일의 슬픔을 막지 못합니다. 단지 오늘의 기쁨을 빼앗을 뿐입니다." 가장 깊은 기쁨은 돈을 쫓는 데서 오지 않는다는 것을 나는 경험을 통해 깨달았다. 우리가 진정한 자아를 발견하는 것은 영혼의 성장, 무한한 존재와의 합일을 통해서다. 자연과의 외적 · 내적 재결합이야말로 우리 모두가 갈망하는 사랑의 경험이다.

나와 똑같이 느끼는 사람들과 연결되었다는 생각에 짜릿한 도취감을 느낀다. 군중은 힘이 세다! 세상의 변화를 촉구하는 개개인의 힘은 그 어느 때보다 커졌다. 소비자들이 목소리를 높이기 시작하면서 기업들이 행동하기 시작했고, 다국적 기업과 투자 은행의 이사회 임원들도 지구를 보호해야 한다고 학교에서 배우는 자녀를 두고 있다. 하지만 변화의 필요성과 이윤에 대한 압박, 어떤 대가를 치르더라도 성장해야 한다는 이데올로기 사이에서 균형을 잡는 과정은 더디기만 하다.

인터넷과 소셜 미디어를 통한 연결성은 매일 같이 쏟아지는 나쁜 소식들로 우리를 지치고 우울하게 만들기도 하지만, 우리가 목소리를 내기로 결심했을 때 힘을 실어 주기도 한다. 어느 열다섯 살 여학생이 금요일에 학교 대신 스웨덴 의회로 가서 '기후를 위한 학교 파업'이라고 적힌 피켓을 들고 농성을 시작한 것이 불과 5년 전의 일이다. 이제는 전 세계에서 강대국 지도자들과 그들의 정책보다 그레타 툰베리의 이름과 그의 주장을 더 잘 아는 사람이 훨씬 많아졌다.

30장

멋진 신세계

생각할 수 없는 것을 생각하고, 실행할 수 없는 것을 실행하자.
불가능한 것 자체와 씨름할 준비를 하고,
결국에는 그것을 해낼 수 있을지 알아보자.
—더글러스 애덤스,《더크 젠틀리의 전체론적 탐정 에이전시
Dirk Gently's Holistic Detective Agency》

끝없는 질문

11월 22일

우리 사회가 지구에서 계속 번성하려면 정말로 어렵고 인기 없는 결정을 내려야 한다. 내게도 해결책은 없다. 있었으면 좋겠다. 하지만 내가 할 수 있는 일은 질문하고 그 대답에 대해 또 질문하는 것뿐이다. 그러다 보니 열네 살 때 물리 수업 시간에는 우주의 불변 원칙에 질문을 던졌다는 이유로 쫓겨나기도 했다. 어쩌면 내가 옳았던 걸까? 그 당시에는 힉스 입자에 관해 아무도 몰랐고, 최근에야 관찰된

아원자 바닥 쿼크의 돌발 작용이 수십 년 전 확립된 표준 모형 이론(현재 우주의 작동 매뉴얼로 알려진)의 빈틈을 드러낼 수 있다는 사실도 몰랐으니까.

인생의 세 번째 사분기에 접어든 나는《은하수를 여행하는 히치하이커를 위한 안내서》의 저자 더글러스 애덤스가 말한 3번 원칙, 즉 '내가 서른다섯 살이 넘은 뒤에 생긴 것은 전부 자연의 섭리에 어긋나는 것이다'라는 사고방식에서 벗어나지 못했다.[1] 게다가 내가 사랑하는 지구에 대한 깊은 노스탤지어로 괴로워하고 있다. 하지만 나는 열린 마음을 유지해야 한다. 새로운 배움과 가능성을 향해 나 자신을 활짝 열어 두고 희망을 가져야 한다.

인간은 문제의 해결책을 궁리하는 데는 능숙하지만(원자폭탄, 농약, 플라스틱, 자본주의), 그런 해결책의 장기적 영향을 심사숙고하는 데는 서투르다. 그래서 나는 다음 세대가 열네 살 때의 나처럼 질문을 많이 하고, 그 대답에 질문을 던지고, 또다시 많이 질문하기를 바란다. 미국의 정치가 벤저민 프랭클린의 말처럼 '계획하지 않는다면 실패를 계획하는 셈'이며, 마찬가지로 질문을 하지 않으면 나중에 왜 실패했는지 질문하게 된다. 따라서 이 잡겠다고 초가삼간을 불태우기 전에, 날씨를 조작하고 농작물 유전자를 변형하고 실험실에서 단백질을 제조하는 기술을 도입하는 것이 어떤 결과를 가져올지 심사숙고해 보자!

슬로푸드 운동은 유엔 기후변화 회의가 끝난 후 다음과 같은 성명을 발표했다.

> 우리는 콩이나 팜유 같은 글로벌 상품으로서의 대규모 농작물 생산을 종식시킴으로써 기후변화를 근본적으로 해결해야 합니다. 그러지 않으면 이런 농작물들이 계속 기후변화를 초래할 것입니다. (…) 그 밖에도 화석연료 사용 중단, 교통수단 및 전기 공급 정비 등 전 세계적 숙제가 많지만, 특히 우리의 식품 생산 체계는 탄소 흡수원이 될 잠재력이 있는데도 현재로서는 그 가능성을 놓치고 있습니다.[2]

나는 앞으로도 내게 익숙한 슬로푸드를 먹을 것이다. 자연식, 야생식, 자가 재배 식품, 유전자가 변형되지 않고 현지에서 생산 및 채취된 유기농 식품을 먹고, 나머지 별식은 가끔씩만 먹을 생각이다. 내게는 이것이 가장 지속 가능한 방식이다.

내일의 양식

11월 23일, 데이질리아

나는 꽃사과를 분류하고 있다. 꼭지가 온전하고 크기가 비슷한 열매를 골라내서 프라이팬 바닥을 빼곡히 덮는다. 닷새 뒤에 물과 설탕, 버터를 넣고 졸여서 작은 토피 애플(통사과에 설탕을 입혀 막대기에 꽂은 것—옮긴이)을 만들 예정이다. 자연이 내게 제공한 것만 먹은 지 일 년 만에 맛보는 축하 간식이다. 그 밖에도 몇 가지 사치스러운 음식을 즐길 생각이다. '인디 루츠'의 뛰어난 셰프 비노드에게 부탁해 둔 맛있는 야생 퓨전 카레와 좋은 레드 와인 한두 잔, 그리고 온갖 채소도. 주키니, 브로콜리, 케일, 당근, 양배추, 고추, 방울양배추를 다시 실컷 먹을 수 있으리라! 그동안 채소가 너무나 그리웠다.

야생식도 계속할 생각이냐고? 물론이다. 야생식을 애용하면서 가끔 힘들긴 했어도 확실히 긍정적인 변화를 느낄 수 있었다. 슈퍼마켓은 전혀 그립지 않았고 앞으로도 가지 않을 생각이지만, 음울한 스코틀랜드의 겨울에 좀 더 다양한 음식을 먹을 수 있다면 좋겠다. 난 고기를 많이 먹고 싶지 않고, 밥이 언제까지나 고기를 거저 주거나 물물교환에 응해 주기를 기대할 수도 없으니까! 내년에는 다시 유기농 과일과 채소를 직접 재배할 예정이다. 내가 재배할 수 없는 것은 유기농 도매상에서 구입하고, 계속 암탉을 키우며 영국산 헤이즐넛을 한두 자루 구입할 것이다. 때로는 유기농 외알밀이나 베어보리로 수제 사워도우 빵을 굽고, 요일장에서 소규모 유기농 농장의 우유를 사서 버터와 치즈를 만들고, 가끔은 약간의 고기도 사겠지. 그리고 당연히 채취도 계속할 것이다!

단층

11월 24일, 덜턴

크리스티나와 마야를 차에 태우고 바닷가로 향한다. 썰물에도 발목까지 잠기는 광활한 모래사장에 서서 끝없이 펼쳐진 바다를 마주한다. 바닷물이 리드미컬하게 부서지며 왼쪽에서 오른쪽으로 파도를 일으킨다. 물결이 내가 뻗은 손에 닿을 듯 말 듯 밀려와 발치에 부서진다. 해가 빠르게 떨어지면서 윤슬이 얼룩덜룩한 잿빛, 보랏빛, 흐린 분홍빛으로 희미해져 간다. 버윅 로 언덕 위에 반달이 떠오른다. 근지점을 지난 지 꽤 되었는데도 놀랄 만큼 거대하다. 광활한 대양의 리듬이 가이아의 심장박동과 공명한다. 저 멀리 평탄한 모래톱 위에서 춤추는 몇몇 어른과 아이, 개의 자그마한 윤곽선이 보인다. 마야는 포대기에 싸여 크리스티나의 정다운 심장박동에 가까이 기댄 채 평화롭게 잠들어 있다. 고요 속에 무한의 감각이, 영원이 느껴진다.

케냐에서의 어린 시절, 나는 북쪽 몰로에 사는 친지들을 방문하러 가는 길에 지구대(단층 활동에 의해 생성된 가늘고 긴 계곡 형태의 지형—옮긴이)를 건너는 걸 좋아했다. 아버지는 항상 계곡으로 내려가기 직전에 잠시 폭스바겐 승합차를 세우셨고, 우리는 단층 가장자리에 서서 시간을 초월한 드넓은 풍경을 바라보곤 했다. 1000미터 아래 보이던 케리오 밸리는 90킬로미터를 쭉 뻗어나가다가 서쪽에서 다시 급격한 오르막이 되었다. 그곳을 지나면 햇빛을 반사하는 가느다란 은색 리본 같은 내리막길이 몇 번이나 아찔한 급커브를 그리며 구불구불 이어졌는데, 지금도 그 광경을 생각하면 짜릿한 기대감에 뱃속이 울렁거린다. 지구대는 수천 년 동안 지구가 갈라지고 쪼개진 장소다. 계곡 바닥에 고여 반짝이는 담수와 탄산 호수를 깎아지른 듯 가파른 절벽들이 에워싸고 있었다. 산맥에서 솟아 나온 원뿔 모양의 화산암 봉우리들이 널따란 평원을 군데군데 쪼개 놓았다. 그 아래로는 어릴 적 갖고 놀던 에어픽스(플라스틱 모형 생산 업체—옮긴이) 동물 모형보다도 작은 누 수천 마리가 떼 지어 파도처럼 평원을 가로질러 움직이는 모습을 볼 수 있었다. 나는 마사이족

만야타(완벽하게 생태학적으로 지속 가능한 원형 주택단지다)의 독특한 형태를 알아보고 경외감에 빠졌다.

이 땅은 약 300만 년 전 이곳에 살았던 원인 루시와 함께 인류의 역사가 시작된 장소이기도 하다. 엄밀히 말해 루시가 맨 처음은 아니었다. 또 다른 선조 원인인 나칼리피테쿠스는 1천만 년 전까지 거슬러 올라가며, 우리의 사촌뻘인 고릴라, 침팬지, 보노보 및 기타 유인원도 모두 나칼리 유인원의 후손이다.

지금 평탄한 모래톱 위에서 놀고 있는 저 작디작은 형체들처럼, 우리 인간도 미미한 생명체다. 영혼에 말을 건네는 시, 감동을 주는 음악, 생각을 뒤흔드는 책이나 연극과 같은 유산을 남기지 않는 이상, 우리의 삶은 순식간에 흔적도 없이 먼지 속으로 빠르게 사라져 버린다. 때로는 독재자의 저주나 핵폭탄처럼 사악한 유산을 남기는 이들도 있다. 하지만 지난 세기 동안 우리는 흔적 이상의 것을 남겼다. 총체적으로 유독한 오염 물질을 만들어 낸 것이다. 한 연구에 따르면 플라스틱, 금속, 타르를 비롯하여 "콘크리트 다리와 유리 건물에서 컴퓨터와 옷에 이르기까지" 인공적으로 생산된 모든 물질의 무게가 곧 지구상에 존재하는 모든 생명체의 무게를 넘어설 것으로 예상된다.[3]

이맘때가 되면 숲이 우거진 곳에서는 노란격벽검뎅이먼지라고 불리는 흥미로운 생물을 발견할 수 있다. 라틴어 학명인 Fuligo septica도 딱히 더 나은 이름은 아니다(septica는 라틴어로 부패물이라는 뜻이다—옮긴이). 이 유감스러운 이름의 생물은 사실 버섯이 아니지만, 통나무 위의 선명한 레몬색 얼룩이나 꿩의밥 잎에 달라붙은 주황색 덩어리를 보면 균류로 착각하기 쉽다. 원생생물에 속하는 이 점균류는 사실 단세포 유기체의 집합이며, 먹이가 풍부할 때는 세포 하나하나가 독자적으로 살아갈 수 있다.

하지만 먹이가 부족해지면 이 작은 유기체들은 서로를 찾아 모여든다. 여럿이 하나가 되어서 한 몸처럼 행동하고 움직이기 시작한다. 더 큰 집합을 이루어 자유자재로 탈바꿈하고 전체를 위해 각자 다른 기능을 수행한다. 한데 뭉치면 공기 중의 화학물질에 민감해져서 자양분을 찾아낼 수 있다. 각기 다른 역할을 수행하기에 다양성의 여지가 있다. 어떤 세포는 줄기를 만들고, 어떤 세포는 말단에서 자실체가 되어 무수한 포자를 우주로 내보낸다. 포자 하나하나마다 미래 세대를 향한 생명의 약속인 작은 DNA 메시지가 담겨 있다. 우리보다 1조 배나 작고 바람에 날아갈 만큼 가벼운 이 미미한 생명체도 집단 협동을 통해 생존하는 것이다.

크리스티나와 내가 모래 언덕을 가로지르는 좁은 길을 자박자박 되짚어가는 동안 금세 황혼이 저물고 어둠이 내린다. 공기가 차가워졌지만 목도리와 장갑으로 단단히 무장한 우리는 끄떡없다. 주변이 어둑해졌어도 우리의 채취는 아직 끝나지 않았다. 식물의 익숙한 윤곽을 알아보고 그들의 존재감을 느낄 수 있으니까. 나와 크리스티나, 어린 마야의 여성 삼대는 주차장 근처에서 잠시 멈춰 저녁에 먹을 알렉산더 잎을 땄다. 수천 년 동안 여성들이 쭉 그래 왔듯이.

눈뜨고 있으라

11월 25일, 트레벌렌

밑창이 미끄러운 장화를 신고 나온 바람에 진흙탕 길을 뒤뚱뒤뚱 걷고 있다. 크리스티나와 마야가 서로 껴안은 채 단잠을 즐길 수 있도록 나 혼자 개를 데리고 산책을 나왔다. 잔디가 이슬에 젖어 있다. 온 세상이 아직 잠든 가운데 여자와 늑대만이 언덕을 오르고 있다. 갑자기 **개장미** 한 그루가 나를 유혹한다. 주홍색 보석 같은 열매가 죽어 가는 계절의 회갈색 풍경 속에 선명하게 빛난다. 나는 길을 벗어나 장미 나무 앞에 선다. 열매를 따서 주머니를 채우되, 나중에 몇 시간씩 손질할 필요가 없도록 지금 바로 위와 아래 부분을 따내야 한다는 걸 명심한다. 늑대는 혼자 달려 나갔다가 내가 작업을 마쳤는지 확인하려고 돌아왔다가 하더니 얼마 후 내 곁에 웅크리고 참을성 있게 기다린다. 마침내 내 주머니가 다 채워지자 우리는 다시 길가로 돌아간다.

길 한가운데 꽃사과 나무가 있다. 잎이나 열매는 하나도 남지 않았다. 잿빛 하늘에 앙상한 윤곽선을 드러낸 연회색 나뭇가지뿐이다. 아니, 떨어지다가 내 눈높이 가시에 꽂힌 연두색 꽃사과가 하나 있긴 하다. 수확을 즐기기에는 너무 늦게 왔다는 생각에 아쉬워진다.

그때 문득 아래쪽도 봐야 한다는 생각이 난다!

나무 아래 풀과 낙엽 사이에 꽃사과 수백 개가 겹겹이 무더기로 쌓여 있다. 노란색에서 초록색까지 다양한 색조의 크고 작은 열매들이다. 늑대가 한숨 쉬며 잠시 눈을 붙이는 동안 나는 얼른 천 가방을 가득 채운다.

내 어린 친구들을, 특히 크리스티나와 마야를 생각한다. 누구나 다양한 세대에 걸쳐 친구를 사귀어야 한다. 젊은이들은 내게 위뿐만 아니라 아래도 바라보라고 상기시켜 준다. 내 관점이 너무 고정되어 다른 관점을 발견하지 못하게 되거나, 주변 세상이 변화하는 동안 틀에 박히는 일이 없도록 말이다. 과거를 돌아보고 옛 생각에 잠기는 일은 언제나 위로가 되지만, 한편으로는 순식간에 현재를 낯설게 만들어 버리는 노스탤지어의 저주이기도 하다는 것을 종종 깨닫는다. 내가 백 살이 되었을 때, 내 뒤에 과거가 있듯이 무한한 미래를 앞둔 친구들이 여전히 내 곁에 있어서 내게 도전하고 나를 참신한 이해로 이끌어 주기를 기도한다. 가이아, 당신은 수십억 살을 먹었음에도 여전히 새로운 것에서 기쁨을 찾지요. 항상 사방을 둘러보고 절대로 한 길만 고집하진 말라고 내게 일깨워 주세요!

다시 블랙 프라이데이

11월 26일, 데이질리아

또다시 블랙 프라이데이가 왔다. 11월 하순인데 정원에는 덩굴장미가 꽃을 피웠다!

기온이 3도밖에 되지 않아서 따뜻한 허브 차를 한잔 끓이고, 연료가 되어 줄 버섯볶음으로 배를 가득 채운다. 내 땅의 경계가 되는 작은 계곡에 새로운 삼림 지대를 조성하는 중이다. 사슴들이 높다란 리그모스 히스에서 오래된 방앗간 옆 숲으로 내려갈 때 지나는 천연 통로다. 나는 재래종 나무 365그루를 심고 있다. 산사나무, 마가목, 자작나무, 벚나무, 참나무. 가이아가 내준 것을 먹으며 살아간 날마다 한 그루씩. 나는 이 가느다란 묘목들이 자라는 모습을 볼 수 없겠지만, 마야의 세대는 보게 될 것이다. 그들이 함께 자라나서 지구에서 공존할 새로운 방법을 찾길 바란다.

오늘 밤 자정이면 오직 야생식만 먹어온 365일간의 대장정이 끝난다. 정말로 갑작스럽게 느껴진다! 이제 끝이라는 게 믿기지 않고, 내 인생의 한 장이 끝났다는 게 서글프다. 한 해가 엄청나게 빨리 지나갔다.

최종 측정 결과 맷의 몸무게는 70킬로그램이다. 전체적으로 12킬로그램이 빠졌다가 다시 4킬로그램 쪘다. 그는 마른 편이다. 나는 비만에 가까웠는데 무려 31킬로그램이 빠졌다. 현재 체중은 76킬로그램이고 BMI도 양호하다. 코로나 봉쇄 절정기에 내 옷 사이즈는 18이었지만 지금은 25년 전과 같은 12로 돌아갔다.

맷과 나는 우리 장에서 어떤 일이 일어나고 있는지 추적하기 위해 식단이 바뀌는 계절마다 대변 샘플을 보냈다. 오늘 최종 검사를 하고 3개월 후에 한 번 더 검사할 예정이니, 전체 결과가 나오기까지 좀 기다려야 할 것이다. 초기의 장내 미생물 검사 결과는 우리 장이 '슈퍼 반응자'가 되었음을 보여 주는 듯하다. 즉 우리가 섭취하는 음식에 따라 다양한 박테리아 종이 급격하게 증가하거나 감소한다는 의미다. 항생제나 프로바이오틱스를 복용하지 않는 한 좀처럼 일어나지 않는 일이라고 한다. 전체 결과를 받아 보고 그 여파를 확인하려면 시간이 꽤 걸릴 듯하다!

우리는 전반적으로 예상했던 것보다 훨씬 더 잘 먹었고 굶주린 적도 없었다. 물론 저혈당, 겨울의 단조로운 식단, 2월의 우울증 같은 위기도 겪었지만 깜짝 수확의 기쁨, 출산, 공동체, 짜릿한 정신적 자유가 이를 상쇄해 주었다. 게다가 이 모든 게 무료였다! 그동안 정말 많은 것을 배웠다. 일상의 경험 뒤에 숨겨진 과학적 원리를 더 깊이 들여다보기도 했지만, 열린 눈과 마음으로 자연 속에 고요히 앉아 있는 것만으로도 가르침을 얻을 수 있었다.

이제 나는 새로운 사람, 아니 **새로워진** 사람이 되었다고 느낀다. 정신적으로나 감정적으로나 더 밝고 젊고 가벼워진 기분이다. 생기와 활력이 넘치고, 빈틈없고 민첩하며, 한층 더 영적이면서 동시에 더욱 현실적인 사람이 되었다. 인생에 대한 접근 방식도 더 다정하고 온화해졌으며 비딱하고 냉소적인 생각이 줄어든 것 같다. 가이아의 엄청난 치유와 균형 회복 능력을 깊이 깨달으며 스스로 겸손해지고 희망을 가질 수 있었다. 아이러니하게도 야생식의 해를 시작할 때보다 '정상' 생활로 돌아가려는 지금이 더 두렵긴 하지만, 평화를 사랑하는 마음만큼은 그때나 지금이나 변함없이 그대로다.

31장

감사의 시간

대지의 아름다움을 관조하는 사람은
생명이 지속되는 한 견딜 수 있는 힘의 여유분을 발견한다.

—레이철 카슨, 《침묵의 봄》

대지와의 강력한 연결이 없으면 나는 길을 잃는다. 어머니 대지여, 당신과 나는 탯줄과도 같은 끈끈한 유대로 묶여 있습니다. 내가 끝없는 우주의 별들과 공허 속에 갈 곳 없이 떠돌지 않는 것은 당신 덕분입니다.

친족에 깊이 뿌리를 내린 사람들이 있다. 그들은 자신의 가족, 친척, 혈통과 유산을 잘 안다. 많은 이들이 태어난 땅에 정착하고 현지의 방언, 식생활, 관습을 통해 안정감과 친숙함 속에서 살아간다. 하지만 우리 모두가 어머니의 몸을 빌려 태어난 이 땅에서 단지 죽을 때까지 머물 권리를 지녔을 뿐이라고 느끼는 사람들도 있다. 조상의 땅을 떠나 타향에서 자라고, 친족과 헤어져 분열된 우리 같은 사람들은 그 어디에도 속하지 않는다. 설사 어딘가에 받아들여지더라도 억양이나 관습, 피부색으로 인해 남들과 구분된다. 원주민은 민감한 귀와 예리한 눈으로 외지인을 관찰한다.

뿌리가 없는 방랑자는 끊임없이 불안을 느낀다. 최선의 경우 여행 이야기로 사람들을 즐겁게 하지만, 최악의 경우 파괴와 비탄의 흔적을 남기기도 한다. 끊임없이 움직이면서 새롭게 시도한 장소나 정체성이 맞춤 장갑이나 유리 구두처럼 딱 들어맞는 순간을 기대한다. 우리는 걷기를 꿈꾼다. 지표면을 구석구석 거닐며 우리가 상실한 테루아terroir(프랑스어로 '포도나무가 자라는 토양' 혹은 '고향'을 뜻한다—옮긴이)의 순간을, 어떤 장소에 소속되었다는 강렬한 실감을 헛되이 찾아다닌다.

나는 런던 사람, 키쿠유족, 케냐인, 빈센트족, 영국인, 말라위인, 통가 사람이자 스코틀랜드인이지만 그 어디에도 속하지 않는다. 심지어 내 DNA도 고향을 부정한다.

나는 영국, 아일랜드, 스코틀랜드, 프랑스, 독일, 스칸디나비아인 유전자에 네안데르탈인 유전자가 약간 섞인 북서유럽 사람이다. 나는 그 어떤 국가나 문화의 산물도 아니다. 하지만 어머니 대지는 이 고아를 품 안에 거두어 주었다.

지금 나는 흙을 밟고 싶다. 발밑에 부서지는 흙이, 가볍게 꺾이는 나뭇가지가, 부서지는 낙엽이, 흔들리는 풀 줄기가, 촉촉하게 젖어 드는 이슬이, 다리를 긁어 대는 메마른 가시나무가 그립다. 콘크리트, 아스팔트, 강철로 땅이 뒤덮인 도시는 나를 고통스럽게 한다.

내 지친 영혼은 흙에서만 뿌리를 내릴 수 있다. 영혼이 깃들 수 있는 보금자리는 오직 대지뿐이다.

내가 채취하는 것은 몸과 마음을 살리기 위해서다. 해조류, 동물, 식물, 균류는 나의 친족이다. 자연은 감사하는 마음으로 살며시 발걸음을 내딛는 모든 이를 그 어떤 비난이나 평가도 없이 반겨 준다.

나는 궁핍과 고난을 각오하며 이 한 해를 시작했다.

하지만 내가 발견한 것은 오히려 풍요로움이었다.

감사의 말

나를 참아 주고 내가 계속 살아가게 해 주며 내 여정을 함께해 준 '버섯 맷' 루니, 게저 투리, 로버트 '밥' 스미스에게 아낌없는 고마움을 전합니다. 여러분은 내게 정말로 깊은 신뢰를 보여 주었습니다.

내 출판 에이전트인 '잰클로 앤 네즈빗'의 클레어 패터슨 콘래드에게 깊이 감사드립니다. 여러분의 열성과 격려가 없었다면 이 책은 두서없는 아이디어와 메모의 모음집으로 남았을 겁니다. 괴상한 아이디어를 제시한 신인 작가를 위해 모험을 감행해 준 사이먼 앤 슈스터 출판사의 홀리 해리스와 아르주 타신, 출간 작업을 유능하게 처리해 준 메리 체임벌린, 캣 에일즈, 일러스트레이터 시안 윌슨과 그 밖의 많은 분에게도 감사드립니다.

나를 새로운 가족으로 맞아 주고 이 책에 그들의 사연을 나누도록 허락해 준 크리스티나, 앤디, 소중한 마야에게 특별한 감사를 전합니다. 내가 돌아다니는 농지의 소유자인 로버트와 진 패턴, 내 이웃인 앨런과 아이린 레키에게 행운이 있길 빕니다. 나를 폴란드로 초청하고 나의 수많은 어림짐작과 태만한 사고에 딴지를 걸어 주었으며 식물 학명을 바로잡아 준 우카시 우차이 교수님께 감사드립니다.

내게 크고 작은 온갖 음식 선물을 보내 준 훌륭한 동료 미식가, 채취인, 요리사, 양조인 여러분에게 감사드립니다. 애비 프랜시스, 알렉스 배링, 앨리 그레이엄, 에이미 '힙스터 앤 호보' 랜킨, 앤드리아 라다스, 벤 '와일드 휴먼' 맥넛, 클레어 홀로헌, 크레이그 '에더블 리즈' 워럴, 뎁 '와일드 휴먼' 니콜스, 엘라 '허니' 스톤, '퍼거스 더 포리저' 드레넌, 프레드 길럼, 지타 쿠퍼, 그레이엄과 크리스틴 화이트하우스, 제시 '오크 앤 스모크' 왓슨 브라운, 짐 '포리지 박스' 패럼스, 조스 플레처, 케일리 페티그루, 리사 '이듈리스' 컷클리프, 메이지 질런, 마크 '갤러웨이 와일드푸드' 윌리엄스, 마틴 시오볼트, 메리 코스닛, 밀리 배링, 마일스 '포리저' 어빙, 나타샤 케니언, '니키 바이 더 시' 슬레이터, 아크레이 농장의 니콜라 혼스비, 노리 '노즈' 스미스, 파트리차 코시아르스카, 리처드 모비, 로버트 어바인, 놀랍도록 관대한 루퍼트 '더 브루스' 웨이츠, 세라 캐머런, 시몬 '포라제리움' 시슈차키에비치, 토머스와 레슬리 킬브라이드, 어슐러 험프리, 율리야 수르니나, 지피, 그리고 채취인협회 회원 여러분. 내가 한 사람도 빼놓지 않았기를 바랄 뿐입니다. 혹시라도 누군가를 빼먹었다면 배은망덕해서가 아니라 초기 치매 탓이라고 생각해 주세요!

나를 격려해 준 존 라이트, 결절뿌리처빌 수확에 관해 알려 주고 전 세계의 특별한 쐐기풀 컬렉션을 보여 준 보이치에흐 막시밀리안 시만스키 박사와 이보나 지우코프스카 박사에게도 감사드립니다!

그리고 마지막으로, 하필 유별난 엄마를 만나서 오랫동안 고생해야 했던 내 아이들에게. 그래, 내가 너희에게 만들어 준 모든 음식에 해조류를 숨겨 놓긴 했어. 한마디로 말해서, 사랑한다.

주

1장 시작에 앞선 몇 가지

1 Schnorr, S. L., Candela, M., Rampelli, S., Centanni, M., Consolandi, C., Basaglia, G., Turroni, S., Biagi, E., Peano, C., Severgnini, M., Fiori, J., Gotti, R., de Bellis, G., Luiselli, D., Brigidi, P., Mabulla, A., Marlowe, F., Henry, A. G., and Crittenden, A. N. (2014). 'Gut microbiome of the Hadza hunter-gatherers.' *Nature Communications*, 5(1). https://doi.org/10.1038/ncomms4654.

2 Turner, P. G., and Lefevre, C. E. (2017). 'Instagram use is linked to increased symptoms of orthorexia nervosa.' *Eating and Weight Disorders—Studies on Anorexia, Bulimia and Obesity*, 22(2), 277–284.

3 Cornélio, A. M., de Bittencourt-Navarrete, R. E., de Bittencourt Brum, R., Queiroz, C. M., and Costa, M. R. (2016). 'Human brain expansion during evolution is independent of fire control and cooking.' *Frontiers in Neuroscience*, 10, 167.

4 Pierotti, R., and Fogg, B. R. (2017). *The First Domestication*. Yale University Press.

5 Stiner, M. C., Munro, N. D., Buitenhuis, H., Duru, G., and Özbaşaran, M. (2022). 'An endemic pathway to sheep and goat domestication at Aşıklı Höyük' (Central Anatolia, Turkey). *Proceedings of the National Academy of Sciences*, 119(4).

6 Mazoyer, M., and Roudart, L. (2006). *A History of World Agriculture: From the Neolithic age to the current crisis*. NYU Press.

7 Bollongino, R., Nehlich, O., Richards, M. P., Orschiedt, J., Thomas, M.

G., Sell, C., ... and Burger, J. (2013). '2000 years of parallel societies in Stone Age Central Europe.' *Science*, 342(6157), 479-481.
8 Clark, P. (ed.). (2013). *The Oxford Handbook of Cities in World History*. OUP Oxford.
9 Fairlie, S. (2009). 'A short history of enclosure in Britain.' *The Land*, 7, 16–31.
10 Wrigley, E. A. (2013). 'Energy and the English industrial revolution.' *Philosophical Transactions of the Royal Society A: Mathematical, Physical and Engineering Sciences*, 371(1986), 20110568.
11 Hughes, M. (2013). 'The Victorian London sanitation projects and the sanitation of projects.' *International Journal of Project Management*, 31(5), 682–691.
12 Cancer Research UK. https://www.cancerresearchuk.org/health-professional/cancer-statistics/risk accessed 29 Jan 2022.
13 Robin, Marie-Monique. (2014). *Our Daily Poison: From pesticides to packaging, how chemicals have contaminated the food chain and are making us sick*. New York and London: The New Press.
14 Draper., H. (1977). 'The aboriginal Eskimo diet in modern perspective.' *American Anthropologist*, 79, 2, 309–316. https://doi.org/10.1525/aa.1977.79.2.02a00070
15 Provenza, F. (2018). *Nourishment: What animals can teach us about rediscovering our nutritional wisdom*. Chelsea Green Publishing.
16 Logan, A. C., Katzman, M. A., and Balanzá-Martínez, V. (2015). 'Natural environments, ancestral diets, and microbial ecology: is there a modern "paleo-deficit disorder"?' Part II. *Journal of Physiological Anthropology*, 34(1), 1–21.

2장 첫날

1 Hartley, D. (1964). *Food in England* (1954). MacDonald & Co.

3장 채취 구역

1 Binford, L. R. (1980). 'Willow smoke and dogs' tails: hunter-gatherer settlement systems and archaeological site formation.' *American An-*

tiquity, 45(1), 4–20.

2 Burnham, A. (ed.). (2018). *The Old Stones: A field guide to the megalithic sites of Britain and Ireland*. Watkins.

3 Bassett, R., Young, P. J., Blair, G. S., Cai, X. M., & Chapman, L. (2020). 'Urbanisation's contribution to climate warming in Great Britain.' *Environmental Research Letters*, 15(11), 114014.

4 Ballin, T. B. (2018). *Reindeer Hunters at Howburn Farm, South Lanarkshire: A late Hamburgian settlement in southern Scotlandits lithic artefacts and natural environment*. Archaeopress Publishing Ltd.

5 Ma, K. W. (1992). 'The roots and development of Chinese acupuncture: from prehistory to early 20th century.' *Acupuncture in Medicine*, 10(1_suppl.), 92–99.

6 Dorfer, L., Moser, M., Bahr, F., Spindler, K., Egarter-Vigl, E., Giullén, S., ... & Kenner, T. (1999). 'A medical report from the stone age?' *The Lancet*, 354(9183), 1023–1025.

7 Deryabina, T., Kuchmel, S., Nagorskaya, L., Hinton, T., Beasley, J., Lerebours, A., & Smith, J. (2015). 'Long-term census data reveal abundant wildlife populations at Chernobyl.' *Current Biology*, 25(19), R824–R826. https://doi.org/10.1016/j.cub.2015.08.017

4장 뿌리를 캐다

1 Kelly, R. L. (2013). *The Lifeways of Hunter-gatherers: The foraging spectrum*. Cambridge University Press.

5장 망가진 땅

1 McKie, R. (2020, December 21). 'Early humans may have survived the harsh winters by hibernating.' *Guardian*. https://www.theguardian.com/science/2020/dec/20/early-humans-may-have-survived-the-harsh-winters-by-hibernating

2 Bartsiokas, A., & Arsuaga, J. L. (2020). 'Hibernation in hominins from Atapuerca, Spain half a million years ago.' *L'Anthropologie*, 124(5), 102797.

7장 사냥과 육식

1 Butnariu, M., & Samfira, I. (2013). Vegetal metabolomics to seeds of Galium aparine. *Journal of Bioequivalence & Bioavailability*, 5, e45.

2 Duke, J. A. (2017). *Handbook of Edible Weeds: Herbal reference library*. Routledge.

3 Ferrero, D. M., Lemon, J. K., Fluegge, D., Pashkovski, S. L., Korzan, W. J., Datta, S. R., Spehr, M., Fendt, M., & Liberles, S. D. (2011). 'Detection and avoidance of a carnivore odor by prey.' *Proceedings of the National Academy of Sciences*, 108(27), 11235–11240. https://doi.org/10.1073/pnas.1103317108

9장 이른 봄이 오다

1 Foster, J., Sharpe, T., Poston, A., Morgan, C., & Musau, F. (2016). 'Scottish passive house: insights into environmental conditions in monitored passive houses.' *Sustainability*, 8(5), 412.

2 Mattingly, D. (2007). *An Imperial Possession: Britain in the Roman Empire, 54 BC–AD 409 (Vol. 1)*. Penguin UK.

3 Carradice, P. (2013, June 27). *The Death of the Druids*. BBC Wales. https://www.bbc.co.uk/blogs/wales/entries/375ec5d4-a10c-3f1a-929c-12d9697f3f58

4 Bell, M. and Neumann, H. (1997). 'Prehistoric intertidal archaeology and environments in the Severn Estuary, Wales.' *World Archaeology*, 29(1), *Riverine Archaeology*, pp. 95–113 (on Bronze Age human footprints).

5 Miller, M. (2015, October 1). 'Bronze Age steam room may have been used by select Orkney settlers for rites.' *Ancient Origins*. https://www.ancient-origins.net/news-history-archaeology/bronze-age-steam-room-may-have-been-used-select-orkney-settlers-rites-020550

6 Loktionov, A. (2013). 'Something for everyone: a ritualistic interpretation of Bronze Age burnt mounds from an ethnographic perspective.' *The Post Hole*, 26, 137.

7 Bradley, J. (2018). 'The Irish Sweathouses, with special reference to Carrickmore's.' Seanchas Ardmhacha: Journal of the *Armagh Diocesan*

Historical Society, 27(1), 130–144.

8 Wilson, P. L. (1999). *Ploughing the Clouds: The search for Irish soma*. City Lights Books.

10장 보릿고개

1 Schulting, R. J., & Richards, M. P. (2002). 'The wet, the wild and the domesticated: The Mesolithic–Neolithic transition on the west coast of Scotland.' *European Journal of Archaeology*, 5(2), 147–189. https://doi.org/10.1179/eja.2002.5.2.147

2 Dolina, K., & Luczaj, L. (2014). 'Wild food plants used on the Dubrovnik coast (south-eastern Croatia).' *Acta Societatis Botanicorum Poloniae*, 83(3).

3 Kang, Y., Łuczaj, Ł., Kang, J., & Zhang, S. (2013). 'Wild food plants and wild edible fungi in two valleys of the Qinling Mountains (Shaanxi, central China).' *Journal of Ethnobiology and Ethnomedicine*, 9(1), 1–20.

4 Vanhanen, S., & Pesonen, P. (2016). 'Wild plant gathering in stone age Finland.' *Quaternary International*, 404, 43–55.

5 Melamed, Y., Kislev, M. E., Geffen, E., Lev-Yadun, S., & Goren-Inbar, N. (2016). 'The plant component of an Acheulian diet at Gesher Benot Ya 'aqov, Israel.' *Proceedings of the National Academy of Sciences*, 113(51), 14674–14679.

6 Colledge, S., & Conolly, J. (2014). 'Wild plant use in European Neolithic subsistence economies: a formal assessment of preservation bias in archaeobotanical assemblages and the implications for understanding changes in plant diet breadth.' *Quaternary Science Reviews*, 101, 193–206. https://doi.org/10.1016/j.quascirev.2014.07.013

7 Klok, M. D., Jakobsdottir, S., & Drent, M. L. (2007). 'The role of leptin and ghrelin in the regulation of food intake and body weight in humans: a review.' *Obesity Reviews: An Official Journal of the International Association for the Study of Obesity*, 8(1), 21–34. https://doi.org/10.1111/j.1467-789X.2006.00270.x

11장 해초를 따며

1 Wrangham, R. (2010). *Catching Fire: How cooking made us human*. Profile Books.

12장 수액이 오르다

1 Svanberg, I., Sõukand, R., Łuczaj, Ł., Kalle, R., Zyryanova, O., Dénes, A., Papp, N., Nedelcheva, A., Šeškauskaite˙, D., Kołodziejska-Degórska, I., & Kolosova, V. (2012). 'Uses of tree saps in northern and eastern parts of Europe.' *Acta Societatis Botanicorum Poloniae*, 81(4), 343–357. https://doi.org/10.5586/asbp.2012.036

2 Simard, S. (2016). *Exploring How and Why Trees 'Talk' to Each Other*. Yale Environment, 360(1).

3 Simard, S. (2021). *Finding the Mother Tree: Uncovering the wisdom and intelligence of the forest*. Penguin UK.

4 Trewavas, A. (2003). 'Aspects of plant intelligence.' *Annals of Botany*, 92(1), 1–20.

5 Calvo, P., Gagliano, M., Souza, G. M., & Trewavas, A. (2020). 'Plants are intelligent, here's how.' *Annals of Botany*, 125(1), 11–28.

6 Gagliano, M., Renton, M., Depczynski, M., & Mancuso, S. (2014). 'Experience teaches plants to learn faster and forget slower in environments where it matters.' *Oecologia*, 175(1), 63–72.

7 Witzany, G. (2016). 'The biosemiotics of plant communication.' *The American Journal of Semiotics*, 24(1/3), 39–56.

8 Łuczaj, Ł., Wilde, M., & Townsend, L. (2021). 'The ethnobiology of contemporary British foragers: Foods they teach, their sources of inspiration and impact.' *Sustainability*, 13(6), 3478.

9 George, R. (2021, March 26). 'I've sailed the Suez canal on a cargo shipit's no wonder the Ever Given got stuck.' *Guardian*. https://www.theguardian.com/commentisfree/2021/mar/25/suez-canal-cargo-ship-ever-given-stuck

10 George, R. (2013). *Ninety Percent of Everything: Inside shipping, the invisible industry that puts clothes on your back, gas in your car, and food on your plate*. Macmillan.

13장 세상에서 가장 달콤한 것

1 Naito, Y., Uchiyama, K., & Takagi, T. (2018). 'A next-generation beneficial icrobe: Akkermansia muciniphila.' *Journal of Clinical Biochemistry and Nutrition*, 63(1), 33–35. https://doi.org/10.3164/jcbn.18-57

16장 숲의 경이

1 New Scientist Limited. (2019). 'What is the body made of?' *New Scientist*. Retrieved May 7, 2021, from https://www.newscientist.com/question/what-is-the-body-made-of/#ixzz7BkWE6Wj9

2 Mitchell, R.J. (1970). 'Woodstock' Recorded by Joni Mitchell. *On Ladies of the Canyon*. Reprise Records.

3 Waits, T.A. & Brennan, K.P. (2004). 'Green Grass'. Recorded by Tom Waits. On Real Gone. ANTI-.

4 McClatchie, M., Bogaard, A., Colledge, S., Whitehouse, N. J., Schulting, R. J., Barratt, P., & McLaughlin, T. R. (2014). 'Neolithic farming in north-western Europe: Archaeobotanical evidence from Ireland.' *Journal of Archaeological Science*, 51, 206–215.

17장 생선 만찬

1 Meller, G. (2016). *Gather*. Quadrille, Hardie Grant Publishing.

18장 방목에서 치즈까지

1 Costello, E. (2020). *Transhumance and the Making of Ireland's Uplands, 1550–1900*. Boydell Press.

2 Juler, C. (2014). 'După coada oilor: long-distance transhumance and its survival in Romania.' *Pastoralism*, 4(1), 1–17.

20장 하지의 햇살 아래

1 Woolf, J. (2015). 'Dowsing at Torphichen and Cairnpapple.' The Hazel Tree website. https://www.thehazeltree.co.uk/2015/07/10/dowsing-at-torphichen-and-cairnpapple/

2 Coppens, P. (2007). *Land of the Gods: How a Scottish landscape was sanctified to become Arthur's Camelot*. Frontier Publishing.

3 Van Wyk, B. E., & Gericke, N. (2000). *People's Plants: A guide to useful plants of Southern Africa*. Briza publications.
4 Curtis, R. & Elton, B. (writers) and Fletcher, M. (director). (1987, September 17). 'Dish and Dishonesty' (Series 3 Episode 1) In J. Lloyd (Executive Producer), *Blackadder the Third*. BBC.
5 Tarmac Dunbar Plant. (2021, February 18). 'How to "bee kind" this February: bee hotel giveaway.' Dunbar Quarry. Retrieved June 29, 2021, from https://dunbar.tarmac.com/news/how-to-bee-kind-this-february-bee-hotel-giveaway/
6 Tarmac. (2021). 'Environmental stewardship: Tarmac sustainability report 2020.' Tarmac Sustainability Report 2020 Website. Retrieved June 29, 2021, from https://sustainability-report.tarmac.com/planet/environmental-stewardship/

21장 꽃과 열매

1 Goodare, J., Martin, L., Miller, J., & Yeoman, L. (2003, January). 'The survey of Scottish witchcraft: 1563–1736.' Scottish History, School of History and Classics, The University of Edinburgh. Retrieved July 2, 2021, from https://www.shca.ed.ac.uk/Research/witches/introduction.html
2 Scott, A. M., McAndrew, E., & Carroll, E. (2019, September 11). 'Survey of Scottish witchcraft database: Places of residence for accused witches.' University of Edinburgh | Witches. Retrieved July 2, 2021, from https://witches.is.ed.ac.uk/
3 Halperin, D. M. (2003). 'The normalization of queer theory.' *Journal of Homosexuality*, 45(2-4), 339–343.
4 'Bee Facts: Honey.' (2017, October 20). British Beekeepers Association. Retrieved July 3, 2021, from https://www.bbka.org.uk/faqs/honey-faqs
5 Powell, J. (2016). 'Learning from wild bees and tree beekeeping.' *The Beekeepers Quarterly*, 123. The Natural Beekeeping Trust. http://www.naturalbeekeepingtrust.org/learning-from-wild-bees-trees
6 Gerard, J. (1963). (1597). *The Herball or Generall Historie of Plantes*. Bonham & John Norton. Pp. [xviii], 1392, 72.

7 Save Our Magnificent Meadows partnership & Plantlife. (2018, June). *Hay Festival? Action now for species-rich grasslands*. Plantlife. https://www.plantlife.org.uk/uk/our-work/campaigning-change/meadows

22장 낙원에서 보낸 여름

1 Marren, P. (2012). 'Our Vanishing Flora: How wild flowers are disappearing across Britain' (J. Bromley, T. Dines, N. Hutchinson, & D. Long, eds).Plantlife. https://www.plantlife.org.uk/wp-content/uploads/2023/03/Jubilee_Our_Vanishing_flora.pdf

23장 풀과 곡식

1 Purvis, A., & de Palma, A. (2021, October). 'Biodiversity indicators: The biodiversity trends explorer.' The Natural History Museum | PREDICTS Project. https://www.nhm.ac.uk/our-science/data/biodiversity-indicators.html

2 White, M. P., Elliott, L. R., Grellier, J., Economou, T., Bell, S., Bratman, G. N., Cirach, M., Gascon, M., Lima, M. L., Lõhmus, M., Nieuwenhuijsen, M., Ojala, A., Roiko, A., Schultz, P. W., van den Bosch, M., & Fleming, L. E. (2021). 'Associations between green/blue spaces and mental health across 18 countries.' *Scientific Reports*, 11(1). https://doi.org/10.1038/s41598-021-87675-0

3 NHS website. (2021, November 25). 'Understanding calories.' https://www.nhs.uk/live-well/healthy-weight/managing-your-weight/understanding-calories/

4 Mercader, J. (2009). 'Mozambican grass seed consumption during the Middle Stone Age.' *Science*, 326(5960), 1680–1683. https://doi.org/10.1126/science.1173966

5 Lippi, M. M., Foggi, B., Aranguren, B., Ronchitelli, A., & Revedin, A. (2015). 'Multistep food plant processing at Grotta Paglicci (Southern Italy) around 32,600 cal BP.' *Proceedings of the National Academy of Sciences*, 112(39), 12075–12080.

6 Barton, H., Mutri, G., Hill, E., Farr, L., & Barker, G. (2018). 'Use of grass seed resources c. 31 ka by modern humans at the Haua Fteah cave, northeast Libya.' *Journal of Archaeological Science*, 99, 99–111.

7 Weiss, E., Wetterstrom, W., Nadel, D., & Bar-Yosef, O. (2004). 'The broad spectrum revisited: evidence from plant remains.' *Proceedings of the National Academy of Sciences*, 101(26), 9551–9555. https://doi.org/10.1073/pnas.0402362101

8 Özkan, H., Willcox, G., Graner, A., Salamini, F., & Kilian, B. (2011). 'Geographic distribution and domestication of wild emmer wheat (Triticum dicoccoides).' *Genetic Resources and Crop Evolution*, 58(1), 11–53.

9 Lorenz, K., & Hoseney, R. C. (1979). 'Ergot on cereal grains.' *Critical Reviews in Food Science & Nutrition*, 11(4), 311–354.

24장 풍요와 슬픔 사이

1 IPCC Working Group 1. (2021, August 6). 'Sixth Assessment Report, Climate Change 2021: The physical science basis.' The Intergovernmental Panel on Climate Change (IPCC). Retrieved August 11, 2021, from https://www.ipcc.ch/report/sixth-assessment-report-working-group-i/

2 Carson, R. (2002). *Silent Spring*. Houghton Mifflin Harcourt.

3 Waddell, E. (2021, July 27). 'Three in five Brits want to shop seasonally to become more sustainable.' Public Sector Catering. Retrieved August 10, 2021, from https://www.publicsectorcatering.co.uk/news/three-five-brits-want-shop-seasonally-become-more-sustainable

4 The Miles Better Initiative. (2020, July). 'The Mushroom Miles Report.' Mushroom Miles. Retrieved August 10, 2021, from https://mushroommiles.com/wp-content/uploads/2020/07/Mushrooms-report-FINAL-FINAL.pdf

5 Lyons, J., & Sarkis, S. (2021, August 3). 'Larger-than-average Gulf of Mexico "dead zone" measured.' National Oceanic and Atmospheric Administration. Retrieved August 11, 2021, from https://www.noaa.gov/news-release/larger-than-average-gulf-of-mexico-dead-zone-measured

6 Stein, T. (2021, July 21). 'Low-oxygen waters off Washington, Ore-

gon coasts risk becoming large "dead zones."' *NOAA Research News*. Retrieved August 21, 2011, from https://research.noaa.gov/article/ArtMID/587/ArticleID/2779/Low-oxygen-waters-off-Washington-Oregon-coastsrisk-becoming-large-%E2%80%9Cdead-zones%E2%80%9D
7 Ordnance Survey. (2020, February 6). 'The Gaelic origins of place names in Britain.' Ordnance Survey, GetOutside. https://getoutside.ordnancesurvey.co.uk/guides/the-scots-origins-of-place-names-in-britain/
8 Leopold, A. (1989). *A Sand County Almanac, and Sketches Here and There*. Oxford University Press, USA.
9 Albrecht, G. (2019). *Earth Emotions: New words for a new world*. Cornell University Press.
10 Jade, K. (2015, June 22). 'Nettle tea benefits.' Mother Earth News. Retrieved August 27, 2021, from https://www.motherearthnews.com/natural-health/nettle-tea-benefits-zbcz1506
11 Owyoung, S. D. (2013, June 2). 'Tianluoshan: Tea in the Neolithic era.' Tsiosophy. https://www.tsiosophy.com/2013/06/tianluoshan-tea-in-the-neolithic-era-3/

25장 씨앗과 꿀

1 Levinson, S. C. (1997). 'Language and cognition: The cognitive consequences of spatial description in Guugu Yimithirr.' *Journal of Linguistic Anthropology*, 7(1), 98–131.
2 Pager, H. (1976). 'Cave paintings suggest honey hunting activities in Ice Age times.' *Bee World*, 57(1), 9–14.
3 Wood, B. M., Pontzer, H., Raichlen, D. A., & Marlowe, F. W. (2014). 'Mutualism and manipulation in Hadza–honeyguide interactions.' *Evolution and Human Behavior*, 35(6), 540–546.
4 Buhner, S. H. (2004). *The Secret Teachings of Plants: The intelligence of the heart in the direct perception of nature*. Inner Traditions/Bear & Co.

26장 버섯에 거는 기대

1 Miller, K. (2020, May 9). 'How mushrooms can save the world.' *Discov-*

er Magazine. Retrieved February 9, 2022, from https://www.discovermagazine.com/environment/how-mushrooms-can-save-the-world

2 Albrecht, G. A. (2021, October 8). 'Symbiosis is life, dysbiosis is death.' *Psychoterratica*. https://glennaalbrecht.wordpress.com/2021/10/08/symbiosis-is-life-dysbiosis-is-death/

3 Damialis, A., Bayr, D., Leier-Wirtz, V., Kolek, F., Plaza, M., Kaschuba, S., Gilles, S., Oteros, J., Buters, J., Menzel, A., Straub, A., Seubert, S., Traidl-Hoffmann, C., Gerstlauer, M., Beck, C., & Philipp, A. (2020). 'Thunderstorm Asthma: In search for relationships with airborne pollen and fungal spores from 23 sites in Bavaria, Germany. A rare incident or a common threat?' *Journal of Allergy and Clinical Immunology*, 145(2), AB336. https://doi.org/10.1016/j.jaci.2019.12.061

4 Thomas, S., Becker, P., Pinza, M. R., & Word, J. Q. (1998). 'Mycoremediation of aged petroleum hydrocarbon contaminants in soil' (No. WA-RD 464.1).

5 Schwarze, F. W. M. R., Baum, S., & Fink, S. (2000). 'Dual modes of degradation by Fistulina hepatica in xylem cell walls of Quercus robur.' *Mycological Research*, 104(7), 846–852.

6 Jianyang, J. Z. L. X. T., Jingui, C. H. L. Y. L., Peiyu, L. S. Y., & Boqi, H. Y. W. (2001). 'The nutritional assessment of Fistulina hepatica protein.' *Acta Edulis Fungi*, 8(04), 19.

7 Myers, J. P., Antoniou, M. N., Blumberg, B., Carroll, L., Colborn, T., Everett, L. G., Hansen, M., Landrigan, P. J., Lanphear, B. P., Mesnage, R., Vandenberg, L. N., Vom Saal, F. S., Welshons, W. V., & Benbrook, C. M. (2016). 'Concerns over use of glyphosate-based herbicides and risks associated with exposures: a consensus statement.' *Environmental Health: A Global Access Science Source*, 15(1), 1–13. https://doi.org/10.1186/s12940-016-0117-0

8 Boedeker, W., Watts, M., Clausing, P., & Marquez, E. (2020). 'The global distribution of acute unintentional pesticide poisoning: estimations based on a systematic review.' *BMC Public Health*, 20(1), 1–19.

9 Straw, E. A., Carpentier, E. N., & Brown, M. J. F. (2021). 'Roundup causes high levels of mortality following contact exposure in bumble bees.'

Journal of Applied Ecology, 58(6), 1167–1176. https://doi.org/10.1111/1365-2664.13867

28장 야생의 치유

1 Maixner, F., Sarhan, M. S., Huang, K. D., Tett, A., Schoenafinger, A., Zingale, S., ... & Kowarik, K. (2021). 'Hallstatt miners consumed blue cheese and beer during the Iron Age and retained a non-Westernized gut microbiome until the Baroque period.' *Current Biology*, 31(23), 5149–5162.

2 Kaishian, P., & Djoulakian, H. (2020). 'The science underground.' *Catalyst: Feminism, Theory, Technoscience*, 6(2).

3 Anxiety UK. (2021, January 3). 'Sleep survey reveals state of nation's poor rest patterns.' https://www.anxietyuk.org.uk/blog/sleep-survey-reveals-state-of-nations-poor-rest-patterns/

4 Louv, R. (2008). *Last Child in the Woods: Saving our children from nature-deficit disorder*. Algonquin Books.

5 'National life tables: life expectancy in the UK.' (2021, September 23). Office for National Statistics. https://www.ons.gov.uk/peoplepopulationandcommunity/birthsdeathsandmarriages/lifeexpectancies/bulletins/nationallifetablesunitedkingdom/2018to2020

6 Gurven, M., & Kaplan, H. (2007). 'Longevity among hunter-gatherers: a cross-cultural examination.' *Population and Development Review*, 33(2), 321–365 (p.335).

7 'Life expectancy in Scotland, 2018–2020.' (2021, September 23) National Records of Scotland. https://www.nrscotland.gov.uk/statistics-and-data/statistics/statistics-by-theme/life-expectancy/life-expectancy-in-scotland/2018-2020

8 'Healthy life expectancy in Scotland, 2017–2019.' (2021, January 28). National Records of Scotland. https://www.nrscotland.gov.uk/statistics-and-data/statistics/statistics-by-theme/life-expectancy/healthy-life-expectancy-in-scotland/2017-2019

9 Marlowe, F. (2000). 'The patriarch hypothesis.' *Human Nature*, 11(1), 27–42.

10 Clayton, P., & Rowbotham, J. (2009). 'How the Mid-Victorians worked, ate and died.' *International Journal of Environmental Research and Public Health*, 6(3), 1235–1253. https://doi.org/10.3390/ijerph6031235

11 Stevenson, M., & Buhner, S. (2017, January 7). 'Understanding Extreme States: An interview with Stephen Harrod Buhner.' Mad In America. Retrieved October 31, 2021, from https://www.madinamerica.com/2017/01/understanding-extreme-states-interview-stephenharrod-buhner/

12 Weldon, F. (1996). *Splitting*. Atlantic Monthly Press.

13 Hildegard, S. (1903). *Hildegardis causae et curae* (P. Kaiser, ed.). In aedibus B.G. Teubneri.

29장 미래를 향한 희망

1 Wall Kimmerer, R. (2020, July 29). 'Speaking of nature.' *Orion Magazine*. Retrieved November 3, 2021, from https://orionmagazine.org/article/speaking-of-nature/

2 Climate Action Tracker. (2021, November 9). 'Glasgow's one degree 2030 credibility gap: net zero's lip service to climate action.' Retrieved November 10, 2021, from https://climateactiontracker.org/publications/glasgows-2030-credibility-gap-net-zeros-lip-service-to-climate-action/

3 Rinpoche, Gyalwa (the 14th Dalai Lama). (1990). *My Tibet* (pp.79–80). Thames and Hudson Ltd.

4 Magan, M. (2020). *Thirty-Two Words for Field: Lost words of the Irish landscape*. Gill Books.

30장 멋진 신세계

1 Adams, D. (2002). *The Salmon of Doubt: Hitchhiking the universe one last time* (Vol. 3). Harmony.

2 Holland, S. (2021, November). 'Further thoughts on COP26 and the changes our food system most desperately needs.' *Slow Food International*. https://www.slowfood.com/further-thoughts-on-cop26/

3 Stone, M. (2021). 'Human-made materials now equal weight of all life

on Earth.' *National Geographic*. Retrieved December 31, 2021, from https://www.nationalgeographic.com/environment/article/human-made-materials-now-equal-weight-of-all-life-on-earth